U0251857

四川盆地北部
陆相页岩油
地质特征与选区评价

SICHUAN PENDI BEIBU LUXIANG YEYANYOU DIZHI TEZHENG YU XUANQU PINGJIA

李毓　冯晓明　王勇飞　姜金兰　**主编**

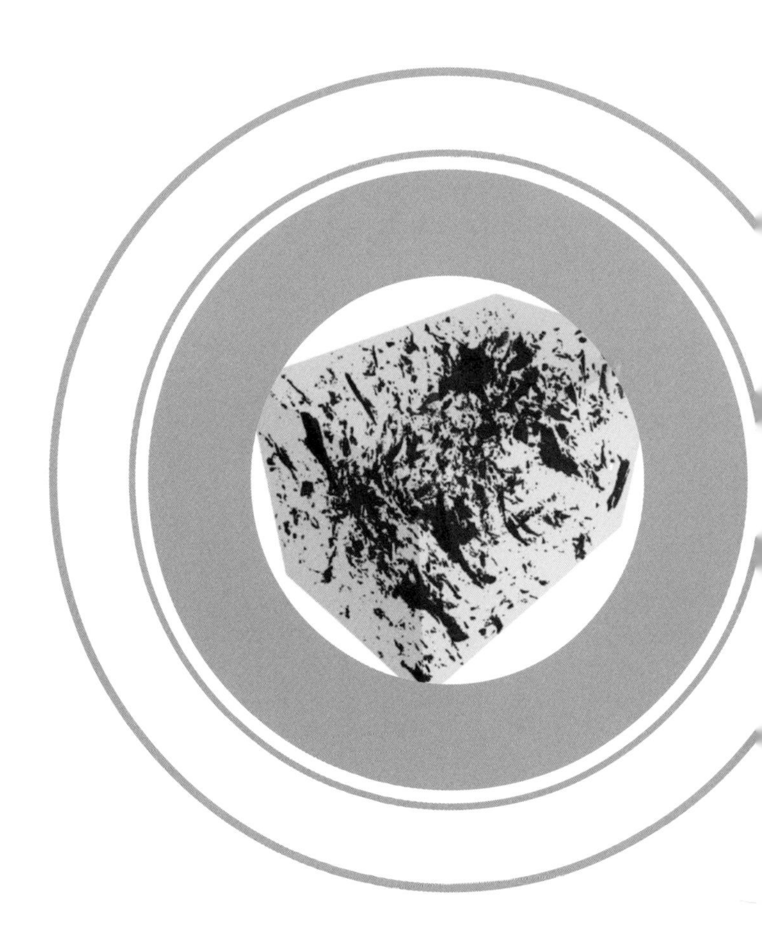

四川大學出版社
SICHUAN UNIVERSITY PRESS

项目策划：傅　奕　梁　胜
责任编辑：傅　奕
责任校对：陈　纯
封面设计：璞信文化
责任印制：王　炜

图书在版编目（CIP）数据

四川盆地北部陆相页岩油地质特征与选区评价 / 李毓等主编. — 成都 : 四川大学出版社, 2021.4
ISBN 978-7-5690-3056-3

Ⅰ. ①四… Ⅱ. ①李… Ⅲ. ①四川盆地－陆相盆地－油页岩－石油天然气地质－评价 Ⅳ. ①P618.130.2

中国版本图书馆 CIP 数据核字（2021）第 062471 号

书名　四川盆地北部陆相页岩油地质特征与选区评价

主　编	李　毓　冯晓明　王勇飞　姜金兰
出　版	四川大学出版社
地　址	成都市一环路南一段 24 号（610065）
发　行	四川大学出版社
书　号	ISBN 978-7-5690-3056-3
印前制作	四川胜翔数码印务设计有限公司
印　刷	四川盛图彩色印刷有限公司
成品尺寸	185mm×260mm
印　张	13.5
字　数	324 千字
版　次	2021 年 5 月第 1 版
印　次	2021 年 5 月第 1 次印刷
定　价	200.00 元

◆ 读者邮购本书，请与本社发行科联系。
电话：(028)85408408/(028)85401670/
(028)86408023　邮政编码：610065
◆ 本社图书如有印装质量问题，请寄回出版社调换。
◆ 网址：http://press.scu.edu.cn

四川大学出版社
微信公众号

编委会

前　言

页岩油是目前全球非常规油气勘探开发的热点，其中北美地区是最早发现、最早开始勘探开发，同时也是目前勘探开发最为成功的地区。我国从21世纪初开始尝试进行页岩油勘探开发，目前页岩油资源主要分布在松辽盆地白垩系、东部断陷盆地古近系、鄂尔多斯盆地三叠系、准噶尔盆地二叠系和四川盆地侏罗系。其中四川盆地侏罗系页岩分布广泛，页岩油资源量较大，尤其是川中到川北地区，早期致密油勘探开发已经结束，目前开始进入非常规的页岩油气勘探开发阶段。川北阆中—元坝地区中下侏罗统大安寨段和千佛崖组千二段，为浅湖—半深湖相沉积的厚套黑色泥页岩夹灰岩或砂岩，有机质较发育，微孔隙类型丰富、微裂缝发育，总体上与北美页岩油气有一定相似之处，具有烃源条件好、储集物性较好、可压性强、资源潜力大等特点，是目前四川盆地页岩油勘探开发的主要潜在潜力区，但是由于川北中下侏罗统页岩油气系统分布比较复杂，该套陆相页岩的地质评价描述技术不够成熟，页岩油的赋存状态及富集规律认识不清，川北阆中—元坝地区中下侏罗统的页岩油勘探开发潜力一直未能完全落实。因此，依托“十三五”国家重大专项（2017ZX05049—006《中西部陆相页岩油资源潜力与目标评价》）研究成果，编著本书。

本书对川北阆中—元坝地区中下侏罗统（主要是自流井组大安寨二亚段及千佛崖组千二段）的页岩油层系开展系统解剖。内容主要包括页岩油基本特征及四川盆地陆相页岩油勘探开发简况、川北陆相页岩层系构造特征、层序及沉积特征、川北陆相页岩油赋存状态及省油潜力评价、页岩储层特征及评价、生产特征及产能评价、资源评价及勘探开发目标区优选等。本书可供科研院所、高校、油气公司等从事页岩油气研究的相关科研人员借鉴参考。

本书共分为七章，由李毓、冯晓明进行整体结构设计并拟定提纲，由参与“十三五”国家重大专项子题 2017ZX05049－006－11《川北中下侏罗统页岩油勘探开发潜力评价》的项目组成员直接编写。其中第 1 章由李毓、颜晓、王勇飞编写；第 2 章由姜金兰、马如辉编写；第 3 章由黎静容编写；第 4 章陈文玲、马如龙、杨杰编写；第 5 章由冯晓明、杨杰、李毓、姜金兰、毕有益编写；第 6 章由王本成编写；第 7 章由冯晓明、李毓、王勇飞编写。

本书得到了国家科技重大专项《中西部陆相页岩油资源潜力与目标评价》（编号：2017ZX05049－006）资助。同时，书中引用了大量的国内外页岩油气勘探开发方面的研究成果，由于资料众多，难以一一列举，在此一并致谢！

由于编者水平有限，书中难免有不足之处，敬请读者批评指正。

目录 Contents

第一章 页岩油基本特征

第一节 页岩油概念

页岩油是一种非常规石油资源，类似于页岩气，页岩油具有储层致密、渗透性差的特点，需要通过水平井钻探和压裂后方可开采利用。

目前，国内对页岩油的定义存在分歧，有些学者认为（方圆，2019；李玉喜，2011；张抗，2012），页岩油的定义应当从岩性出发，严格区分储层岩性，只有页岩储层中赋存的石油才能定义为页岩油，其他致密层系的石油应当定义为致密油；周庆芳（2012）认为应当采用广义的概念，即页岩油与致密油的概念相同，不讨论岩性，尊重习惯，方便交流。还有学者认为（景东升，2012；姜在兴，2014；童晓光，2012；贾承造，2012；张君峰，2015），页岩油是致密油的一种，包括页岩在内的所有致密层系的石油资源均应称为致密油，致密油包括页岩油和其他致密层系油；甚至还有学者认为（赵文智，2018），油页岩也是页岩油的一种，即富有机质页岩中赋存的石油和多类有机物统称页岩油。近年来，开始有学者认为，页岩油的定义不需严格区分岩性，全部页岩层系中的石油均可称为页岩油，可以通过运移距离、成熟度等成油要素来区分页岩油和致密油（贾承造，2014；王大锐，2016；王茂林，2017；邹才能，杨智，2019）。

国际上，美国地质调查局（USGS，1995）提出“连续（Continuous）油气聚集”的概念，对致密油气和页岩油气进行评价，回避了页岩油和致密油之争，所有不受构造控制的非常规油气藏均可以称为连续型油气藏，与之相对的即为构造型的常规油气藏。美国国家石油委员会（NPC，2011）认为，致密油（tightoil）包括直接产自页岩层的石油以及与作为烃源岩的页岩具有密切关系的砂岩、粉砂岩和碳酸盐岩。加拿大国家能源委员会（NEB，2011）认为页岩油（shaleoil）是致密油的一种，致密油除页岩油外还包含有致密砂岩、粉砂岩、灰岩和白云岩等致密储层中的石油]。加拿大自然资源协会（NRC，2016）也认为，页岩和致密油气资源（Shale and Tight Resources）都是赋存于极低渗透率的地质构造中的非常规油气资源，并将其一同评价和研究（Vatural Resoruces Canada，2016）。美国能源信息署（EIA，2018）认为，尽管致密油和页岩油的概念通常是可以互相代替的，但是页岩地层仅仅是低孔隙度致密地层的一部分，致密地层应该包括致密砂岩、致密碳酸盐岩和页岩，所有这些致密地层中产出的石油均为致密油。目前，EIA 通常使用 tightoil 的概念代替 shaleoil，但为了保证数据和报告的历史延续性，有时也将 shaleoil 混用，甚至干脆记为 tightoil/shaleoil。

由于地质条件、工程技术、开发程度等的不同，国内外对于页岩油和致密油的定义存在很多认识的差异（表 1－1－1）。邹才能（2015）认为：页岩油是指在生油中滞留的石油，未经历油气运移，页岩油概念不宜与致密油等同。页岩油和致密油聚集机理的核心是“致密化减孔聚集”或称为“致密化成藏”，页岩系统依靠压实、成岩等使孔隙减小，实现自身封闭聚集油气，揭示两者聚集机理，直接决定各自地质特征和分布规律。“原位滞留聚集”或“原位成藏”是页岩油聚集机理，包括泥页岩中烃类释放和烃类排出两个过程，液态烃释放受干酪根物理性质、热成熟度、网络结构等控制，液态烃排出受岩性组合、有效运移通道、压力分布及微裂缝发育程度等控制，流体压力、有机质孔和微裂缝的发育和耦合关系，决定着页岩油的动态集聚与资源规模。致密油聚集机理则为“近源阻流聚集”或“近源成藏”，区域盖层或致密化减孔，致使油气遇阻，不能运移进入更远圈闭。形成包括烃类初次运移和烃类聚集两个过程，烃类初次运移受源储压差、供烃界面窗口、孔喉结构等控制，近源烃类聚集主要受长期供烃指向、优势运移孔喉系统、规模储集空间等时空匹配控制。

表 1－1－1　国内外致密油定义（据邹才能等，2019）

出处	定义
Wiki pedia	在相对低孔、低渗（页岩 ）含油层系生产轻质原油的石油区带，应用了类似于页岩气生产中的水平井和压裂技
百度百科	一种非常规石油资源，有低密度的特点，主要赋存空间包括源岩内部的碳酸盐岩或碎屑岩夹层中以及紧邻源岩的致密层
NPC（美国石油委员会）	通过水平钻井与压裂方法，产自低渗粉砂岩、砂岩、碳酸盐岩等致密岩层中的石油
IEA	致密油为产自与生油页岩紧密相关的极低渗透页岩、粉砂岩、砂岩、碳酸盐岩中的石油，与油页岩不同
James A	被发现在与富有机质页岩相关的极低渗透率岩层，不能自由流动的石油，一些直接产自页岩，但主要产自粉砂岩、砂岩、碳酸盐岩

续表1－1－1

出处	定义
Statoil公司	产自相对低孔低渗储集层中的石油。致密油储集层包括页岩或其他致密岩类。Bakken组为致密灰岩，Three Forks组为致密白云岩；致密油为轻质原油
加拿大国家能源局	很低渗透率储集层中的轻质油，多应用水平井和多级压裂技术
The Tight Oil公司	非常规轻质石油（Unconventional light oil）分为致密油（Tight oil）、边际区油（Halo oil）、页岩油（Shale oil）3类
贾承造等（2012）	致密油层与生油岩层紧密接触的成因关系，确定3种致密油类型：①湖湘碳酸盐岩致密油；②深湖水下三角洲砂岩致密油；③深湖重力流砂岩致密油
邹才能等（2012）	从微纳米孔为主的储集层、优质生油岩、源储共生、大面积分布等方面提出致密油4个明显标志

本文采用标准中的定义，页岩油是指以游离为主，吸附和溶解态为辅，赋存于页岩层系中的热成因石油资源。

第二节　陆相页岩油地质特征

相比常规油气，页岩油在形成机制、储层储集特征、赋存状态及富集规律、含油气系统等方面有着明显不一致的特征，主要表现在以下几个方面：

（1）页岩油源储一体形成机制。常规砂岩油藏主要是石油二次运移聚集成藏，页岩油则是自生自储，没有发生运移或运移距离短；非构造高点控制，广泛分布于烃源岩发育的斜坡区或洼陷的中央区；自身流动性差，需要经过水平井钻探、压裂等人工改造手段才能实现经济、有效开发。页岩油赋存在以页岩为主的地层中，通常页岩地层中又发育部分粉砂质泥岩、泥质粉砂岩、粉砂岩夹层，它同样是产油页岩的构成之一，可称为页岩油系统。其生烃、排烃、聚集和保存全部在烃源岩内部完成，通常烃类无运移或运移距离极短，为源储一体的烃类持续聚集。

页岩油烃源岩与“甜点”纵向组合存在3种模式：

1）相对厚层“甜点”夹薄层烃源岩；

2）相对厚层烃源岩夹薄层“甜点”；

3）近等厚互层结构。

前人对烃源岩厚度与油气的生排烃效果研究认为，不管是源外成藏还是源内成藏，烃源岩单层厚度不超过20 m，且紧邻“甜点”，能够实现源内或近源的高效聚集。

（2）以淡水湖泊和陆相咸水湖泊两类沉积背景下的半深水—深水湖泊为有利相带（Yang Zhi，et al，2015，2019；Jia Chengzao，2018）。这个相带是烃源岩形成的最有利相带，沉积有机质丰度高，可以形成高丰度的页岩有利区（段）。中国陆相富有机质黑色页岩形成于二叠纪、三叠纪、侏罗纪、白垩纪、新近纪和古近纪的陆相裂谷盆地、坳陷盆地。二叠纪湖相富有机质黑色页岩发育在准噶尔盆地，分布于准噶尔盆地西部一南部坳陷，包括风城组（P1f）、夏子街组（P2x）、乌尔禾组（P2－3w）3套页岩。三叠纪湖相页岩发育在鄂尔多斯盆地长9段（T3ch9）、长7段（T3ch7）页岩最好，分布在盆地中南部。侏罗纪在中西部地区为大范围含煤建造，但在四川盆地为内陆浅湖一半深水湖相沉积，早一中侏罗世发育了自流井组（J1－2Z）页岩，在川中、川北和川东地区广泛分布。白垩纪湖相页岩发育在松辽盆地，包括下白垩统青山口组、嫩江组、沙河子组和营城组页岩，在全盆地分布。古近纪湖相页岩在渤海湾盆地广泛发育，以沙河街组一段（E3s1）、三段（E3s3），四段（E3s4）为主，分布于渤海湾盆地各凹陷，黄骅和济阳坳陷还存在孔店组页岩（E3k）。中国含油陆相页岩地层面积变化较大，介于$0.1\times10^4\sim10\times10^4km^2$，有效厚度一般大于30m，最大超过1000m。

（3）有机地化特征表现为Ⅰ型和Ⅱ型为主的干酪根类型，有机质丰度低，热演化程度低。页岩有机地化特征是评价页岩油成藏的主要指标之一，包括有机质丰度、有机质类型及热演化程度。一般用有机碳含量来表示页岩的有机质丰度，有机质丰度的高低在很大程度上决定了页岩的生烃量和生烃强度。页岩有机碳与其含油性多呈正相关关系，页岩有机碳含量越高，其含油性越好。国内陆相页岩有机碳含量与北美海相页岩有机碳含量差异较大，北美主要的页岩油田 Bakken 页岩有机碳含量7.23%～12.9%、Eagle Ford 有机碳含量1%～7%，平均大于4%。而国内陆相页岩有机碳平均值一般在2%左右，其中泌阳凹陷有机碳含量1%～4%、主要页岩发育层段有机碳平均含量大于2%，江汉盆地有机碳含量1%～3%，吐哈盆地页岩有机碳含量1%～5%，四川盆地北部页岩有机碳0.5%～2%，明显低于北美海相页岩地层。这一差异主要与沉积环境有关，同时国内外有机碳含量的测试方法也可能一定程度上造成数据的差异。根据国内陆相页岩有机碳含量特点，自然资源部制定了陆相页岩油气资源评价标准，将有机碳含量大于2%作为页岩油核心区，有机碳含量介于1%到2%之间作为页岩油有利区，而有机碳含量小于1%作为页岩油远景区，这一划分标准得到了国内地质学者的普遍认同。

干酪根一般分为三类，Ⅰ型、Ⅱ型和Ⅲ型干酪根，Ⅰ型和Ⅱ型干酪根以生油为主，Ⅲ型干酪根以生气为主，国内陆相页岩油干酪根类型多为Ⅰ型和Ⅱ型，Ⅲ型较少。当热演化程度大于0.5%时，页岩储层内可以生成页岩油，当热演化程度大于1.1%时，部分原油裂解成气。因此认为适合于页岩油形成的热演化程度多在0.5%～1.1%之间，热演化程度小于0.5%，页岩生油气能力有限，热演化程度大于1.1%，便可形成页岩气。国内页岩油 Ro 值主体分布在0.6%～1.1%之间（Yang Zhi，et al，2019），形成条件较好的渤海湾盆地济阳坳陷沙河街组、南襄盆地泌阳凹陷核桃园组热演化程度大多数在0.5%～1.1%之间，四川盆地中部－北部热演化程度主要在0.7～1.5之间，局部小于1.1%。

（4）孔隙主要为微孔隙和纳米级孔隙，孔隙直径50～2000nm，包括有机质孔、矿物晶间孔、粒间孔和溶蚀孔等。一般来说，页岩储层孔隙度大于4%，渗透率大于$0.0001\times10^{-3}\mu m^2$，有利于页岩油富集与开采。目前美国实现商业开采的页岩油气田，其孔隙度大部分介于3%～10%之间，渗透率均介于0.0001×10^{-3}～$0.001\times10^{-3}\mu m^2$。Bakken页岩孔隙度3%～9%，渗透率$0.01\times10^{-3}$～$0.06\times10^{-3}\mu m^2$，Eagle Ford页岩孔隙度4%～15%，渗透率0.001×10^{-3}～$0.8\times10^{-3}\mu m^2$。总体上，国内外的页岩油的储集空间小，主要以微小孔隙（纳米孔居多）和各种尺度的裂缝为主。裂缝主要为构造裂缝、成岩裂缝、水平页理缝、微裂缝等。目前具备勘探开发价值的页岩油气与裂缝的关系十分密切，裂缝的发育不仅可以为页岩油气提供一定的储集空间，有效改善了储层物性，增强了孔隙之间的连通性，提高了页岩油气产量，同时有利于水平井压裂体积缝的形成。页岩储集特征受到岩性和矿物成分、构造作用、成岩作用以及有机质富集方式等因素的综合影响，特别是岩性和矿物成分的影响较为重要，这主要表现在不同岩性之间存在差异较大的储集空间类型和物性特征。

页岩储层压裂后，聚集于裂缝中的油气相对容易开采，而赋存于基质孔隙内的油气开采难度较大，与压裂改造缝直接连通的微孔隙内所含油气可以通过达西渗流作用流动。而未被裂缝沟通的孔隙，其连通和流动性主要取决于喉道的大小，邹才能等认为喉道半径大于5nm，油气分子才有可能流动，微孔隙内的油气分子主要以扩散流、滑脱流等方式流动。

支东明（2019）认为，国内页岩油“甜点”储层的裂缝相对发育，但也有裂缝欠发育的“甜点”储层，例如准噶尔盆地二叠系页岩油“甜点”储集空间除原生孔、晶间孔、次生溶孔以外，虽然也存在裂缝，但整体欠发育。孙超（2019）认为，中国页岩油区具有低成熟、高黏度和高含蜡等特点，导致页岩油流动困难，同时储层的孔隙发育特征以纳米孔隙为主，纳米孔喉的大小也制约着页岩油的流动。目前中外众多学者采用不同的实验设备开展了大量的孔隙表征研究工作，包括图像分析法（场发射扫描电子显微镜法、环境扫描电子显微镜法、透射电子显微镜法及原子力显微镜法等）、流体注入法（压汞法、气体吸附法及其他流体注入法等）和非流体注入法（计算机断层成像法、小角X射线散射法以及核磁共振法等），通过这些表征方法可以揭示孔隙的结构及分布特征（崔景伟、朱炎铭、朱汉卿、高英、杨春城、刘礼军、于学亮等）。不同的页岩油储层孔隙表征方法其原理和应用上具有一定的差异性和局限性（表1－2－1），且各表征方法均具有一定的优势表征范围，几乎没有一种方法可以准确地表征页岩油储层所有孔隙的发育特征，通过对比分析和统一量纲、采用多种表征方法结合的方式对页岩油储层孔隙进行表征仍是目前页岩全尺度孔隙表征的可行方法。

表 1-2-1　常用孔隙表征方法对比

表征方法		孔隙表征参数	优点	局限性
扫描电子显微镜法		孔隙结构、形态，借助图像处理软件可得到孔隙表征参数，包括个数、孔径、面积、周长、面孔率、概率熵、分形维数和定向性等	直观，适合介孔隙以上孔隙的识别，可提供全面的孔隙结构信息，可进行孔隙类型划分，基于聚焦离子束技术和扫描电子显微镜法得到的图像进行三维立体图像构建	样品制备复杂，视野小、微区分析代表性低，可对局部信息进行拼凑；样品组成及各向异性会影响成像质量，需系统取样和多视域观察
压汞法		孔隙度、孔径及分布、孔体积、比表面积、分形维数、孔隙形态	原理及样品准备简单，适合大孔隙的表征	一般假设待测孔隙为圆柱体，造成结果与实际情况有偏差；高压排驱会产生人为裂缝，只能对开孔进行测量，样品需干燥
氮气吸附法		比表面积、孔径及分布、分形维数、孔隙形态	操作简单，适合微孔隙一大孔隙的表征，测量范围为 0.3～300nm	只能对开孔进行测量，孔隙假设为圆柱体，样品需干燥
小角 X 射线散射法		孔径及分布、比表面积、孔隙形态	为开孔与闭孔信息，测量范围为 1～100nm，实验简单快捷，可统计平均信息	粒子与孔隙的散射存在相似之处，不易区分；数据处理较为复杂，方法有待完善；干涉效应不易处理；孔隙形态是建立在假设的基础上得到的
计算机断层成像法		孔径、数量、孔隙度、渗透率	为开孔与闭孔信息，适合大孔隙以上孔隙的表征，三维立体图像构建	样品制作较为复杂，数据处理复杂，分辨率受光源及样品大小的控制
核磁共振法	核磁共振 T2 弛豫时间法	孔径及分布、孔隙度、孔体积、孔隙形态	测量范围广，结果不受岩石骨架成分影响，在区分储层中的水、油及沥青等方面应用前景广阔	受测试环境、仪器参数及样品中微孔隙、顺磁性物质流体类型等多种因素影响，页岩储层的孔、渗参数低，孔径小，导致低信噪比，实验耗时长
	核磁共振冷孔计法	孔径及分布、孔隙度、孔体积、孔隙形态	样品制作简单，对孔隙结构影响较小，适合介孔隙以上孔隙的表征	测量范围不及核磁共振 T2 弛豫时间法，对设备温度控制及测量精度要求高
原子力显微镜法		孔径、孔隙形态	分辨率高，适合微孔隙一大孔隙的表征，可显示三维形态	对样品平整度要求高，实验结果对针尖有较高的依赖

（5）矿物成分中碳酸盐岩含量高，脆性矿物含量较高，利于天然裂缝形成及后期压裂改造。脆性矿物是指页岩地层中除黏土矿物以外的在岩石力学性质方面表现为易脆的矿物。页岩矿物成分复杂，主要由碎屑矿物、黏土矿物、碳酸盐矿物三部分组成。其中北美海相页岩与国内陆相页岩成分稍有不同，海相页岩石英含量更高，含有更多

的硅质矿物，国内陆相页岩碳酸盐岩含量较高，含有更多的钙质矿物。Barnett 页岩矿物成分以石英和黏土矿物为主，长石次之，一定含量的黄铁矿和磷酸盐，碳酸盐含量较少。国内陆相页岩石英含量相于北美海相页岩低，但是长石含量明显高于国外海相地层，其矿物成分也比北美海相地层复杂，包括石英、钾长石、钠长石、方解石、白云石、黄铁矿、伊利石、蒙脱石等。页岩脆性矿物含量越高，岩石的脆性越强，在外力作用下越容易形成天然裂缝和诱导裂缝，有利于石油开采。国内陆相页岩脆性矿物含量较高，泌阳凹陷核桃园组核三段页岩地层中石英、长石、方解石、白云石等脆性矿物含量高达 65%，黏土矿物含量 20%～30%；济阳坳陷沙河街组脆性矿物含量平均 74%～86%，黏土矿物含量平均 14%～26%；苏北盆地阜宁组阜二段、阜四段页岩脆性矿物含量均在 55%以上，黏土矿物含量 25%～40%。

（6）埋藏深度较大，具有开采价值的深度主要小于 3500m。适当的埋藏深度既是页岩油形成的基本条件，也是页岩油开采的主要经济评价参数。在目前技术经济条件下，若埋藏过深，受钻井和压裂成本的影响，不利于经济开采。北美页岩油埋藏深度一般在 1500～3000m 之间，其中威利斯顿盆地 Bakken 页岩埋藏深度 1800～3300m，落基山盆地 Niobrara 页岩埋藏深度 2400～2700m。国内陆相页岩埋藏深度一般大于北美海相页岩，多数具有开采价值的页岩埋藏深度小于 3500m，东营凹陷沙三段页岩油富集段埋藏深度 2000～3500m，泌阳凹陷核桃园组页岩油富集段 1700～3500m，四川盆地中下侏罗统页岩油富集段主要在大安寨段大二亚段和千佛崖组千二段，井深一般在 2500m～3500m。

（7）地层压力系数从常压到异常高压均有分布，气油比低，密度中等，较易开采。地层压力及流体性质与页岩油气富集与经济开发有着密切的关系。北美地区及四川盆地焦石坝高产页岩油气井多具有异常高压特征，表明了地层高压是页岩油气富集高产的重要因素，同时异常高压可以为原油的流动和经济开采提供充足的地层能量。在国内富有机质页岩盆地中，地层压力有两种情形，一种表现为地层异常高压，如四川盆地涪陵地区海相页岩气地层压力系数在 1.45 左右，另一种表现为正常压力，如泌阳凹陷核桃园组陆相页岩地层压力系数在 0.9～1.10 之间。

页岩油气性质代表有机质热演化程度和流动条件。一般来说，海相页岩油气具有热演化程度高、气油比高等特征，易于开采；而国内陆相页岩油多具有热演化程度适中、气油比较低、原油密度中等（0.80～0.87g/cm^3）的特征。

第三节　中国陆相页岩与北美海相页岩油特征差异

国内外页岩油气地质特点有着共同点，但也存在很大差异。北美页岩油/致密油资源主要来自海相地层，例如 Bakken 页岩和 Eagle Ford 页岩等。北美目前开发的页岩油气资源主要来自海相富有机质页岩层系，因此大多数的研究集中在海相（朱如凯，白斌，崔景伟等，2013）。北美海相页岩有机碳含量高，多数大于4%，一般介于3%～13%之间；成熟度较高，Ro一般大于1.1%；脆性矿物含量高，多在50%以上，脆性矿物中硅质含量高，多大于30%，钙质含量低，表现为硅质页岩裂缝型页岩油；埋深一般小于3300m；地层压力多数为异常高压，压力系数一般为1.2～2.0。目前北美开采的海相页岩油大面积连续分布，资源量规模较大。相较于北美，中国陆相富有机质页岩层系广泛分布。近年来，在准噶尔盆地二叠系芦草沟组，三塘湖盆地二叠系芦草沟组，鄂尔多斯盆地三叠系延长组长7段，四川盆地侏罗系自流井组，松辽盆地白垩系青山口组，渤海湾盆地古近系沙河街组三段、四段和孔店组二段，江汉盆地古近系新沟嘴组以及南襄盆地古近系核桃园组等陆相富有机质页岩层系中获得了页岩油气探勘的初步进展和成果，显示出良好的油气勘探前景。

北美地区高产页岩油区与中国东部富含页岩油地区的成藏条件存在明显差异，前者为海相页岩、热演化程度较高、干酪根类型以Ⅱ型为主，后者为陆相页岩、埋藏较浅、普遍处于低成熟-成熟阶段、干酪根类型以Ⅰ型为主；就页岩油性质而言，北美地区的油质较轻、黏度低、可动性好，而中国东部地区的含蜡量高、油质较重、黏度偏高、可动性差。尽管中国页岩油勘探取得了重要进展，但其页岩油可采储量十分有限，这不仅与中国东部页岩油具有低成熟、高黏度和高含蜡等特点而导致的流动困难有关，也与页岩油储层的孔隙发育特征有关。页岩油储层基质的孔隙以纳米孔隙为主，纳米孔喉的大小制约着页岩油的流动，低成熟的特性使得处于生油窗内的富有机质泥页岩的油气储集空间往往被早期生烃产物充填，从而影响对页岩油储集空间的结构表征和形态描述。

国内陆相页岩油主要形成于陆相断陷湖盆半深湖-深湖相，页岩分布面积相对于海相沉积较小，但同样蕴藏着大量的页岩油资源。陆相页岩脆性矿物较高，但硅质含量低，钙质含量高（30%～70%）；有机碳含量较高，但低于北美海相地层，一般在2%左右；埋深适中，一般为2200～3500m；地层压力大多数表现为常压地层，也存在异常高压的地区；页岩油储集空间多以裂缝和层理缝为主，基质孔隙和纳米级孔隙为辅（表1-3-1）。针对国内外页岩油的共同点及差异性，我国陆相页岩油研究在借鉴北美页岩油气勘探开发经验的同时，要结合自身的特点，探索研究适合于我国陆相页岩油勘探开发的理论和技术。

表1-3-1　北美海相页岩油与国内陆相页岩油差异性对比表

特　征	北美海相页岩油	国内陆相页岩油
沉积盆地类型	海相盆地	陆相盆地
脆性矿物含量	硅质含量较高，平均大于30%； 钙质含量较低，平均小于10%	硅质含量较低，一般小于30%； 钙质含量较高，一般大于30%

续表1-3-1

特　征	北美海相页岩油	国内陆相页岩油
有机地化特征	TOC值一般大于3%； 有机质类型以Ⅰ型、Ⅱ型为主； 成熟度较高，Ro大于1.1%	TOC值一般大于2%； 有机质类型以Ⅰ、Ⅱ型为主，Ⅲ型较少； 成熟度适中，Ro为0.5%~1.1%
储集空间类型	以裂缝、孔隙为主；有机纳米孔隙发育	以裂缝、层理缝为主
埋藏深度	一般小于3300m	一般小于3500m
地层压力	大多为异常高压，压力系数1.2~2.0	大多为常压地层，压力系数0.9~1.1；少数异常高压

第四节　中国页岩油的发展

我国自2010年开始尝试进行页岩油勘探开发，目前已在准噶尔、鄂尔多斯、渤海湾、江汉等多个盆地实现了页岩油工业生产，页岩油年产量接近100万吨。

我国页岩油资源潜力较大，但是由于各个研究机构评价标准不统一，评价结果存在较大的差异，资源规模尚未形成共识。2012年，自然资源部油气资源战略研究中心评价数据显示，我国页岩油地质资源量402.67亿吨，技术可采资源量37.06亿吨，主要分布在松辽盆地白垩系、东部断陷盆地古近系、鄂尔多斯盆地三叠系、准噶尔盆地二叠系和四川盆地侏罗系。2014年底，EIA和ARI联合对中国页岩油进行评价，结果显示，我国页岩油技术可采资源量43.93亿吨，排名世界第三位，主要分布在四川盆地、塔里木盆地、准噶尔盆地、松辽盆地、扬子地台、江汉盆地和苏北盆地。2019年，中国石化评价我国页岩油地质资源量为最低为74亿吨，最高可达372亿吨。

目前，我国页岩油勘探开发取得重要进展，正在逐步走向商业化开发。近年来，中国地质调查局、中国石油、中国石化和延长石油加大了页岩油勘查开发力度，在不同盆地取得了多个层系的重要发现和突破，包括渤海湾盆地大港油田沧东凹陷和准噶尔盆地吉木萨尔凹陷等多地获得页岩油工业油流，已经开工建设页岩油油田（方圆，2019）。各个盆地的最新勘探进展如表1-4-1所示。

目前，我国页岩油开发还存在一些问题，制约着我国页岩油产业的发展。

（1）资源家底不明。目前国内对页岩油认识不统一，缺乏针对陆相页岩油的资源评价方法标准和参数体系，造成我国页岩油资源家底不明。

（2）勘探手段不强，与北美海相页岩油不同，我国页岩油资源主要为陆相，富集机理和分布规律不清，已有的地球物理勘探方法甜点预测难度大，制约了页岩油的勘探效果。

(3) 开发技术不成熟。我国陆相富有机质页岩黏土含量高，可压性差，大部分中高成熟度页岩油埋深大于3500m，目前开发技术仍在探索阶段，水平井钻完井和储层压裂改造技术还不成熟，成本仍然较高。

表1-4-1 我国各页岩油盆地最新勘探进展

盆地	储量	进展情况（截至2019年4月）
鄂尔多斯盆地	延长组长7段预测资源量105亿，已落实储量规模20亿t	已完成试油29口，其中13口获得工业油流，其中宁148井获24.23t/d的高产油流
准噶尔盆地	吉木萨尔凹陷中二叠统芦草沟组资源量25.5亿t，目前井控资源量11.12亿t	已完成水平井37口，投产28口，日产油369.5t，直井43口。目前吉木萨尔页岩油油田已经在建，照规划，到2021年，吉木萨尔页岩油油田产量将达100万t，2025年达200万t，预计稳产8年
渤海湾盆地	济阳坳陷预测资源量40.45亿t，沧东凹陷孔店组二段资源量超过6.8亿t	济阳坳陷有利面积1105km^2，40口井获公告也油流，其中樊159井日产19.7t；沧东凹陷15口井获工业油流，其中官1701H和1702H压裂初产达61t/d，已稳产300天，平均日产22t
松辽盆地	北部落实资源量12.7亿t，控制储量2.57亿t，南部远景资源量156亿t，三级储量1.85亿t	北部已有28口水平井，压裂试油22口，累产31万t；南部新380、黑197等4口井获工业油流，已提交储量1136万t
江汉盆地	预测储量4169万t	主力层潜34－10韵律层有利面积95km^2，目前已有50口钻井试油获工业油流
四川盆地	页岩油主要发育在侏罗系，成熟度较高，为凝析型页岩油，属新类型页岩油，未进行储量预测	14口井已获得工业油流，元坝9井日产16.6t，元坝HF-1井日产14t，目前正在涪陵进行3口攻关试验井钻探

第五节 四川盆地川北陆相页岩油勘探开发现状

四川盆地页岩油主要分布在侏罗系，其分布面积约18×10^4 km^2，地层厚度500～4500m，是一套既含油又含气的重要含油气层系。侏罗系油气勘探开发集中在川中地区，地震主要针对三叠系及以下深层，已完成二维地震74839km，三维地震4800km^2；钻井集中在2000年以前，累计完钻井2220口，以侏罗系为目的层井1229口，大安寨段累计完钻井1037口，发现油气田5个、含油气构造18个，探明石油储量8118.38×

10^8t、天然气储量 145.92×10^8m³，累计生产原油 526.72×10^8t、凝析油 164.50×10^8t、天然气 44.50×10^8m³，2018 年年产原油 2.37×10^4t、天然气 2824×10^4m³。已发现侏罗系油气藏主要为构造油气藏，含油气层系多、油质轻，无边水和底水，压力系数较高，但是油气藏规模较小、储层厚度薄、横向变化大、物性差、硬度大，规模有效改造难度大，以直井压裂为主的储层改造工艺技术单一，施工规模小。历经多次探索，侏罗系油气勘探取得了一定成效，但尚未实现油气规模效益开发（Jiang Yuqiang，et al，2010；Li Jun，et al，2010；Liang Digang，et al，2011；Liao Qunshan，et al，2011；Pang Zhenglian，et al，2012；Wang Shiqian，et al，2012；Yang Yuemin，et al，2016；Li Denghua，et al，2017）。

侏罗系油气勘探主要经历了 3 个阶段（图 1−5−1）。源外找油阶段：1958 年以来，以构造−裂缝性油气藏为主要勘探对象，勘探重点是大安寨段介壳灰岩“构造−裂缝性油气藏”，勘探思路是“占高点、打裂缝；大裂缝出大油、研究裂缝打裂缝”，但实践结果却是储层物性差、资源丰度低、单井产量低、采收率低，勘探开发效果不佳。近源找油阶段：2011 年以来，以大安寨段介壳灰岩、沙溪庙组砂岩等致密油为主要勘探对象，开展开发先导试验，受地质条件、工程技术、工艺水平等限制，整体实施效果也不理想，投入锐减，产量递减很快，前景不容乐观。进源找油阶段：近期在富有机质、较高孔隙大安寨段黑色页岩段探索，有多口井出油气，展现出良好的发现前景。龙浅 2 井大安寨段页岩储层钻试取得较好效果，黑色页岩厚度 56m、平均孔隙度 5.8%、测试产量 2659m³/d，明显好于介壳灰岩的厚度 3～13m、平均孔隙度 1.2%、测试产量 150m³/d；秋林 19 井大安寨段页岩试获工业油流，页岩厚度 36.7m、平均孔隙度 7%，直径压裂获日产油 2.3～4.1m³、日产气 1500m³；元坝、涪陵地区 21 口井钻遇大安寨段页岩，页岩厚度 20～80m，孔隙度 4.3%～5.1%，直井压裂测试 12 口井获高产油气流。单井日产油 54～67.8m³、日产气 1.4×10^4～50.7×10^4m³。如果用水平井体积压裂，有望更大幅度提高产量。

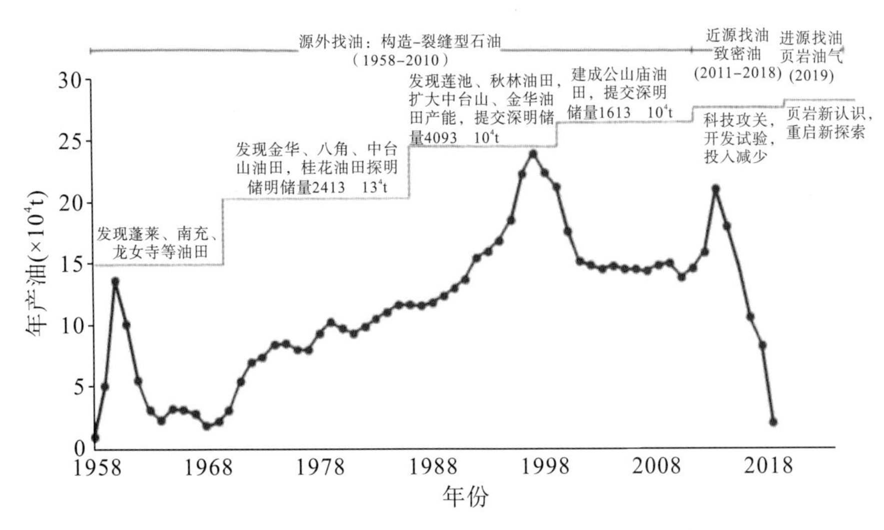

图 1−5−1　四川盆地侏罗系勘探阶段划分与石油产量变化关系

在四川盆地北部阆中—元坝地区中下侏罗统页岩油气分布广泛。其地质特征为：富有机质泥页岩主要发育于自流井组大安寨段和千佛崖组千一、二段，为浅湖—半深湖沉积，黑色泥页岩夹灰岩或砂岩。有机质较为发育。有机碳含量平均为1.14%，有机质类型以$Ⅱ_2$型为主，镜质体反射率（Ro）介于0.8%～1.6%之间，处于凝析油—湿气的成熟和高成熟阶段（邹才能，朱如凯，白斌等，2011）。富有机质泥页岩微孔隙类型丰富、微裂缝发育，主要为发育于岩性界面的水平裂缝、微裂缝。有机质泥页岩黏土总量为47.3%，石英、长石、方解石等脆性矿物含量为52.7%，泊松比为0.30，杨氏模量为37GPa。

川构造位置总体上位于复向斜区，构造简单稳定，断裂不发育，中下侏罗统页岩气保存条件良好。页岩油气层段顶、底板致密，有利于烃类在泥页岩层段中形成与保存。大安寨段湖相页岩油气总体与北美页岩气特征相似，具有烃源条件好、储集物性较好、可压性强、资源潜力大等特点。

川北中下侏罗统页岩油气勘探从20世纪的50年代的巴中和阆中—南部地区开始。巴中地区重点开展过地面地质调查、构造详查、构造细测、各类地震勘探及浅、中、深、超深钻井勘探工作。其油气勘探主要经历了油气地质调查阶段（1955—1965年），构造预探及区域构造概查阶段（1965—1980年），构造普查、详查、深层勘探阶段（1980—1990年），油气勘探调整阶段（1990—1999年），整体规划部署、综合勘探阶段（2000年以后）等五个阶段。自20世纪五六十年代开始，阆中—南部地区先后开展了石油普查、地震区域概查和局部构造普查等工作。1979年川石30井在自流井组大安寨段介屑灰岩中获工业油气流，日产原油70～121t，天然气$57\times10^4\sim80\times10^4m^3$，从此，拉开了川北地区油气勘探的序幕。目前的勘探开发现状如下：

（1）勘探现状。

1967年至1983年，西南石油地质局先后在巴中区块开展光点地震、模拟地震和数字地震勘探，先后完成了区域测线30条，约830km。2002年勘探分公司对其中21条数字地震测线和1条模拟地震测线进行重新处理，覆盖次数6～12次，总长达592.495km。至20世纪80年代，钻探川花52井、川复69井、川复56井、川唐70井等浅井，在大安寨段见到了好的油气显示。2003年，勘探分公司部署完成二维地震测线8条，长度408.2km，主要目的是查明九龙山背斜与唐山、花丛背斜之间的关系，了解元坝地区地层岩性、岩相变化特征及通南巴背斜带与巴中区块构造成因关系，发现新的圈闭及目标。2006年以后进入勘探发现及成果扩大阶段：针对海相层系地震勘探部署提供依据，至2008年已累计完成二维地震测线2283.82km，完成三维地震勘探面积$2195.26km^2$。2008年6月5日针对海相层系的元坝9井开钻，钻井过程中千佛崖揭示较好油气显示，针对千佛崖测试，测试成果为日产气1.2万方，日产油1.3t，揭示元坝千二段页岩油的潜力，2011年针对千二页岩油气层为主要目的层部署元页HF—1井，该井在千二段钻井过程中钻遇较好油气显示，测试日产油14t。

阆中—南部地区已完成二维地震测线88条，满覆盖长度为1307.295km，除区块西北端外，基本达到 1×1km 的详查测网。在柏垭构造的主体部位，完成了满覆盖面积 29.422km^2 的三维地震勘探，石龙场地区三维地震勘探满覆盖面积达 144.3968km^2。2007 年度，在区块内开展了海相高精度二维地震勘探，新采集 6 条地震剖面 201.84km，同年年底实施了三维地震勘探，新采集三维地震资料满覆盖 613.93km^2，资料面积 1251.80km^2，三维地震覆盖全区。1983 年川凤 50 井针对大二段页岩层系开展测试，测试成果日产 3.5t，揭示阆中－南部地区大二段页岩油具备一定潜力（图 1－5－2）。

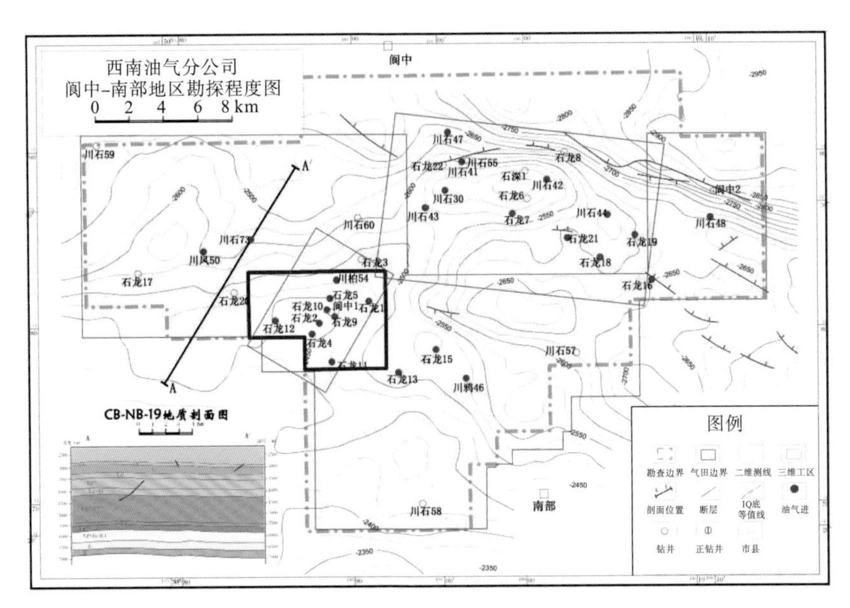

图 1－5－2　阆中—南部地区勘探程度

（2）开发现状。

2010 年开始，根据开发评价目标优选原则，以大一段灰岩夹泥页岩致密层，大安寨二段泥页岩夹介屑灰岩储层为主要目的层，开展水平井钻井、多级多缝酸化压裂工艺试验、提高储量动用程度及单井产能为目的，优选确定石龙 16－石龙 18－石龙 19 井裂缝系统区，部署开发评价井－石平 1－1；石龙 13－石龙 15－川鸦 46 井缝洞系统区，部署开发评价井—石平 2－1、石平 1－5（图 1－5－3）。2 口水平评价井，石平 2－1H 井测试获产油 32m^3/d，于 2012 年 10 月 17 日投入试采，2013 年 7 月 30 日关井清蜡通井作业，10 月 3 日开始机抽采油，累计产油 3000t，天然气 103×10^{4}m^3。计算单井原油地质储量约 1.52～1.68×10^{4}t，可采储量 0.23～0.25×10^{4}t。石平 1－5H 井间歇性机抽排液后，测试效果较差未获产。元坝地区千佛崖组，2011 年，在海相地层勘探过程中实施的元坝 9 井在千佛崖组钻遇较好油气显示，显示段在千二段滨湖砂坝沉积的砂泥岩薄互层，单层砂体夹层 2～5m，以泥质粉砂岩和泥页岩岩性为主，测试获得日产油 16m^3，气 1.23×10^{4}m^3/d，同年，在同井场实施 1 口水平井元页 HF－1 井，钻探层段主要为页岩层系，测试获产油 14m^3，后续元坝 9 井投产试采后累计产气 27.1753×

10^4m^3，产油468.71t，元页HF-1井于2013年3月20日投产，累计产气383.4×10^4m^3，产油3440.6t。整体上川北中下侏罗统页岩油具备很好的条件，也有较好的生产井和投产井，囿于当时的工程工艺条件以及地质复杂性，加之2014年以后油价持续降低，经济效益较差，导致致密油（页岩油）开发评价暂时停止。

针对川北阆中-元坝地区页岩油，2017年设立“十三五”国家重大专项子题（2017ZX05049-006-11：《川北中下侏罗统页岩油勘探开发潜力评价》），针对构造特征、断裂特征、页岩油赋存状态、页岩油储层特征及展布规律、产能主控因素等开展系统研究，基本明确川北（阆中-元坝地区）中下侏罗统页岩油富集规律及资源潜力，落实两个地区两个层系（千二、大二）的勘探开发目标评价区。

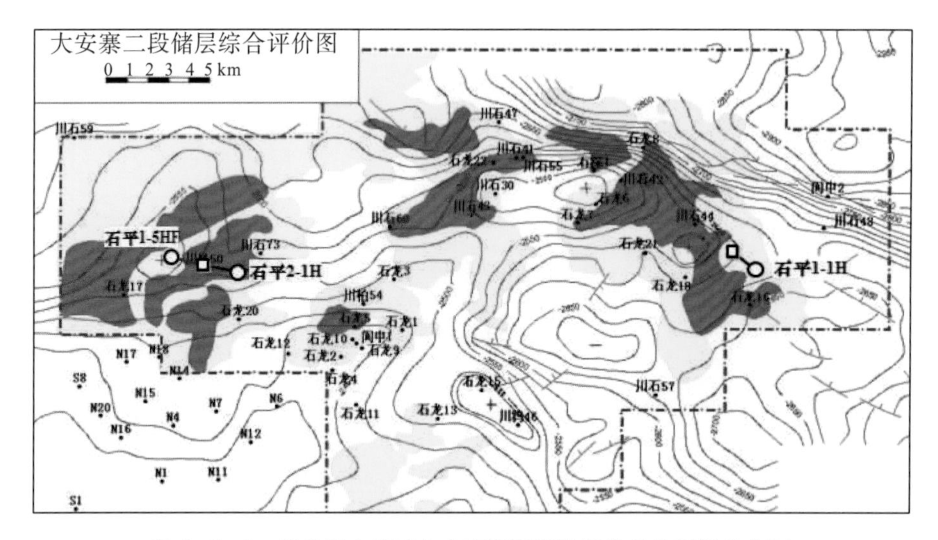

图1-5-3 川北阆中地区大安寨段页岩油评价井位部署分布图

第二章
川北陆相页岩层系构造特征

第一节　构造特征

一、区域构造背景

阆中—元坝区块地理位置位于四川省南充市阆中、南部县和广元市苍溪县、巴中市（图 2-1-1）。区域构造上位于川东北前陆盆地内，川东北前陆盆地属于大巴山推覆构造带与米仓山推覆构造带控制的一个山前凹陷，凹陷西部受到龙门山构造带北段的遮挡，南部受到川中古陆的遮挡，西南部与川西凹陷连接。川东北前陆盆地位于四川盆地东北缘，归属于扬子板块的西北缘（一级构造单元），其北侧为秦岭造山带南缘的米仓山冲断构造带；东北侧为大巴山弧形冲断构造带，西北侧为龙门山造山带，为古生代—早中三叠纪上扬子地台沉积的一部分，米仓山—大巴山推覆构造带靠近盆地内一侧即是川东北前陆盆地（图 2-1-2）。

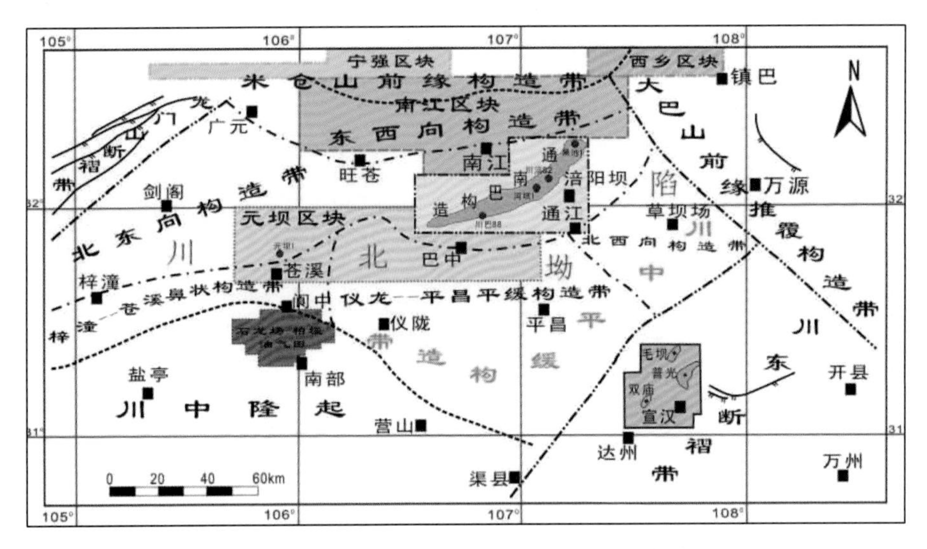

图 2-1-1　川东北阆中-元坝区块地理位置及构造位置图

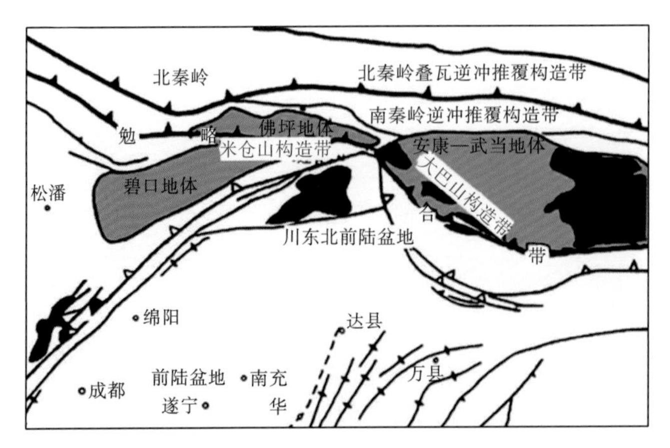

图 2-1-2　川东北前陆盆地区域构造特征

川东北前陆盆地主要受控于米仓山-大巴山推覆构造带的挤压推覆应力影响。位于米仓山冲断构造带和大巴山弧形冲断构造带的构造叠合区，在构造格局上既受控于四川盆地基底构造变形，又受控于米仓山、大巴山造山及冲断构造变形的影响。具有多重构造运动影响特征（图 2-1-3、图 2-1-4）。

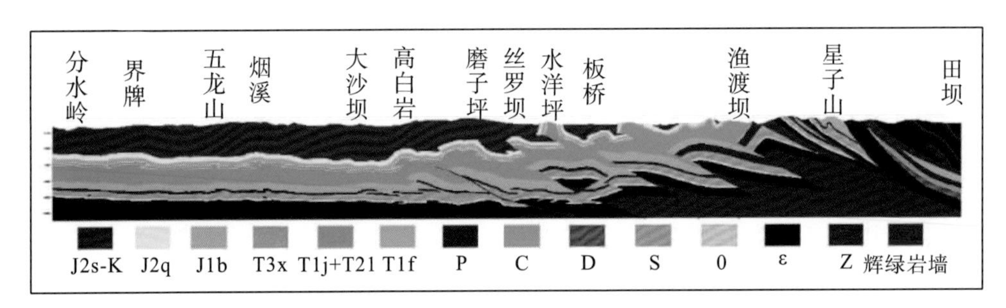

图 2-1-3　大巴山 00DBS001 线～渔渡～田坝区域地质剖面

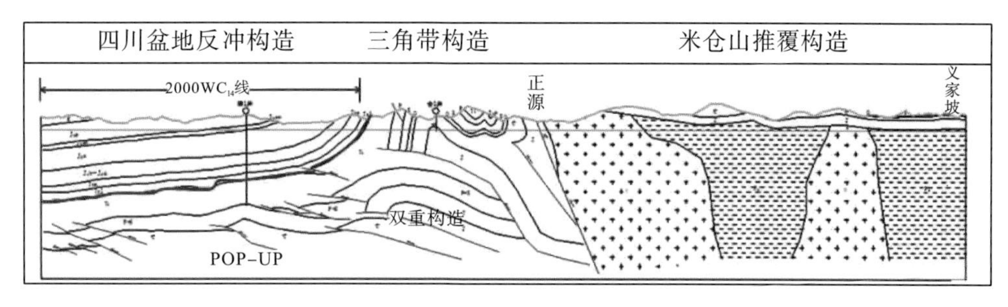

图 2-1-4　米仓山 2000WC14 线～正源～艾家坡区域剖面

二、构造区带划分

川东北地区侏罗系整体表现为“两隆、一凹、一缓坡”的构造格局。两隆是指川东北北部的通南巴背斜构造带、九龙山鼻状构造带，一缓坡是指阆中-元坝西缓坡带，夹持在其中的就是一凹陷-“通江向斜带”（图 2-1-5）。

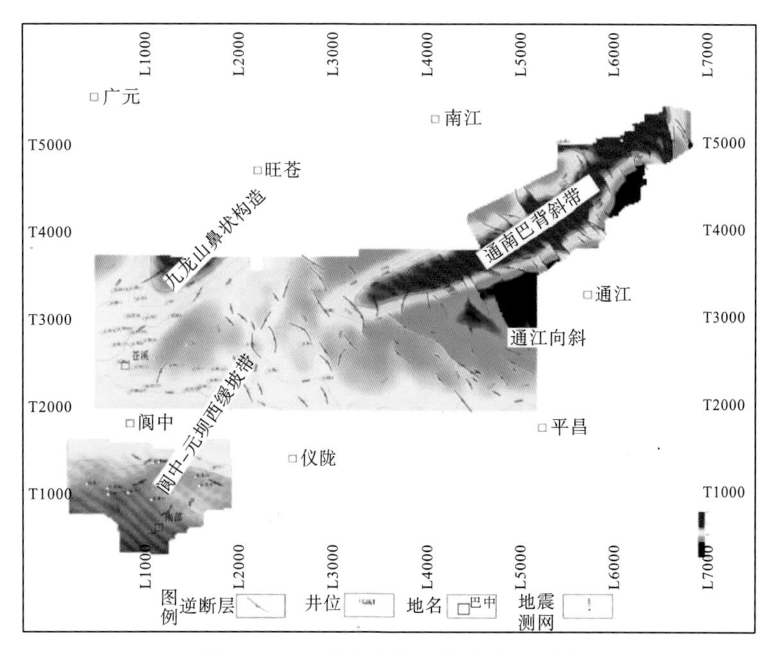

图 2-1-5　川东北地区构造体系划分

（1）通南巴背斜带。

位于川东北地区的东北部，构造形态表现为近北东向的长轴背斜构造，构造高点在马路背地区，其东北部通过黑池梁构造与米仓山构造带相接，在构造带内发育多条近平行的北西向断裂系统，将通南巴构造带切割成多个断块。通南巴背斜带的成因主要受控于米仓山构造带向南的应力挤压作用，从而形成近北东向的长轴背斜构造，后期受到大巴山应力场挤压，形成了多个切割断块构造。

（2）九龙山鼻状构造。

位于川东北地区的西北部，属于九龙山构造向西南方向延伸的缓坡带。构造整体表现为近北东向背斜的构造特征，构造北部与米仓山构造相拼接，其东南侧为拗陷带。整体构造形成成因推测为龙门山向东南方向应力挤压的结果，该鼻状构造整体断裂系统不发育，仅仅在局部发育少量的北东向断裂。

（3）阆中—元坝西缓坡带。

隶属于川中古隆起向背部延伸的缓坡带，整体表现为向北部延伸的缓坡带，其成因主要受到古地貌的控制，其范围内的断裂系统基本不发育。

（4）通江向斜带。

是川东北拗陷带的主体，夹持在通南巴向斜带、九龙山鼻状构造带以及阆中—元坝南缓坡带的构造拗陷区向斜带整体表现为近东西向展布，拗陷表现为西浅东深的构造特征。向斜带内断裂系统较发育，向斜带的东部断裂系统相对更加发育。

三、川北中下侏罗统构造特征及演化

川北中下侏罗统构造埋深2650～3400m，元坝较阆中地区深700m左右；阆中地区构造整体平缓，断层欠发育，元坝地区构造变形较强，断层较发育。

（一）构造特征

1. 阆中地区

阆中侏罗系构造相对简单，整体表现为北东向倾斜的平缓单斜构造特征，千佛崖～自流井组发育了5个局部构造——石龙场构造、宝马构造、金星场构造、柏桠构造和老鸦构造，构造圈闭规模较小。埋藏深度在－2600～－2400m之间（图2－1－6）。

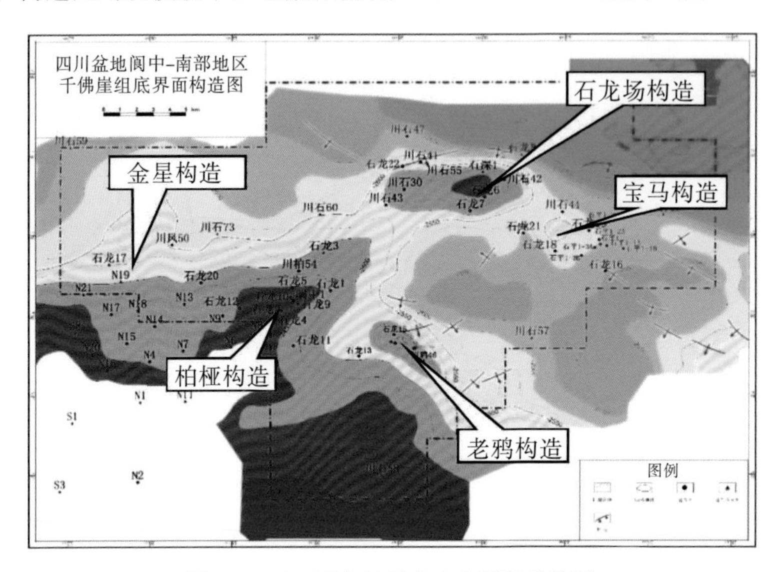

图2－1－6　阆中地区大安寨顶部构造图

2. 元坝地区

主要分为四个区带——中部断褶带、南部缓坡带、东部向斜带、西部九龙山南鼻状构造，中东部断裂较发育，断层走向有 NE 向、NW 向和 SN 向（图 2－1－7）。

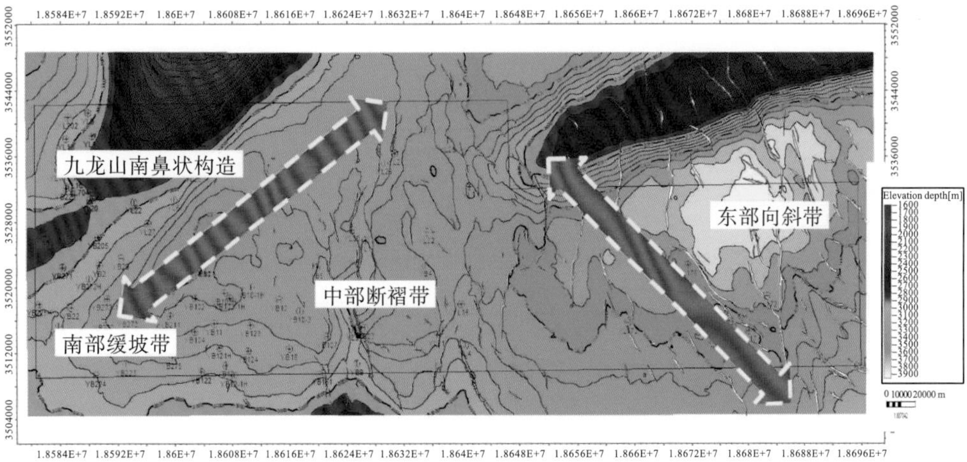

图 2－1－7　元坝地区大安寨顶构造图

（1）九龙山南鼻状构造。

九龙山鼻状构造位于元坝南缓坡带以北，在资料范围内，表现为北东－南西方向鼻状构造，形态平缓，向南西方向倾没。侏罗系断裂不发育，在东西向地震剖面，表现为背斜构造特征（图 2－1－8）。

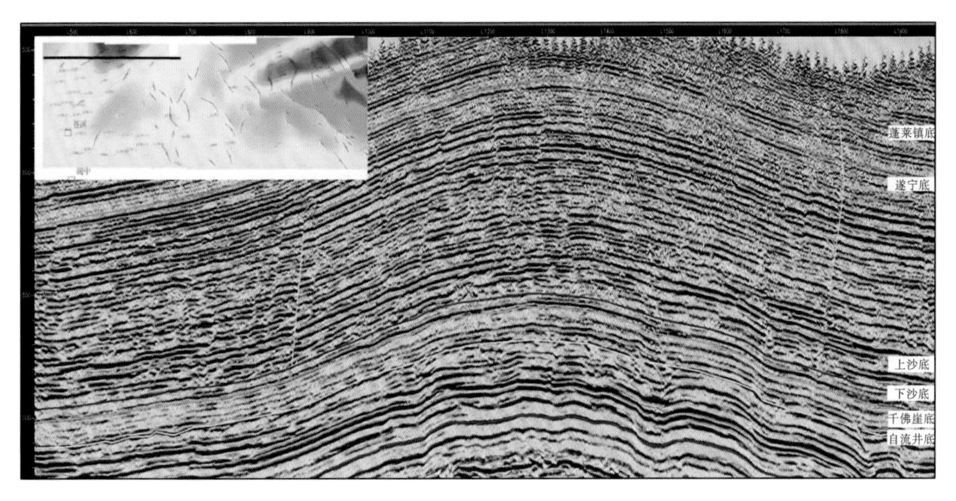

图 2－1－8　川东北地区九龙山构造剖面特征

（2）南部缓坡带。

元坝西南部为北高南低形态，受米仓、大巴山挤压应力小，地层平缓，向南与阆中低缓构造带相接，北与九龙山鼻状构造带相邻。大安寨段整体断裂不发育。表现为近南北向的构造缓坡特征（图 2－1－9）。

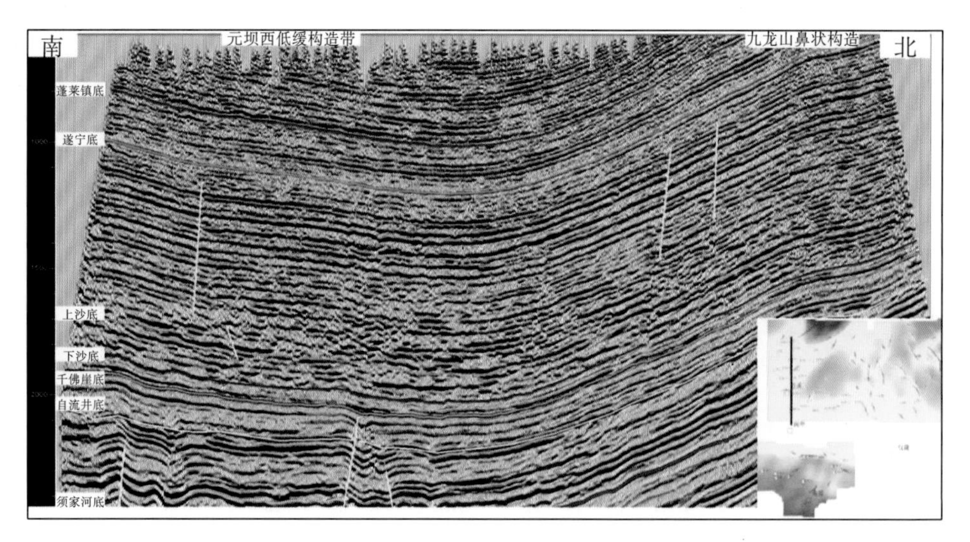

图 2-1-9　川东北地区元坝南构造剖面特征

（3）通南巴背斜构造带特征。

受米仓山、大巴山构造强烈挤压的影响，通南巴隆升为背斜，背斜走向为北东—南西向，背斜形态宽缓，断层发育。断裂系统基本属于 1 类断裂，断层断穿须家河组~沙溪庙组，对于大安寨段属于破坏性断裂（图 2-1-10）。

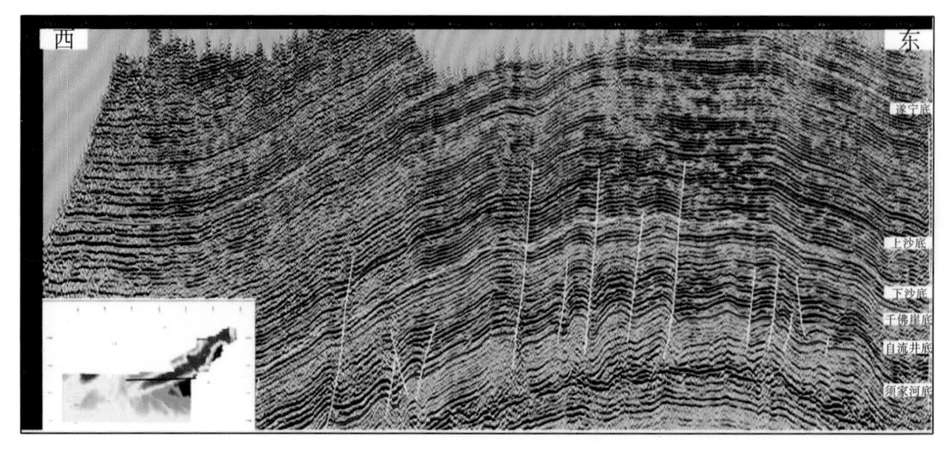

图 2-1-10　川东北地区通南巴背斜构造剖面特征

（4）向斜带构造特征。

元坝东整体为向斜构造，向斜南翼与川中低缓带相接，地层倾角小，向斜北翼与通南巴背斜构造相接，倾角较大；整体大断裂较发育（图 2-1-11）。

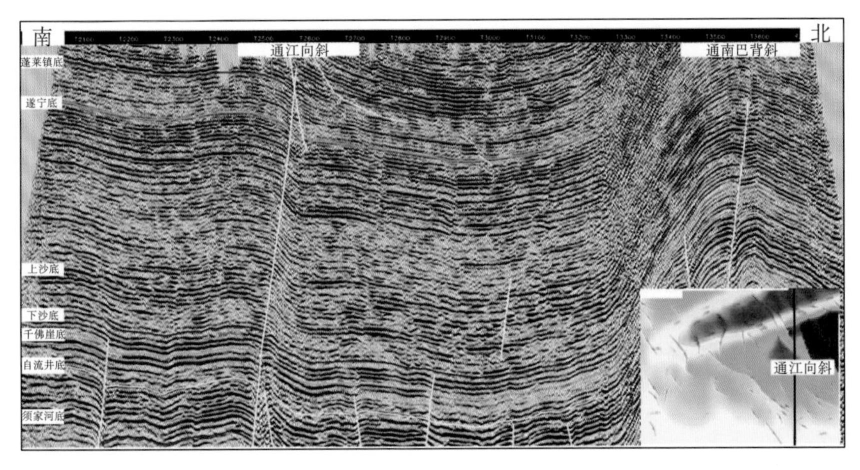

图 2-1-11　川东北地区向斜区构造剖面特征

（二）构造演化

区域构造演化史的分析主要利用平衡剖面的制作和应用，前人通过采用 Lithotect 构造平衡与恢复软件，对过工区的东西向测线（图 2—1—12）和南北向测线（图 2—1—13）制作平衡剖面，进行构造恢复，对元坝地区构造演化开展了深入的研究和分析。分析结果表明，元坝构造带经历了六个大的构造演化阶段。

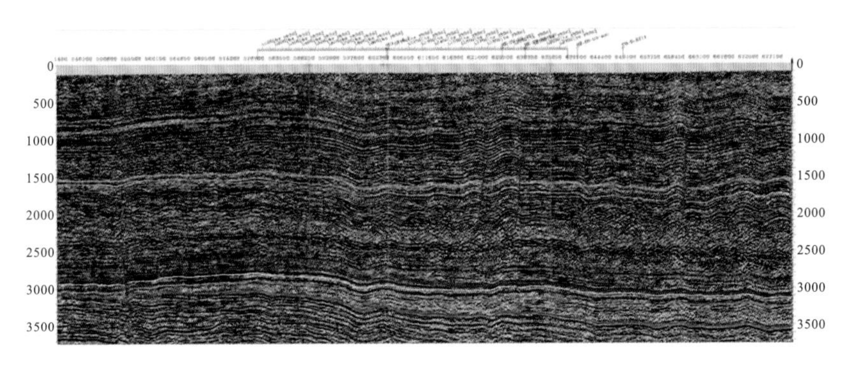

图 2-1-12　元坝地区东西向 BZ-SN-06-230 测线地震剖面

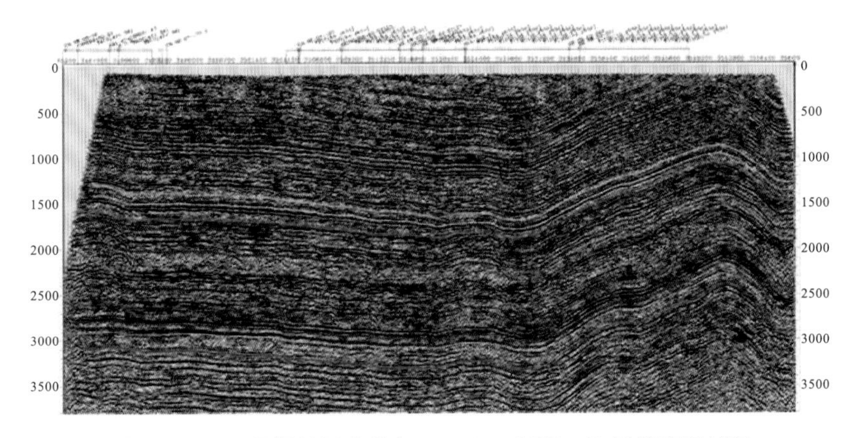

图 2-1-13　元坝地区南北向 BZ-SN-0306-40 测线地震剖面

（1）第Ⅰ期：前二叠纪构造演化阶段。

志留纪末上扬子板块整体抬升为陆，广遭剥蚀并形成多个古隆起，元坝地区位于这几大古隆起之间的拗陷区，地层遭受剥蚀程度较小，志留系残留厚度 650～800 米。云南运动前，大部分地区仍然振荡抬升，缺失泥盆系至石炭系地层，川东北地区有局限性中石炭统沉积。

（2）第Ⅱ期：晚加里东－云南运动－东吴运动演化阶段。

志留纪末的晚加里东运动是一次涉及范围广而且影响深远的地壳运动，这次运动使江南古陆东南的华南地槽区全面回返，下古生界褶皱变形。在扬子准地台内部大型的隆起以及断块的升降活动非常突出，形成了贵州的黔中隆起和四川乐山－龙女寺隆起，这些大型的隆起可能和基底隆起有关。加里东期乐山－龙女寺古隆起不仅和四川盆地中部硬性基底隆起带有相同的构造走向，而且在平面位置上也与之大体符合，且有延伸范围广、幅度大的特点。

加里东期构造运动在龙门山一带表现很明显，除了龙门山深断裂对地台和地槽区的地质构造发展起着直接的控制作用以外，在其东侧还有一条与之相伴生的彭灌大断裂。它在加里东运动中表现为强烈的上升活动，志留系、奥陶系、甚至一部分下寒武统全被剥掉，形成天井山加里东期线形隆起，其东侧与乐山－龙女寺隆起带间隔着一个狭长的拗陷，元坝工区就位于这两大隆起带之间的拗陷区，工区的南部处在乐山－龙女寺隆起的北缘末端。

石炭纪末的云南运动和早、晚二叠世之间的东吴运动，其性质都属升降运动，造成地层缺失和上下地层间呈假整合接触。东吴运动使扬子准地台在经历了早二叠世海盆沉积以后再次抬升成陆，上、下二叠统在广大地区内呈假整合接触。从下二叠统后期剥蚀的情况看，抬升幅度较大的地区在大巴山和龙门山一带。

由图 2－1－14 和图 2－1－15 可以看出，受加里东运动期龙门山抬升的影响，工区呈北西高南东低的构造格局，BZ－SN－06－230 线靠近盆地西部边缘龙门山一侧抬升，形成了西高东低的宽缓斜坡，水体较浅，发育了一套含礁、滩相的长兴组碳酸盐岩沉积。石炭纪末的云南运动和早、晚二叠世之间的东吴运动，使龙门山地区强烈抬升，地层遭受剥蚀，在 BZ－SN－06－230 线上以靠近龙门山前的西段抬升最大，遭受剥蚀也更严重，形成了由西向东地层变厚的格局，并发育有挤压性质的断层，志留系与下二叠统、下二叠统与上二叠统之间均为假整合接触。

由 T_{p1}－T_{p2}厚度图（图 2－1－16）可以看出，在晚加里东运动演化阶段，T_{p2}沉积时期，元坝三维工区的构造格局是工区南西一侧高北东低，说明了当时元坝工区受川中隆起和龙门山抬升的影响，工区的南部被抬升遭受剥蚀比较强烈，而由 T_{p2}－T_{1f3}厚度图上可见，工区呈现东高西底的构造格局，表明在 T_{p2}－T_{1f3}沉积期间，该段时期内工区主要受东吴运动期内大巴山构造造山的影响。

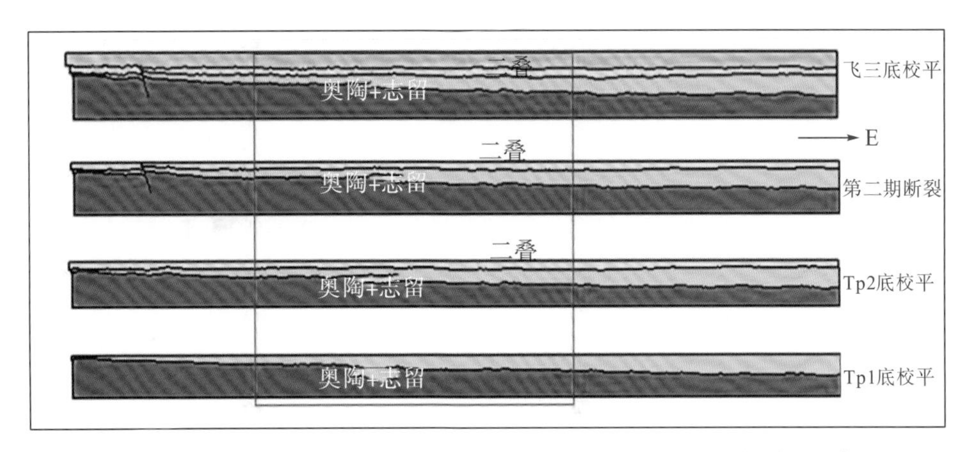

图 2-1-14　BZ-SN-06-230 线展示的工区第Ⅱ期志留纪-二叠纪构造演化史剖面图

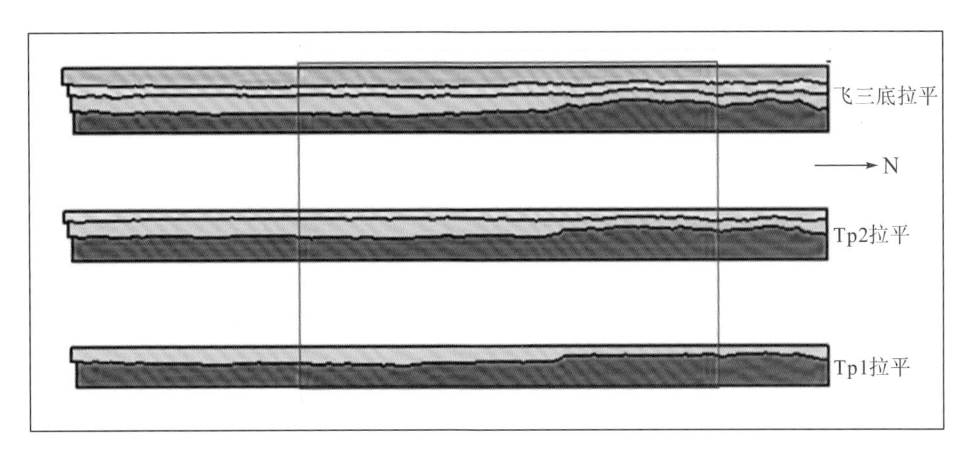

图 2-1-15　BZ-SN-0306-40 线展示的工区第Ⅱ期志留纪-二叠纪构造演化史剖面图

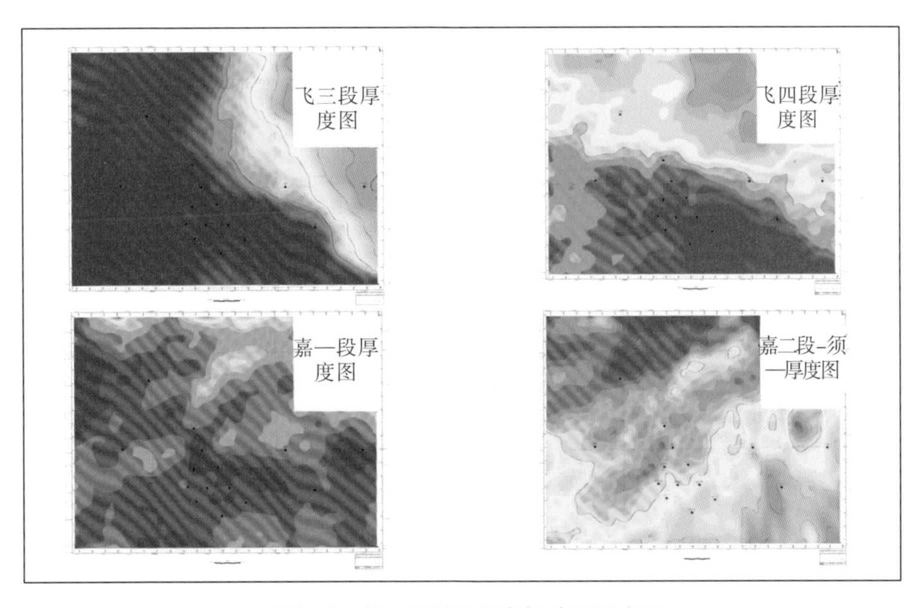

图 2-1-16　元坝工区海相地层厚度图

（3）第Ⅲ期：印支运动演化阶段。

三叠纪伊始，川东北地区先后发生了一系列的构造活动。早三叠世，上扬子板块北缘的镇平地体与华北板块拼合，之后随着佛坪地体在早三叠世末期与扬子板块北缘的拼合，中三叠世末，上扬子北缘的安康地体与秦岭发生碰撞，晚三叠世晚期（须三—须四）龙门山开始陆内造山，晚三叠世末期佛坪地体与米仓山的拼合体在晚三叠世时期与华北板块碰撞。受其影响，整个川西、川东北地区处于川西—川东北联合前陆盆地演化阶段，整个通南巴地区位于联合前陆盆地内。

早印支运动以抬升为主，早中三叠世闭塞海结束，海水退出上扬子地台，从此大规模海侵基本结束，取而代之是以四川盆地为主体的大型内陆湖盆开始出现，由海相沉积转为内陆湖相沉积。如图2—1—17和图2—1—18所示，在雷口坡组沉积以前，川东北地区的构造活动相对平静和缓慢，处于缓慢抬升阶段，继续接受碳酸盐斜坡沉积，在雷口坡沉积期，构造抬升运动加强，使整个川东北地区碳酸盐沉积水体进一步变浅，以海退进积型碳酸盐岩—蒸发岩为主，形成了一套膏岩沉积，随着构造抬升幅度的进一步加强，使雷口坡组地层暴露出水面接受剥蚀。印支运动一直持续到须家河沉积结束，由于受强烈的龙门山向南东向的推覆构造运动的影响以及膏岩的塑性流动，在构造应力最薄弱的沉降中心首先褶皱和抬升，表现为厚度减薄（图2—1—19）。须家河组的构造形态在该时期得到了初步的发展，在元坝工区内该时期的须家河组地层被褶皱变形，形成了NE向的断裂系统，须家河组圈闭初步形成。

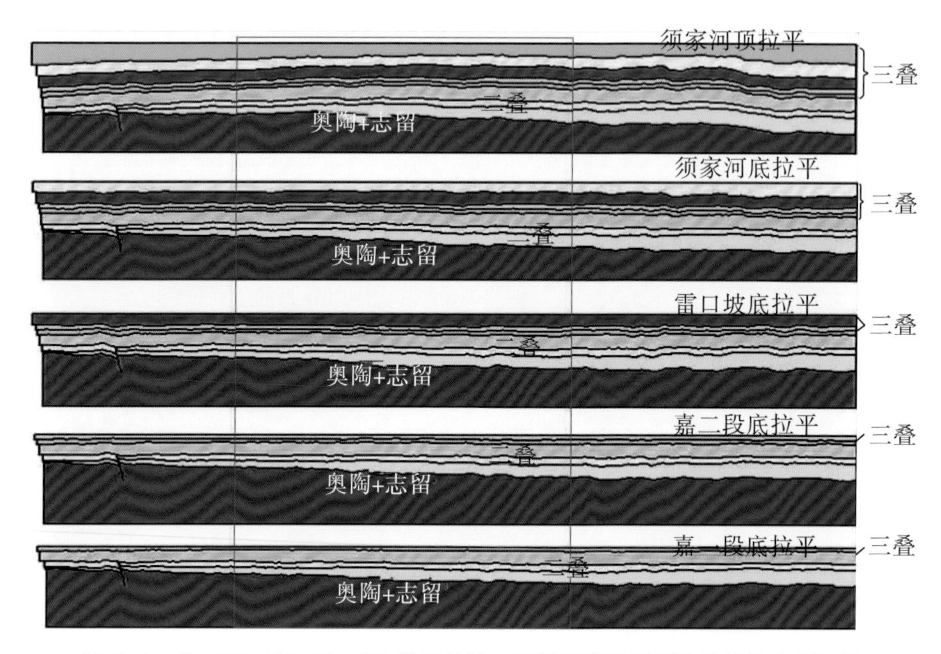

图2—1—17　BZ—SN—06—230线展示的工区第Ⅲ期三叠纪构造演化史剖面图

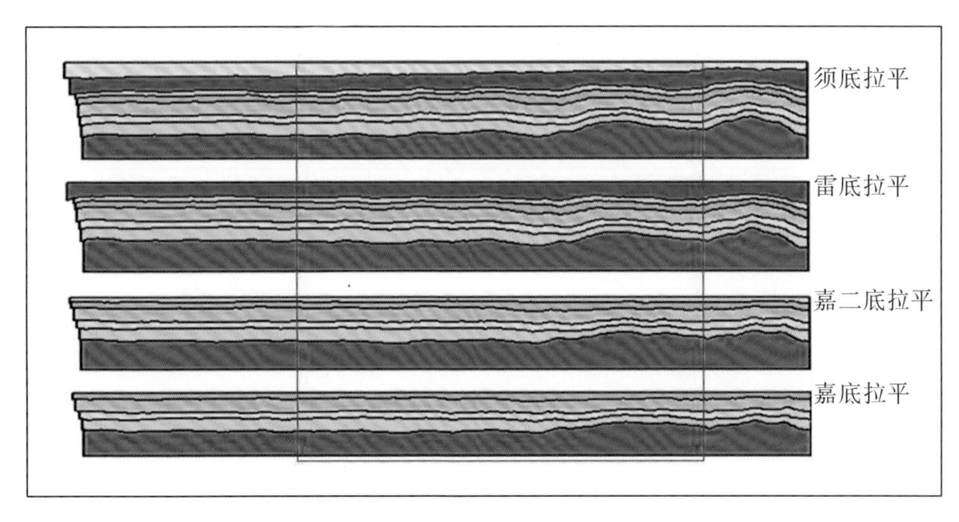

图 2-1-18　BZ-SN-0306-40 线展示的工区第Ⅲ期三叠纪构造演化史剖面图

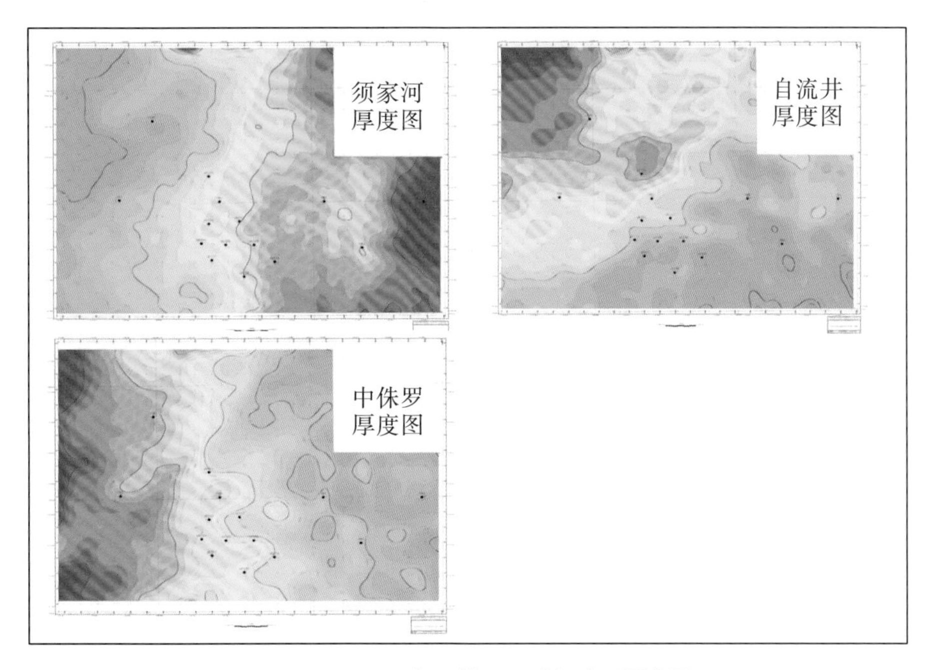

图 2-1-19　元坝三维工区陆相地层厚度图

（4）第Ⅳ期：燕山期前陆盆地演化阶段。

侏罗纪—白垩纪，受四周山系强烈隆升的影响，本区进入了前陆盆地发展的鼎盛时期，沉积了一套近 6000m 的巨厚的山前红色内陆河湖相碎屑岩建造。

燕山期是陆相沉积盆地发育的主要阶段，当时盆地范围可能遍及整个上扬子区，四川盆地受燕山运动的影响，在侏罗纪、白垩纪发展阶段总的趋势是盆地周边地区开始褶皱回返，古陆崛起，沉积盆地范围逐步向内压缩。晚侏罗世末的中燕山运动使盆地再次上隆，这是中生代陆相盆地形成以来，继晚印支运动之后的又一次重大的构造运动，进入盆地内部褶皱运动不明显，主要是强烈的抬升，造成侏罗系上部地层大幅度被剥蚀（图 2—1—20、图 2—1—21）。元坝三维工区受龙门山抬升的影响，呈现出北西高南东低的构造格局。

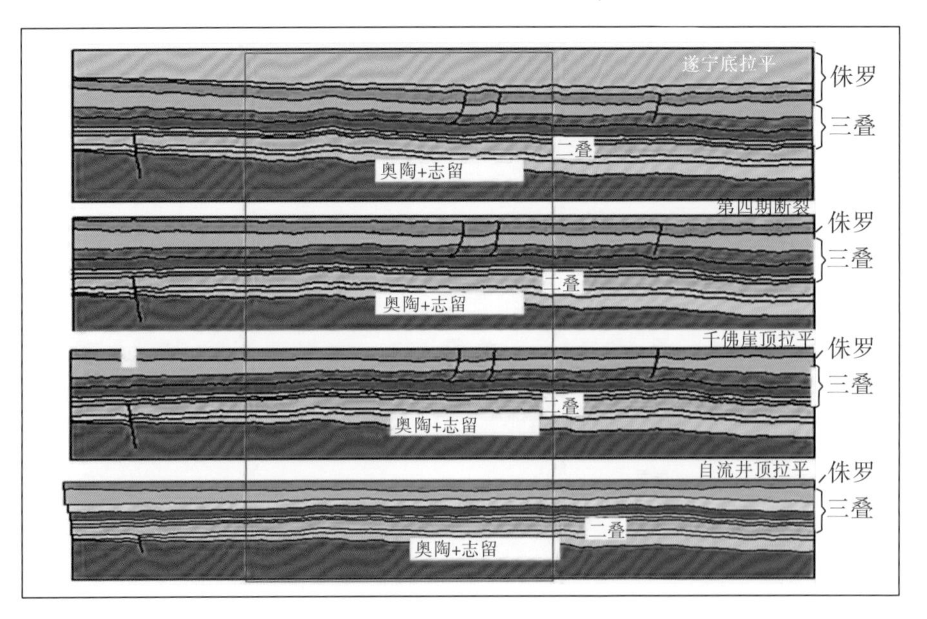

图 2-1-20　BZ-SN-06-230 线展示的工区第Ⅳ期燕山期构造演化史剖面图

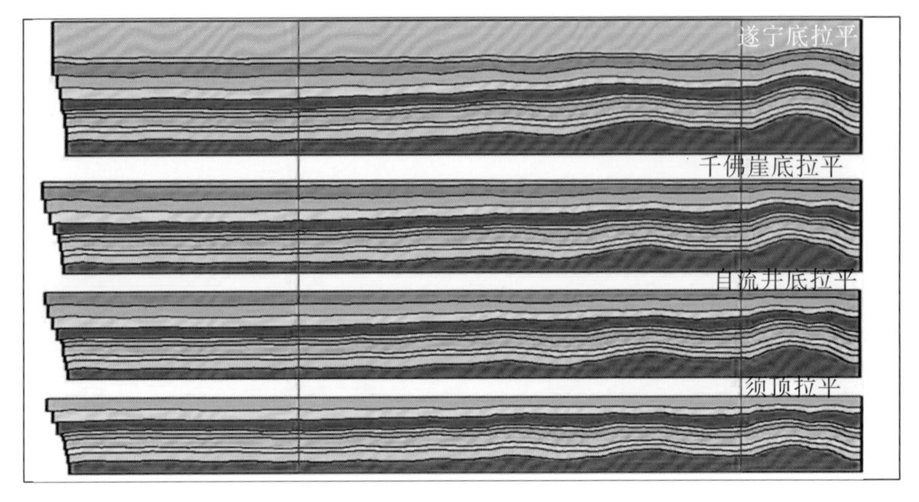

图 2-1-21　BZ-SN-0306-36 线展示的工区第Ⅳ期燕山期构造演化史剖面图

（5）第Ⅴ期：早喜山运动阶段。

早喜山运动发生在晚第三纪以前，是一次影响及其深远的构造运动，是四川构造盆地和局部构造形成的主要时期。它使震旦纪至早第三纪以来的沉积盖层全面褶皱，并把不同时期不同地域的褶皱和断裂连成一体，盆地的构造格局基本定型。在巴中地区，早喜山运动使印支期及燕山中幕形成的构造进一步加强和改造，使雷口坡膏岩在强烈的构造应力的作用下揉皱作用加强，并向上突破，同时膏岩的揉皱作用也使得其上伏的盖层褶皱（图 2—1—22），在该时期内，工区北部的九龙山强烈隆升，九龙山构造形成（图2-1-23）。燕山晚期—喜山早期，元坝地区区域应力场转为近EW向。受其影响，区内产生了近SN向逆冲断层变形和NNW向压扭性断层活动以及与之相关的褶皱。

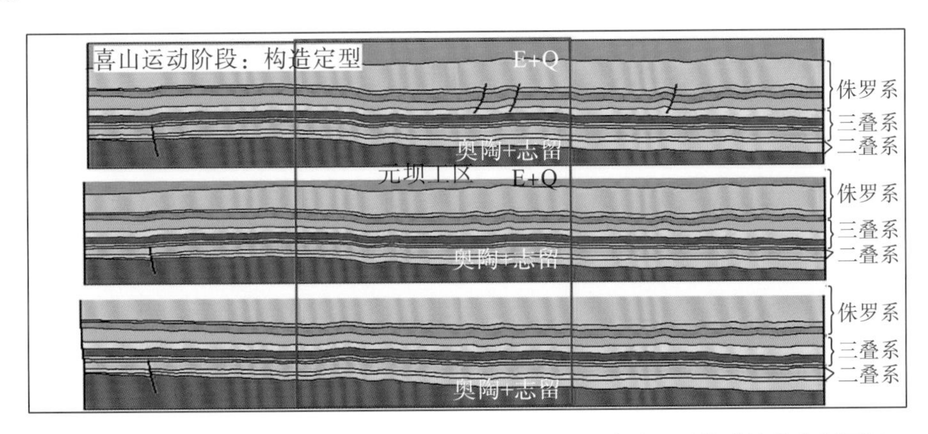

图2-1-22　BZ-SN-06-230线展示的工区第Ⅴ期早喜山运动构造演化史剖面图

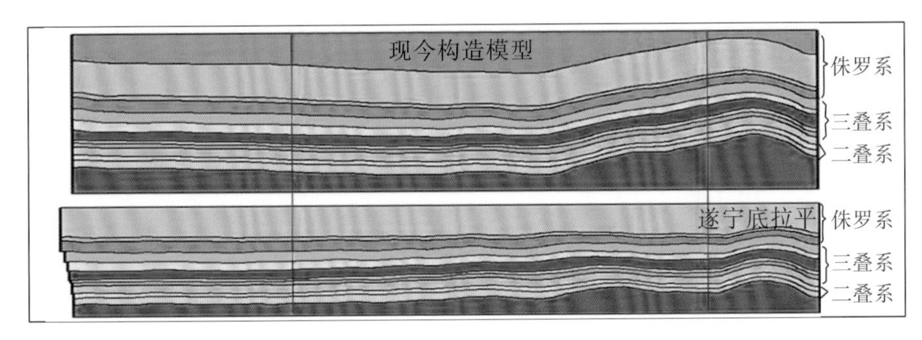

图2-1-23　BZ-SN-0306-40线显示九龙山在喜山阶段形成

（6）第Ⅵ期：晚喜马拉雅期改造阶段。

喜马拉雅晚期，大巴山持续的弧形推覆不断向南西发展，从北东向南西的挤压应力，作用于盆地东北部的弱形变区，形成NW向的推覆断层，使喜山早期形成的SN向断层发生扭转，并最终定型为现今的NNW构造格局。

第二节　断裂特征

一、阆中地区断裂特征

阆中地区的较大断裂系统主要发育带工区东北角，工区其他地区仅仅发育少量层间小断裂，对大安寨页岩段油气保存条件无明显破坏作用（图2-2-1）。

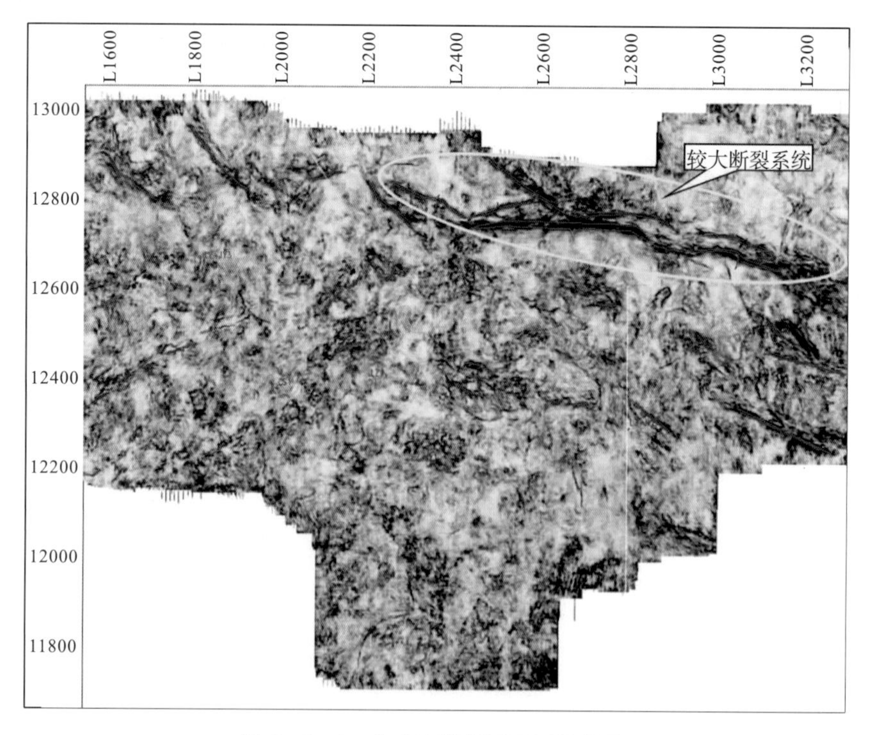

图 2-2-1 大安寨段断层平面分布图

大断裂特征：东北部大断裂走向近东西向，延伸长度 12km，断距 50～150m 之间。断层呈“八”字形对称分布，向上终止于自流井顶部，向下可延伸至嘉陵江膏岩层。该断裂系统对大安寨段储层油气运聚有破坏作用（图 2-2-2)。

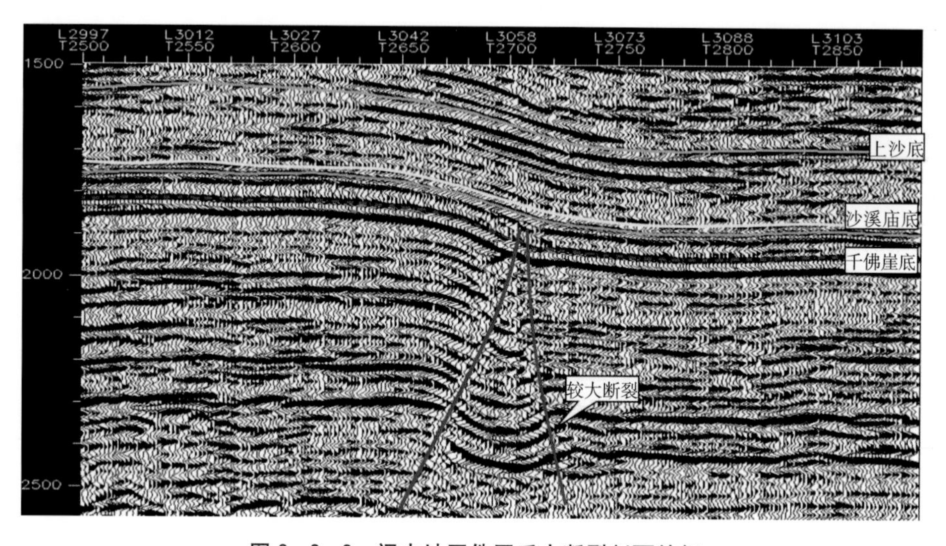

图 2-2-2 阆中地区侏罗系大断裂剖面特征

层间断裂系统：层间断裂工区零散分布，延伸长度 1～2km，断距<15m，部分表现为挠曲带特征。断层呈“八”字形对称分布，断层发育在千二段～大二段之间。该断裂系统对大安寨的储层改造具有正面意义（图 2-2-3)。

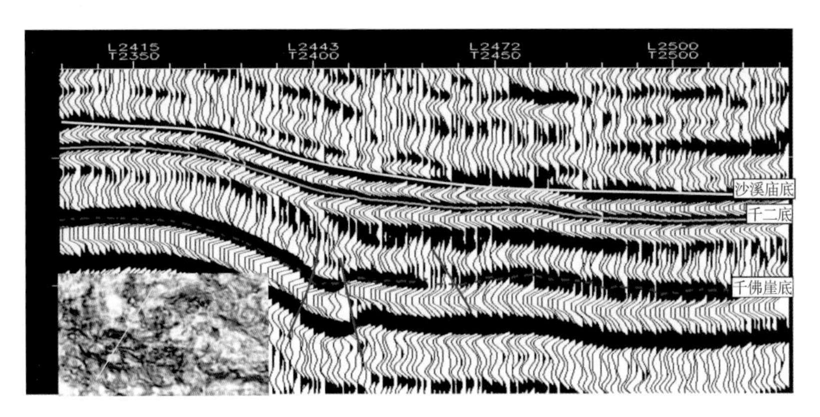

图 2-2-3　阆中地区侏罗系层间断裂剖面特征

二、元坝地区断裂特征

受到龙门山/大巴山构造挤压影响，元坝地区陆相断裂系统分别表现为北西向断裂（大巴山挤压控制）以及北东向断裂（龙门山控制），凹陷区两种断裂均发育。

（一）横向断裂体系划分

受到嘉陵江组滑脱层以及侏罗系滑脱层的影响，川东北地区主要划分为 3 套变形层系，嘉陵江组以下为下变形层系，嘉陵江组～侏罗系千佛崖组为中变形层系，千佛崖组以上地层为上变形层系，由于主要目的层大安寨段与须家河组同属于中变形层系，其断裂系统的发育规模及特征基本一致。因此，可以利用须家河组断裂系统的描述间接开展自流井组断裂系统的划分及描述。

受到龙门山/大巴山构造挤压影响，元坝地区陆相断裂系统分别表现为北西向断裂（大巴山挤压控制）以及北东向断裂（龙门山控制），凹陷区两种断裂均发育。受到两种应力的影响，将整个元坝地区划分为三个断裂体系——西部北东向断裂体系、中部复合断裂体系以及东部北西向断裂体系（图 2-2-4）。

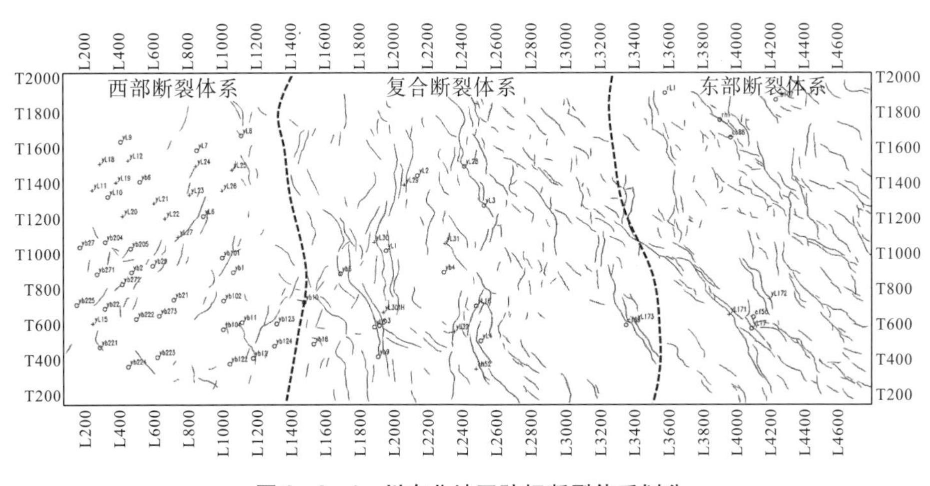

图 2-2-4　川东北地区陆相断裂体系划分

西部断裂体系：西部断裂体系主要分布在元坝西部的部分地区，整体断裂系统表现为北东向的断裂特征，断裂规模较小，断裂相对不发育，断裂系统走向为北东向，其成因主要受到龙门山北东向挤压应力的影响。

东部断裂体系：东部断裂体系主要发育在元坝东部地区，断裂体系整体表现为北西向的断裂特征，断层规模较大，断裂系统相对比较发育，断裂系统的成因主要受到大巴山向西南方向挤压应力的影响。

中部复合断裂系统：中部地区断裂系统相对比较复杂，表现为北东向断裂与北西向断裂系统叠合特征，断裂系统通常呈现“八字”对冲特征。断裂系统成因受到龙门山南东向应力挤压以及大巴山南西向构造应力挤压的共同结果。

（二）纵向断系统分析

从断裂系统的断穿规模来看，可以划分为三类断裂系统。

Ⅰ类断裂系统（红色断裂）：是指通天大断层，即向下断至嘉陵江组膏盐岩，向上断至遂宁组底。平面上走向以 NW 向为主，对于侏罗系大安寨段属于破坏性断裂的断裂系统。断裂系统基本呈现北西向展布，主要发育在元坝东部的部分地区（图 2-2-5、图 2-2-6）。

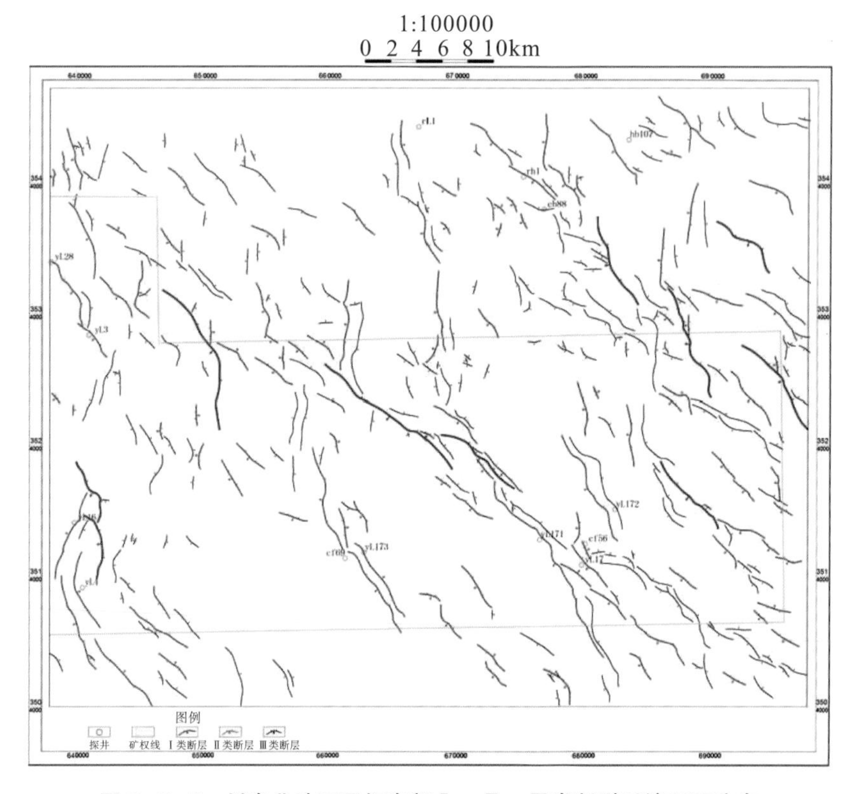

图 2-2-5　川东北地区元坝东部Ⅰ、Ⅱ、Ⅲ类断裂系统平面分布

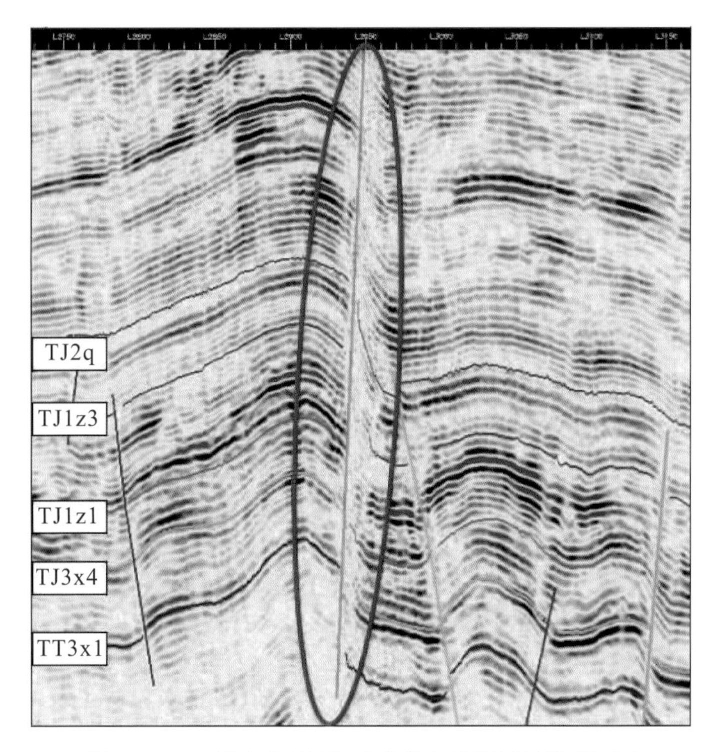

图 2-2-6　川东北地区元坝东部Ⅰ类断裂地震剖面图

Ⅱ类断裂系统（紫红色断裂）：向下断至嘉陵江组膏盐岩，向上断至自流井组顶部或者千佛崖组底。以北西向为主，少量北北西向，对于大安寨段属于烃源沟通断裂。断裂系统与Ⅰ类断裂系统级别一致，呈现出近北西向的断裂特征，断层数量较多，但是断层断距较大，与Ⅰ类断裂系统同属于主断裂（图 2-2-7）。

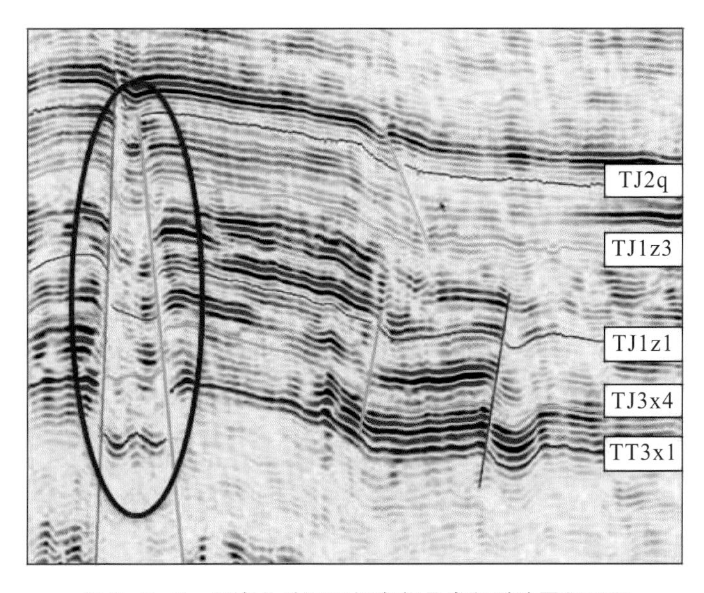

图 2-2-7　川东北地区元坝东部Ⅱ类断裂地震剖面图

Ⅲ类断裂系统（黑色断裂）：断裂向上断至须家河组顶部或者自流井组珍段，平面上规模大小不一，以 NE 向为主，认为其形成于印支期，受印支期北大巴山的影响。对于大安寨段储层属于储层改造断裂。Ⅲ类断裂系统非常发育，断层延伸距离很短，纵向上基本在须家河组～下侏罗发育，断裂系统基本属于Ⅰ、Ⅱ类断裂的伴生断裂系统（图 2－2－8）。

该类断裂系统的断层规模较小，而且未能断穿千佛崖组的盖层地层，该类断裂系统对于大安寨段的致密灰岩储层的改造具有明显的正面意义。

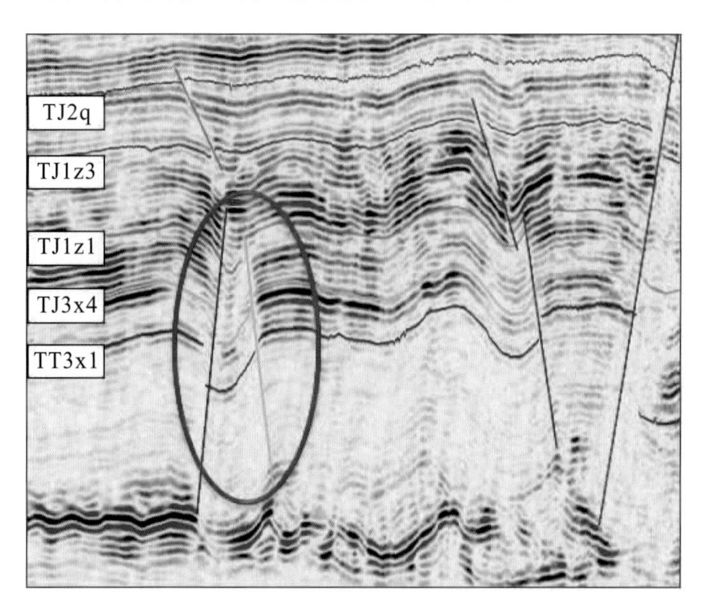

图 2－2－8　川东北地区元坝东部Ⅲ类断裂地震剖面图

第三章 川北陆相页岩层序与沉积特征

第一节 层序地层特征

一、千佛崖组地层特征

（一）千佛崖组地层沿革及划分

从1922年开始，中国地质学会对四川盆地地层进行了深入的划分和识别。赵亚曾、黄汲清、杨博全等地质专家陆续对各地层确定名称，经过地层会议（1959，1974，1979，1985）研究讨论并沿用至今。在50年代以前，千佛崖组的定义沿用侯德封等人定义的“千佛岩系”或“千佛岩统”；王国宁等人在1954年将位于广元宝轮院白田坝一带下部含煤带以外的层段定义为狭义的“千佛岩统”，其主要岩性是黄绿色页岩；1964年陈楚震（1964）将位于白田坝组与沙溪庙组之间的一套不含煤系的地层称作千佛崖组。经过四川二区测队和四川地质局科研所区域追索对比后，基本认同千佛崖组的定义。

在四川盆地，与千佛崖组同时沉积的还有新田沟组和凉高山组两套地层，它们互为异相关系。千佛崖组主要分布在盆地东北部，而新田沟组沉积在川西地区，凉高山组则多出现在川中地带。新田沟组地层具有三分性，上段和下段岩性都以砂岩与薄层泥岩互层为主，中段则多为泥岩；凉高山组地层一般分为两段，上段主要是含砾砂岩、页岩，下部岩性以灰质泥岩和粉砂岩组成（魏嘉宝，2015）。赵亚曾、黄汲清在1931

年命名千佛崖组于广元县北嘉陵江东岸的千佛崖（四川省地质矿产局，1991），原称“千佛崖层”（Tsienfuyen Formation），主要分布于四川盆地北部边缘地区，地层岩性以泥页岩、粉砂岩及细砂岩为主，岩层中可见介壳灰岩条带，透镜体发育，底部为细砾岩和含砾砂岩沉积，化石主要为双壳类和植物碎屑，地层厚度约为 270m，与相邻的下侏罗统白田坝组以及上侏罗统沙溪庙组整合接触。千佛崖组在整个四川盆地区域分布范围较广，厚度变化不一。在广元厚度约为 190m，而在旺苍和南江地区则达 330m 左右，整体呈现出“东厚西薄”的特点。

（二）地层划分

千佛崖组岩性一般是以杂色粉砂岩和泥岩为主，在千佛崖组底部多为灰色泥质粉砂岩和泥岩互层，可见植物碎屑出现；向上泥岩含量逐渐增多，杂色（黄色、紫红色）泥岩开始呈层状出现，有介壳灰岩发育；靠近千佛崖组顶部砂岩含量增多，与底部相似，砂岩与泥岩互层发育，地层中可见层状沥青或煤线。千佛崖组内部在划分时采用原地矿部“上下杂，中间深”的划分原则，结合野外露头岩性及钻井岩心资料，将千佛崖组从老到新划分为三段，即千一段、千二段和千三段。

千佛崖组一段以杂色泥岩为主，泥岩与细粉砂岩呈互层出现，并且在岩层之间可见薄层紫红色泥岩夹杂，向上砂岩含量逐渐减少，测井曲线呈锯齿形。该时期的沉积过程中物源丰富，水动力条件稳定，植物碎屑的出现说明是水体环境，如三角洲分流河道等沉积环境。在研究区内千一段下伏地层自流井组大安寨段岩性岩性多为泥岩，测井曲线明显降低，根据测井曲线和岩性的变化可以简单划分出大安寨段和千一段（图 3-1-1）。

千佛崖组二段岩性以泥质粉砂岩为主，但可见灰黑色页岩发育相对集中，岩石颜色比千一段颜色更深，以黑色为主，说明有机质含量增多，测井曲线呈漏斗形，自然伽马测井曲线值明显低于千一段，曲线幅度更为平直，有机质和测井曲线的变化说明从千一段到千二段水动力条件在逐渐减弱，黑色页岩的集中出现可作为千二段的开始（图 3-1-1）。

千佛崖组三段，主要储层岩性为杂色泥岩沉积发育，细–粉砂岩和泥质粉砂岩与灰黑色页岩互层发育，局部可见泥岩，整体岩层颜色呈灰绿，没有集中成层的黑色页岩，泥岩含量从下至上逐渐增多。测井曲线呈箱形，自然伽马测井曲线值比千二段高，因此可以将紫红色泥岩的出现和黑色页岩的明显减少作为千二段和千三段的区分标志（图 3-1-1）。

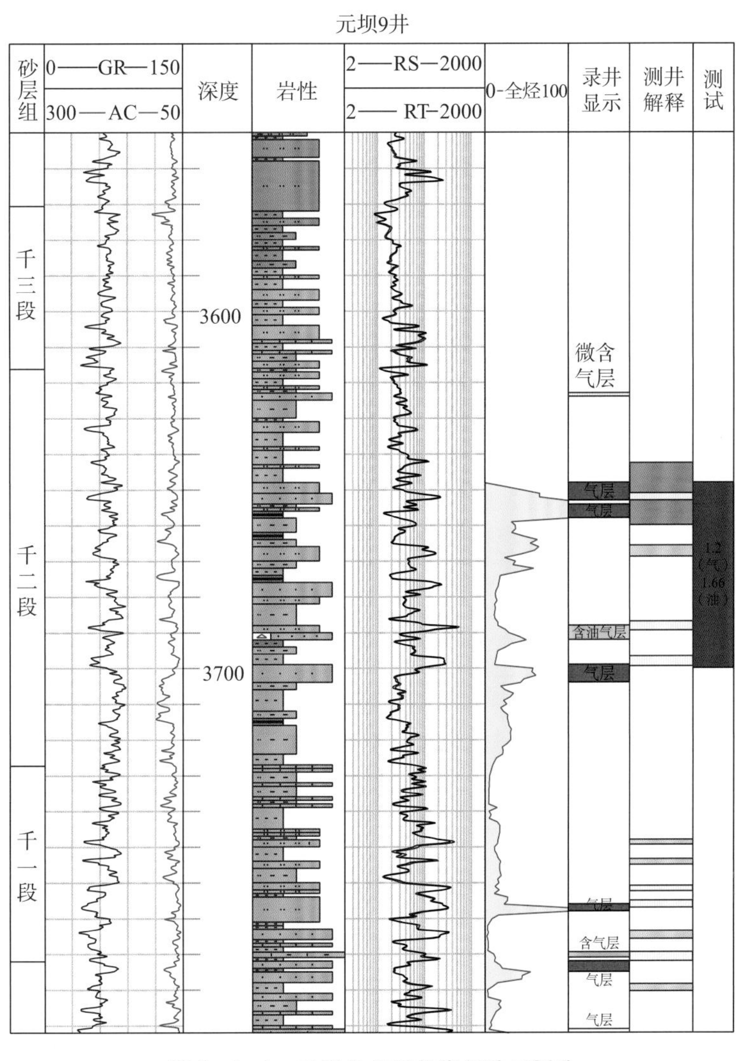

图 3-1-1 元坝 9 井千佛崖组地层划分

（三）地层对比

东西向对比剖面对比显示，千一段、千二段、千三段厚度在工区内展布稳定，其中千三段厚度 45～60m，平均厚度 55m，从西向东泥岩由红色泥岩变为棕红色泥岩再过渡为紫红色泥岩。千二段厚度 98～119m，平均厚度 115m，岩性整体为灰黑色泥岩及岩屑砂岩互层。千一段厚度 43～55m，平均厚度 50m，千一段底部见杂色泥岩，从西向东泥岩颜色红色、棕红色泥岩转变为绿灰色泥岩（图 3-1-2）。

南北向剖面显示，千佛崖组厚度整体分布稳定，北部千佛崖组厚度相对较厚。千三段厚度 45～62m，平均厚度 55m，泥岩颜色总体以绿灰色、紫红色为主。千二段厚度 90～132m，平均厚度 120m，岩性整体为灰黑色泥岩及岩屑砂岩互层。千一段厚度 44～58m，平均厚度 50m，千一段底部见杂色泥岩，泥岩颜色总体以灰色为主，见少量杂色泥岩（图 3-1-3）。

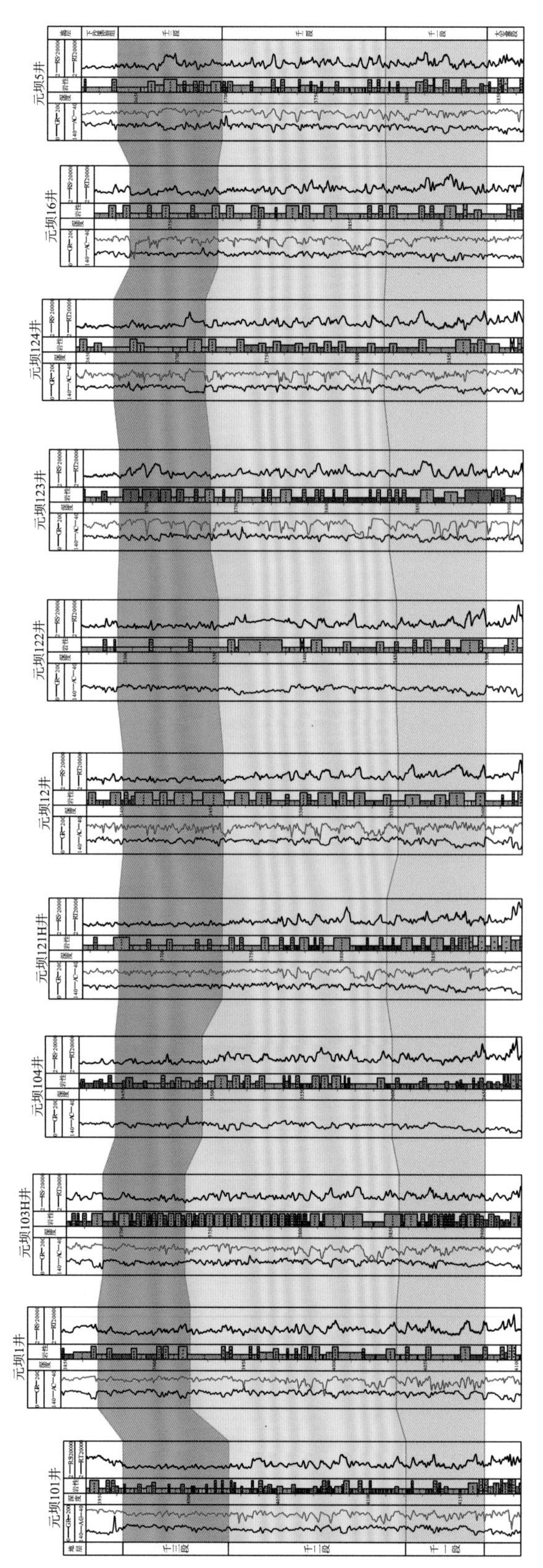

图 3－1－2　元坝地区千佛崖组东西向地层对比图

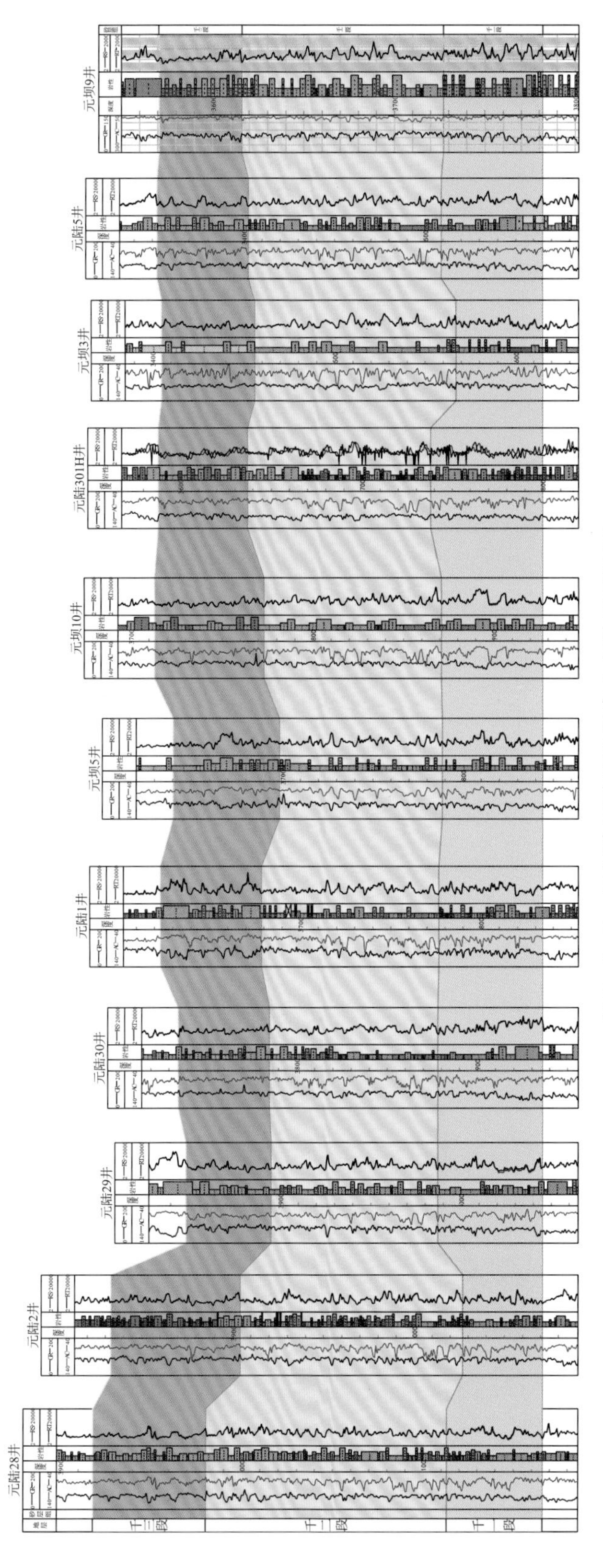

图 3－1－3　元坝地区千佛崖组南北向地层对比图

二、大安寨段层序地层特征

（一）层序划分

研究区内主要油气储集层大安寨段灰岩属于湖相沉积，层薄、展布面积小，岩性较为单一。因此，本次层序划分是以层序理论为基础，依据测井曲线变化特征，综合岩性组合、测井相、沉积微相相序等基本特征，将大安寨段地层划分出2个完整四级层序。大安寨早时（大三亚段）为湖侵期，层序表现主要为介屑灰岩→黑色页岩和含泥质介屑灰岩→黑色页岩旋回，测井曲线上自然伽马值表现为由高向低转变，电阻率值表现为由低向高转变。大安寨中时（大二亚段）为最大湖侵期，其岩性主要为黑色页岩和含泥质介屑灰岩，层序表现主要为含泥质介屑灰岩→黑色页岩旋回，测井曲线上自然伽马值表现为由高向低转变，电阻率值表现为由低向高转变。大安寨晚时（大一亚段）进入湖退期，其岩性主要为黑色页岩，含泥质介屑灰岩和介屑灰岩，层序表现主要为含泥质介屑灰岩→黑色页岩、介屑灰岩→含泥质介屑灰岩旋回，测井曲线上自然伽马值表现为由高向低转变，电阻率值表现为由低向高转变（图3-1-4）。

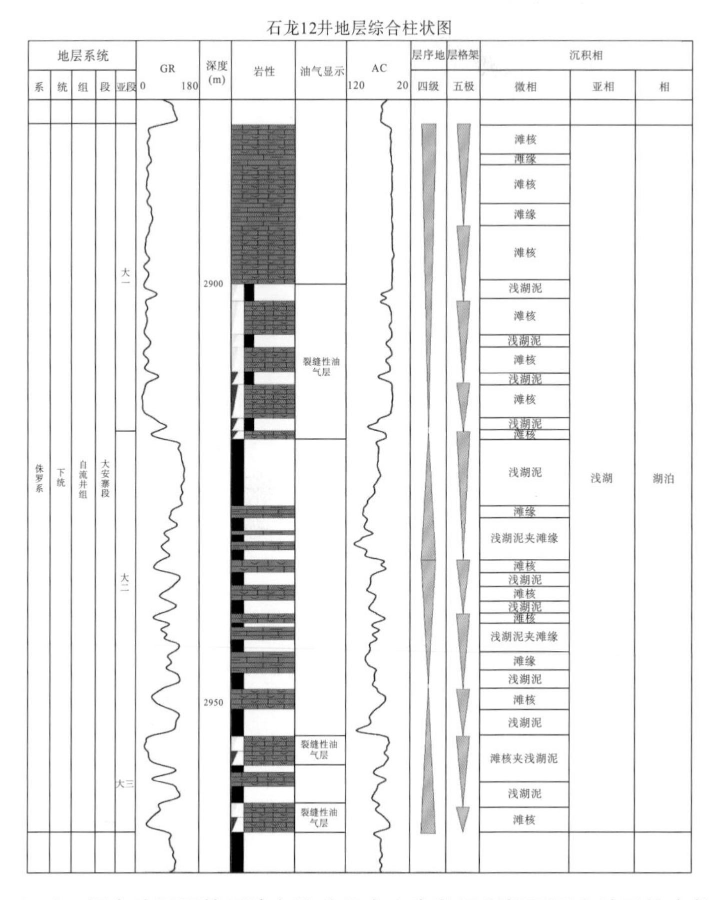

图3-1-4　阆中地区下侏罗统自流井组大安寨段沉积相及层序地层综合柱状图

（二）层序地层对比

大安寨段岩性以灰黑色泥页岩与介壳灰岩、薄层状砂岩不等厚互层为主，由上而下进一步划分为大一亚段、大二亚段、大三亚段。

大一亚段：为主要目的层，埋深 2800～3000m 左右，地层厚度自西向东变化不大、由南向北逐渐变薄，岩性主要为灰、褐灰色泥晶介壳灰岩、残余介壳灰岩夹灰黑色页岩薄层，顶部为一套泥、灰岩薄互层。介壳含量 85%～95%，多为瓣鳃类，大多为大小不一的碎片，彼此平行排列（图 3-1-5、图 3-1-6）。

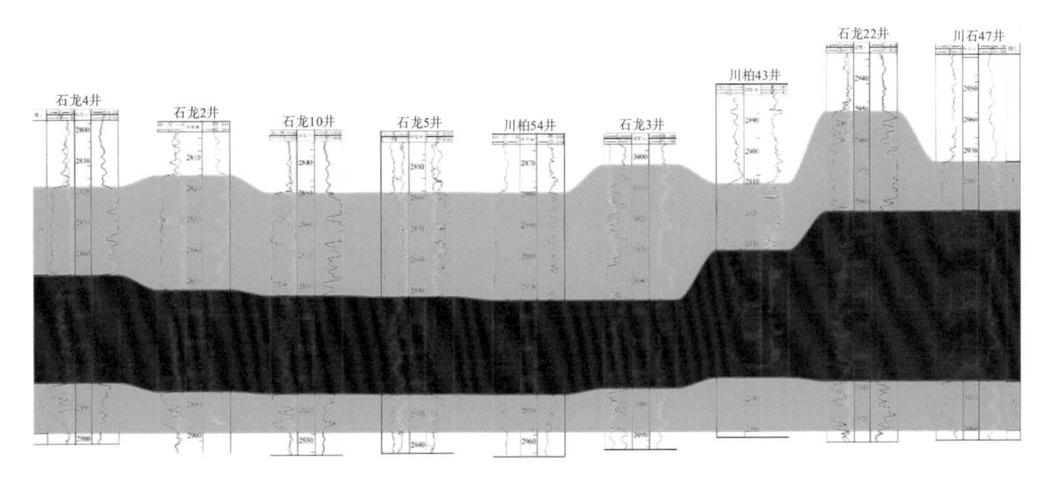

图 3-1-5　石龙 4-石龙 5-石龙 3-川石 43-川石 47 井（南北向）地层对比剖面图

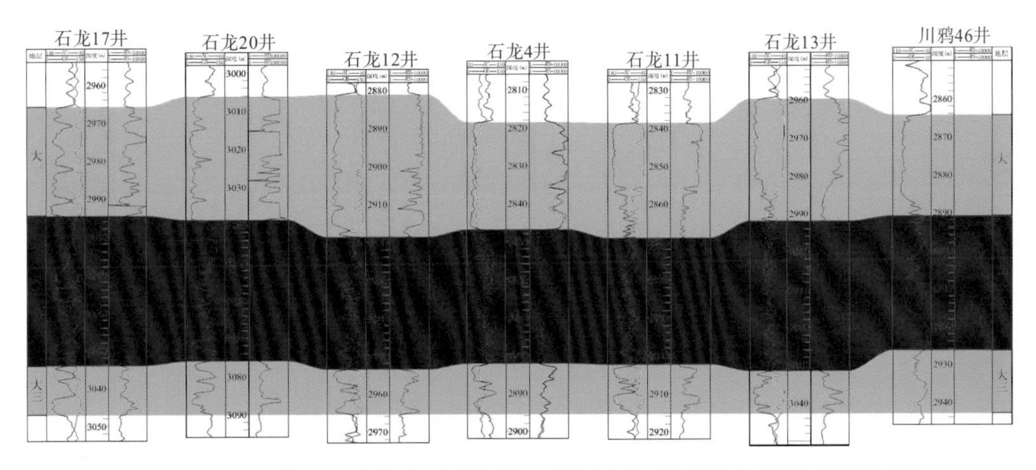

图 3-1-6　石龙 17-石龙 12-石龙 11-川鸦 46 井（东西向）地层对比剖面图

大二亚段：埋深 2830～3050m 左右，地层厚度自西向东变化不大、由南向北逐渐增厚，岩性为灰黑色页岩与灰色残余介壳灰岩不等厚互层，页岩单层厚度 2.50～8.50m，占该亚段厚度的 85%～95%，质纯，页理较发育，是大安寨段主要的烃源岩层（图 3-1-5、图 3-1-6）。

大三亚段埋深 2850～3070m 左右，总体上地层厚度变化不大，岩性为灰色泥晶介壳灰岩与灰黑色页岩互层，介壳含量 60%～80%，多为瓣鳃类，多数为大小不一的碎片，彼此近平行排列（图 3－1－5、图 3－1－6）。

第二节　沉积特征

一、千佛崖组沉积特征

（一）沉积相标志

（1）颜色。

沉积岩最直接最不能忽视的第一标志就是颜色，出现什么样的颜色一般是由岩石含有的元素以及岩石内部发生的物理化学作用所决定，是沉积环境最有利的信号灯。沉积岩的颜色可以分为继承色、自生色和次生色 3 种，其中继承色和自生色是指示意义最重要的，它们与岩石中含铁的自生矿物及有机质的种类和数量息息相关，比如古水介质的物化条件，就能很好地在黏土岩或生物沉积岩的自生色上体现出来（张素梅，2008）。

研究区岩石类型以粉砂岩和泥质粉砂岩为主，颜色呈灰－浅灰色－灰绿色，其次夹杂灰黑色泥岩，表明其沉积化境为一种弱氧化的、离水体较浅的沉积环境，而灰黑色泥岩则是由于有机质富集所造成，反映水体较深的还原环境。在野外剖面可见千二段有明显黑色页岩层沉积，说明其在一个水动力条件较弱的还原环境；而在千一段有紫红色泥岩出现，可以指示氧化环境。由此证明，沉积环境从千一段到千二段大体为氧化→还原。

（2）岩石类型。

不是所有的陆源碎屑岩都对鉴别沉积相有重要作用，比如砂岩或黏土岩就没有什么影响。因此必须首先观察其他特征，比如化石、自生矿物和结构、构造等等，将这些都鉴定后再与碎屑岩颗粒结合起来才能确定陆源碎屑岩的沉积相。如果一个岩石组合是在一个很特定的沉积环境（流动机制）下形成的，那么它对沉积相的判定就有很关键的指示性。

通过钻井岩心室内观察和野外剖面露头研究，研究区砂岩主要是以灰色、浅灰色细粒岩屑长石砂岩和浅灰色细粒岩屑砂岩为主，其次为浅灰色细粒长石岩屑砂岩。砂岩成分中石英一般为 35%～60%（最高 95%），长石含量较高，一般为 8%～20%（最高 24%），主要为斜长石和钾长石，中等风化程度为主，少量呈深度风化。岩屑一般为 5%～35%（最高 48%），以变质岩类岩屑为主，约占岩屑总量的 40%，其次为沉积岩类岩屑（黏土岩），约占岩屑总量的 34%，火成岩岩屑含量相对较少，约占总量的

25%。还可以见到不少生物介壳岩，偶见少量沥青。砂岩多为连续厚层发育，可以说明是近物源补给，大致可判定为三角洲相沉积。

（3）自生矿物。

虽然在陆源碎屑岩中含有的自生矿物（沉积矿物、同生矿物、成岩矿物）比重很小，但是却可以很好地指示沉积环境。研究区储层砂岩中可见部分自生绿泥石，它们大多数都是作为孔隙衬里或颗粒环边产出，在绿泥石的形成过程中，含有丰富铁质的同时期沉积物是必不可少的，这种情况在三角洲沉积环境中十分常见，特别是三角洲前缘亚相中的河口砂坝微相和远砂坝微相（魏星，2010）。根据自生绿泥石这种形成条件，成岩作用早期阶段形成的自生绿泥石，特别是以孔隙衬里产出的，都可以很好地指示沉积环境，说明是与海水相关的三角洲相沉积（张霞，2011）。

（4）原生沉积构造标志。

研究区沉积岩主要发育斜层理、平行层理、冲刷面和板状交错层理等原生造：平行层理通常在水体动力条件比较强比较高能的环境中发育，比如湖泊。在千佛崖组中从千一段至千三段平行层理逐渐减少，说明沉积环境的水动力条件逐渐减弱。板状交错层理中细层的倾向一般就是水流的流向。冲刷面的出现说明上覆沉积物粒度大于下伏沉积物粒度，一般是一个层序界面，说明沉积环境水体发生了变化。

（5）古生物标志。

无论是现代生物还是古生物化石，它们的生活环境永远是首先考虑的第一要素。生物种类不同，继而适应生存的条件也不同，所以在不同的环境中，生物也是有差异的，即使在同水域的不同阶段，由于环境因素的不同，不但生物类别不同，而且其种群数量、外在特征以及内部生理结构都具有很大差别。因此，不同种类的生物或生物种群，无论过去还是现在，它们所生活的环境都能够解释它们的生活状况，也就是本次研究中所讲的沉积相。研究区内可见大量生物介壳岩代表一种滨浅湖环境，水体循环良好，氧气充足，沉积环境主要为三角洲前缘。在一些地层中还有少量植物碎屑化石，说明沉积环境在水下。

（6）测井相标志。

在钻井时，钻入的地层在垂向上是具有连续性的，而钻井过程中获得的测井资料可以准确地将这种连续性反映出来，所以测井曲线可以有效地用于沉积微相研究。同时，也可依据测井曲线资料判断各类沉积微相在垂向上变化的规律，从而根据粒序以及相序来确定沉积微相的类型。一般把表示地层特征的测井响应的总和叫作测井相，而且这种测井响应特征与其周围的测井响应明显不同。

通过分析研究不同的测井相特征，自然就可以还原相对应的沉积相。测井相的要素有定性和定量两方面（王世成，2010）。测井响应曲线特征会出现很多种，比如齿中线向下收敛、曲线出现幅度异常、曲线是否光滑等等。能够反映沉积特征的测井曲线形态特征是重要的相标志（陈恩，2007；康建威，2007）。通常对一个地层进行测井相分析是从以下两方面开始：测井响应曲线特征和测井相特征。

元坝—阆中地区中下侏罗统地层沉积相研究也是从这两方面开始，首先获取地层野外特征，比如岩性组合等，再用测井技术研究，最后在实际分析中结合自然伽马测井曲线特征进行分析。研究区测井曲线形状包括箱形、漏斗形和锯齿形等形状，箱形则说明物源丰富，水动力条件稳定，是一种正在进行中的加积沉积指示；漏斗形说明水动力正在渐次增强，颗粒粒序与柱形相反，从上到下逐渐变细；锯齿形说明岩性组合不均匀，可能有夹层或互层发育，反映了水动力条件不稳定的特征（任小庆，2011）。但通常测井曲线不会以单一形状出现，而是由两种或两种以上组合出现，表示了水动力环境的变化。

自然伽马测井曲线呈低幅弱齿形：岩性以泥岩为主，可见紫红色泥岩，对应湖泊相浅湖亚相沉积。

自然伽马测井曲线呈锯齿形、指形：测井曲线呈低幅的齿形和指形，上部曲线为多指形，岩性为泥岩，对应三角洲前缘亚相水下分流间湾微相沉积。

自然伽马曲线呈漏斗形：测井曲线呈漏斗形，顶部突变呈箱形，底部从低幅漏斗形逐渐转为低幅锯齿形，沉积物表现出颗粒下细上粗的反旋回序列，根据岩性可以估计其为三角洲前缘亚相河口坝微相沉积。

自然伽马曲线呈箱形：测井曲线呈箱形，反映物源充足、强而稳定的水动力条件。曲线底部突变接触，在岩性上也相应发生了变化，向上为钟形，幅度也随之逐渐变大，对应为三角洲前缘亚相水下分流河道微相沉积。

（二）沉积（微）相划分

在前人研究基础，通过对研究区野外露头踏勘采样和钻井岩芯等资料的综合分析，并结合几种沉积相标志，可以说明川东北元坝地区千佛崖组为陆相沉积。

本文将其划分为两大沉积相，三种沉积亚相（表3－2－1）。

表3－2－1　川东北元坝地区千佛崖组沉积相划分方案

相	三角洲						湖泊	
亚相	三角洲前缘、前三角洲						浅湖	
微相	水下分流河道	水下天然提	水下分流间湾	远砂坝	河口坝	席状砂	浅湖泥	浅湖沙坝
岩石类型	粉细岩屑砂岩	粉砂岩，泥岩夹粉砂岩	泥质粉砂岩	杂色粉砂岩	细粒岩屑石英砂岩	灰黑色泥与细砂岩不等厚互层	深灰色泥页岩	页岩、细砂岩
结构构造	交错层理、平行层理	交错层理	水平层理，见虫管	交错层理、沙纹层理	交错层理、包卷层理	沙纹层理	水平层理	平行层理交错层理

1. 三角洲前缘亚相

三角洲前缘亚相位于湖平面与浪基面之间，是三角洲沉积的水下部分，一般分布于三角洲平原向湖一侧和分流河道的前端，多呈环带状，是三角洲最活跃的沉积中心，在整个研究区最为发育。从物源区过来的砂泥沉积物，到达这里时迅速堆积。然后水体开始对它各种作用，比如冲刷分选等等，最后原先的沉积物进行再次沉积分布形成一个砂体质量较纯的沉积带，这种砂体被用作良好的储集层。

三角洲前缘包括水下分流河道、河口坝、远砂坝、席状砂、水下分流间湾等微相。

（1）水下分流河道微相。

水下分流河道也被称为水下分流河床，是三角洲平原亚相中分流河道微相延伸到水下的部分。在砂体逐渐向湖延伸的过程中，河道的宽度被拓展得越来越大，但湖体的深度却在逐渐减小，分叉也变得越来越多，使得水体流速缓慢，从而导致沉积物的堆积速度增大。研究区岩性主要是杂色细粒长石砂岩和长石石英砂岩，发育底冲刷面。层理有各自交错层理及平行层理等。在相序上一般与三角洲前缘河口坝和远砂坝共生。粒度分布特征主要是跳跃总体发育，测井曲线特征类似于三角洲平原分流河道，一般呈箱形，曲线底部突变接触，向上过渡为钟形，幅度也随之变大。

（2）水下分流间湾微相。

分流间湾一般出现在水下分流河道之间，地势比较低洼的地方。一般三角洲从陆向湖向前推进时，容易形成一系列尖端指向陆地的楔形泥质沉积体，这种沉积体就是水下分流间湾。分流间湾通常都是黏土沉积。研究区岩性主要为杂色泥岩及粉砂质泥岩，其次为少量粉砂岩或泥质粉砂岩。小型板状交错层理、浪成沙纹层理、水平层理和浪成波痕较为发育。而前三角洲亚相在层序的下部黏土沉积，向上逐渐变为富含有机质的低沼泽沉积。测井曲线主要呈低幅锯齿形和指形。

（3）分流河口砂坝微相。

分流河口砂坝也叫河口砂坝。它的形成是因为河流带来的砂泥物质在河口处速度降低，然后就地堆积而成的，通常位于水下分流河道的河口处。研究区该微相的岩性主要为杂色中至厚层状细粒岩屑长石砂岩、岩屑石英砂岩及长石石英砂岩，少量泥质粉砂岩。砂岩的分选和磨圆均较好。沉积构造中多见各类交错层理，逆粒序层理和滑塌变形、包卷层理等，偶见枕状构造（付吉林，2012）。测井曲线主要是齿化箱形和漏斗形，幅度自上而下由高幅变为中幅，砂岩粒度下细上粗，整体表现为逆粒序。

（4）远砂坝微相。

远砂坝位于三角洲前缘亚相的最前端，但是要比河口砂坝还要远远的部位，沉积物颗粒比河口砂坝细（施振生，2008）。研究区内远砂坝微相沉积主要以杂色薄至中层状粉砂岩为主，小型板状交错层理、沙纹层理和水平层理发育。远砂坝总体特征与河口坝类似，在相序上与河口坝和席状砂共生，测井曲线形状多呈齿化漏斗形或低幅指形。远砂坝微相的水体能量较强，根据岩性可以看出有明显的强弱交替。水体能量较强时，沉积物以砂质为主，且由于风暴或水流作用，沉积底层遭受冲刷；水体能量较弱时，沉积物以泥质为主，大量生物在此活动。远端砂坝沉积砂质组分由下到上逐渐增多。

（5）席状砂微相。

三角洲前缘的河口砂坝经过湖水反复冲刷，然后砂层沉积下分布在三角洲侧边，这种比较薄但分布面积较大的砂体就叫作席状砂，易成为较好的储集层（赵伟，2011）。主要特征是分布范围广，厚度不大以及砂岩质地较纯。但由于水体动力不足，所以研究区内席状砂微相不是特别发育，岩性多为灰黑色泥岩与细砂岩不等厚互层。沙纹层理在该微相的粉砂岩比较常见。在相序上与河口坝和前三角洲泥或浅湖泥共生。测井曲线特征主要表现为低幅度的微齿化。

（6）天然堤微相。

水下天然堤是陆上天然堤的水下延伸部分，沉积物多见粉砂岩和泥岩夹粉砂岩，多见交错层理，测井曲线为锯齿形。

2. 前三角洲亚相

前三角洲位于三角洲前缘的最前方，是三角洲相中分布最广、沉积最厚的地区（吕奇奇，2012）。由于该亚相的沉积分布全部都是在湖面以下，所以在观察中与浅湖泥性质相近，二者难以区分。

3. 湖泊相

湖泊的地形相对陆地比较低洼，但使得流水容易汇集。因为水体极强的流动性，所以湖泊本身的地形就非常容易变化，同样的，湖泊与四周陆地之间的关系自然也时刻在改变。环境的改变就会影响到环境内的沉积物，进而沉积物的岩性、颜色和粒度均会发生改变。浅湖亚相是指枯水期最低水位线至正常浪基面之间的地带，该相带位于深湖亚相外围近湖岸，水浅但始终位于水下遭受波浪和湖流扰动，水体循环良好，氧气充足（庞军刚，2009）。发育在研究区浅湖亚相的岩石成分主要是泥岩和细砂岩。其中砂岩常具有较高的结构成熟度，呈水平层理、平行层理和交错层理多种层理。包括浅湖砂坝和浅湖泥等微相（图3－2－1）。

（1）砂坝微相。

研究区浅湖砂坝微相岩性多以灰色细砂岩和页岩为主，发育有平行层理和交错层理等沉积构造，测井曲线呈锯齿形。

（2）湖泥微相。

研究区浅湖泥微相岩性多以深灰色泥岩为主，水平层理发育，测井曲线值一般较高，呈漏斗形。

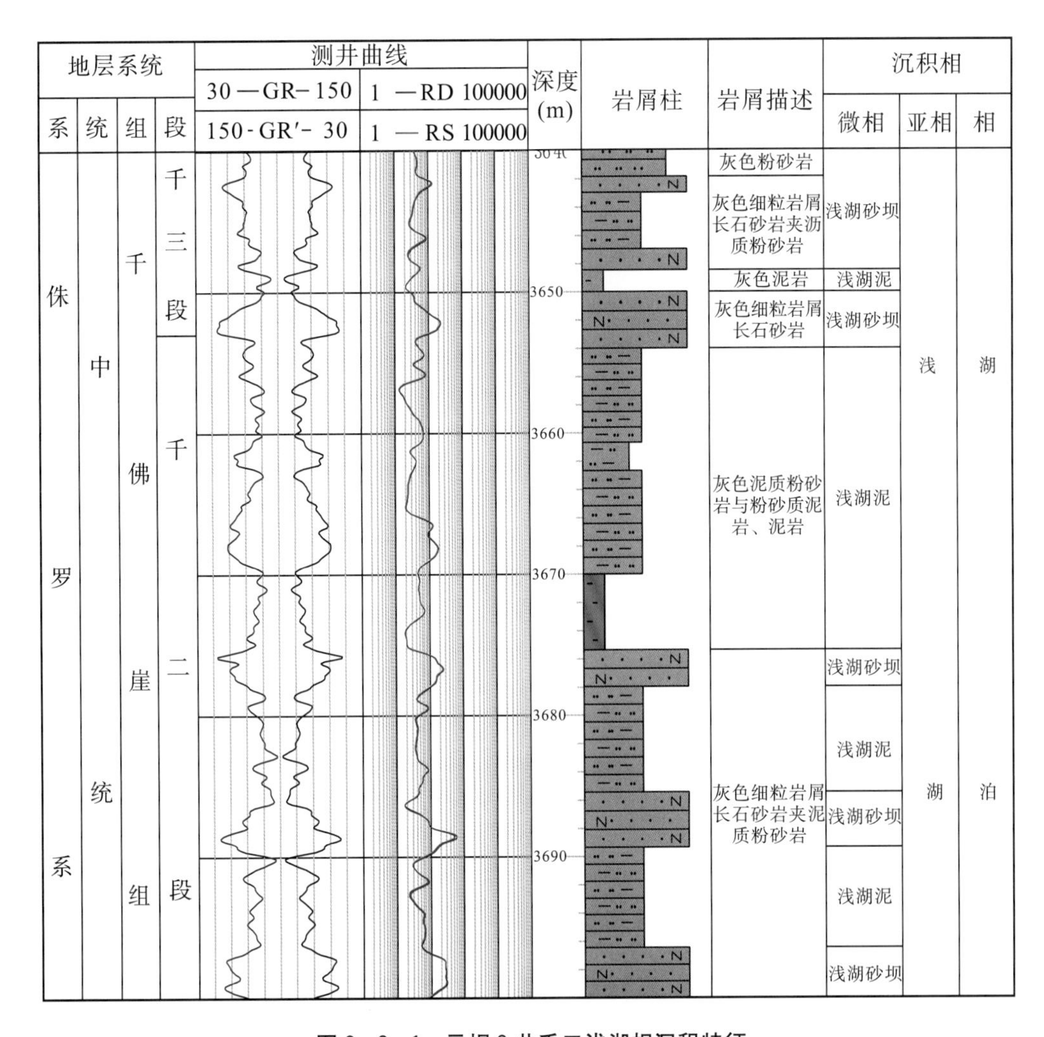

图 3-2-1　元坝 9 井千二浅湖相沉积特征

（三）沉积相展布

1. 泥页岩展布

千佛崖组暗色泥岩纵横向的分布特征明显受控于沉积环境的变迁以及沉积相带的分异。在浅湖环境，页岩的埋藏深度就厚，在三角洲前缘地带，页岩埋深相对较薄。

川北地区中侏罗统千佛崖组在垂向剖面上砂岩与泥页岩互层频繁。对比图显示千二段泥岩及粉砂质泥岩单层厚度薄（0.2～6.6m），总体分布较为稳定，厚度 40～98m，其中泥岩厚度 12～49m，砂质泥岩厚度 10～67m（图 3-2-2）。

选取元坝地区 37 口单井，按照元坝地区千佛崖组岩性分类（泥岩、砂质泥岩、泥质砂岩、砂岩等四类岩性），开展单井测井岩性评价，统计千一段、千二段、千三段泥岩厚度。

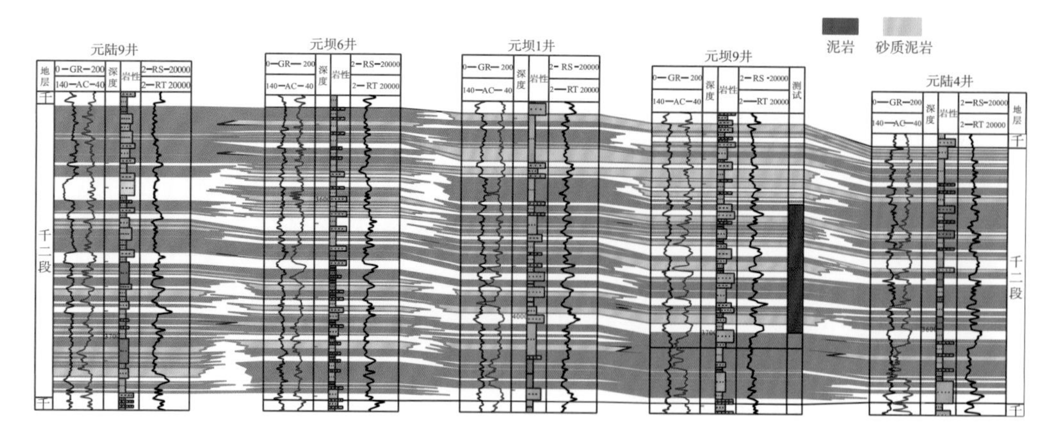

图 3-2-2 元坝地区千二段泥岩、粉砂质泥岩对比图

千一段泥页岩厚度在 4.5～23m ，平均厚度 10.6m，平面上表现出中西部较厚、东部较薄特征（图 3-2-3）。千二段泥页岩厚度在 11～34m ，平均厚度 23m，平面上表现出中西部较薄、东部厚的特征（图 3-2-4）。千三段泥页岩厚度在 1.25～12.87m ，平均厚度 3.8m，平面上表现出中西部较薄、东部较厚的特征（图 3-2-5）。千二段泥页岩厚度较千一段、千三段厚。

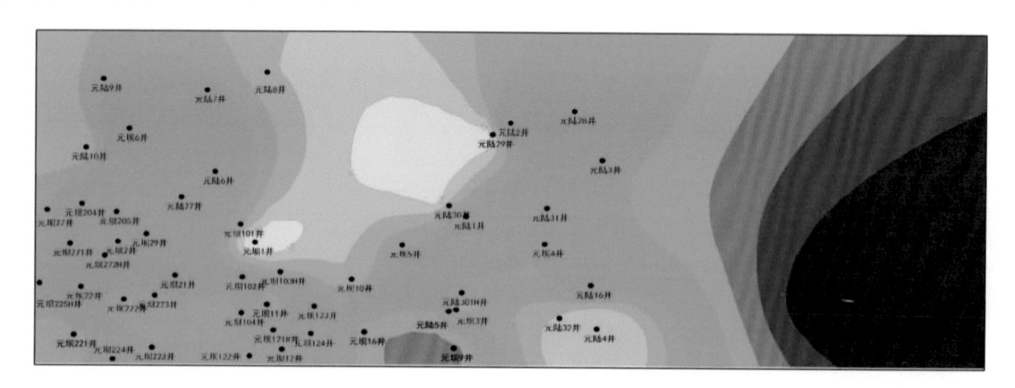

图 3-2-3 元坝地区千一段泥岩厚度平面图

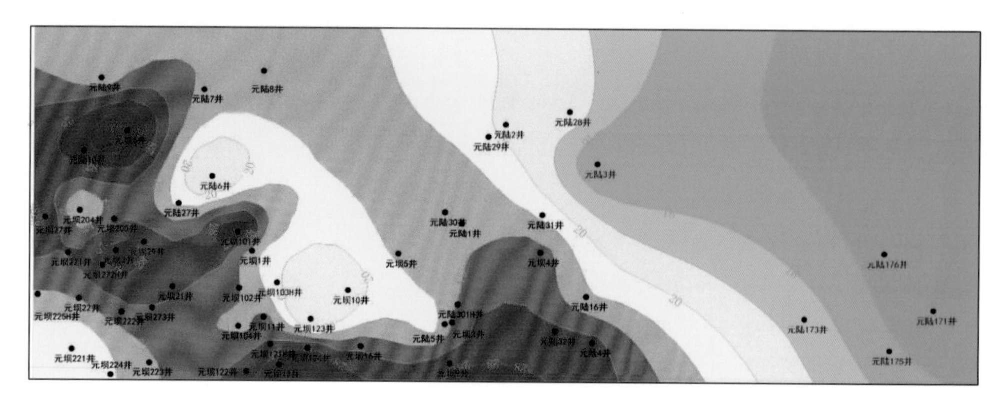

图 3-2-4 元坝地区千二段泥岩厚度平面图

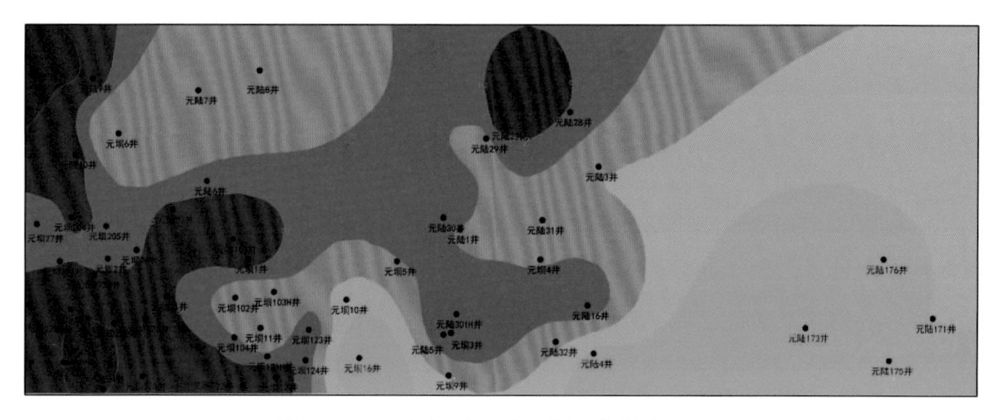

图 3-2-5　元坝地区千三段泥岩厚度平面图

2. 平面相特征

中侏罗世以来，由于受到大巴山逆冲推覆作用的进一步影响，前陆盆地的北部和东部开始强烈抬升，东面湖盆的泄水通道慢慢封闭，沉积格局变化明显。沉积环境在早侏罗世（自流井组沉积时期）、中侏罗世早期（千佛崖组沉积时期）依然以欠补偿滨湖相沉积为主，湖域面积较大，蓄水量较多（吴驰华，2013）。通过川东北元坝地区千佛崖组野外露头剖面及岩心观察，结合构造演化，绘制出千佛崖组沉积相展布图，对其按段进行沉积相平面展布规律分析。

（1）千一段沉积相展布。

千一段沉积期，以三角洲沉积和湖泊沉积为主，从东北方向向西南方向依次发育三角洲相和湖泊相，三角洲前缘亚相包括水下分流河道和水下分流间湾微相。在该时期，物源补给主要来源为北部米仓山和东北部大巴山。从物源区带来的泥砂沉积物迅速堆积，受到水体反复作用，形成泥砂沉积集中带。其中水下分流河道以砂岩、粉砂岩为主，而水下分流间湾以泥岩为主，与湖相通，多在水下分流河道之间分布。研究区东北部多为三角洲前缘亚相，南部多为浅湖亚相（图 3—2—6）。

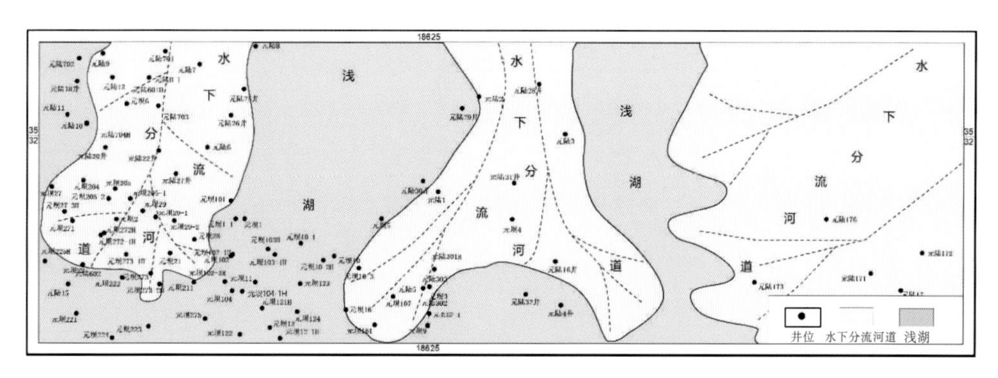

图 3-2-6　元坝地区千一段沉积相图

（2）千二段沉积相展布。

千二段沉积期，以三角洲沉积和湖泊沉积为主，与千一段相比，三角洲相沉积范围缩小，浅湖沉积范围扩大。物源补给同样来自东北方向，逐渐向西南方向入湖，研究区东北部以三角洲前缘亚相为主，中部偏南有一些三角洲前缘亚相分布，周围均为浅湖亚相沉积。该时期总体表现为千一段的砂体向湖内延伸，粗粒沉积物较少，砂地比下降，相对的湖泊范围扩张（图 3-2-7）。

千二段沉积期，元坝地区继承性的发展三角洲前缘沉积环境，整体仍表现为 3 个大型的三角洲前缘朵体。其中西部与中部的三角洲前缘朵体变化不大，东部三角洲前缘朵体发生了较为显著的变化。东部三角洲前缘朵体其发育情况相对变化，东西两侧，南北方向同时收敛，表明这一时期的三角洲逐渐萎缩，东西方向收缩至巴中附近。

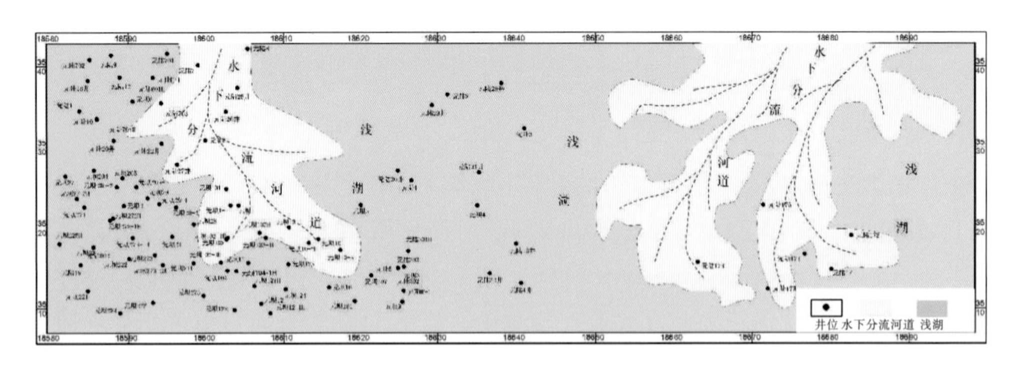

图 3-2-7　元坝地区千二段沉积相图

（3）千三段沉积相展布。

千三段沉积期，以三角洲沉积和湖泊沉积为主，三角洲沉积范围进一步缩小，砂体面积较少，湖泊范围进一步扩张。从图 3-2-8 看出，研究区东北部仍以三角洲前缘亚相为主，但范围相比前两段明显缩小，中部偏南的湖泊范围仍在扩张，在西南部可见少量浅湖砂坝沉积。该时期主要还是砂体向湖内继续延伸，湖泊范围继续扩张，岩性多以泥质为主。元坝地区三角洲沉积体系继续发育，仍为三个较大规模的三角洲前缘朵体，但是元坝西部地区和元坝东部地区三角洲前缘朵体外形变化较大，而中部地区三角洲前缘朵体相对变化较为平稳。西部三角洲前缘朵体发育分布范围局限，东部三角洲前缘朵体发育相对千二段，千一段沉积期，有了显著的变化，三角洲前缘朵体收缩，浅湖砂坝发育为特征。

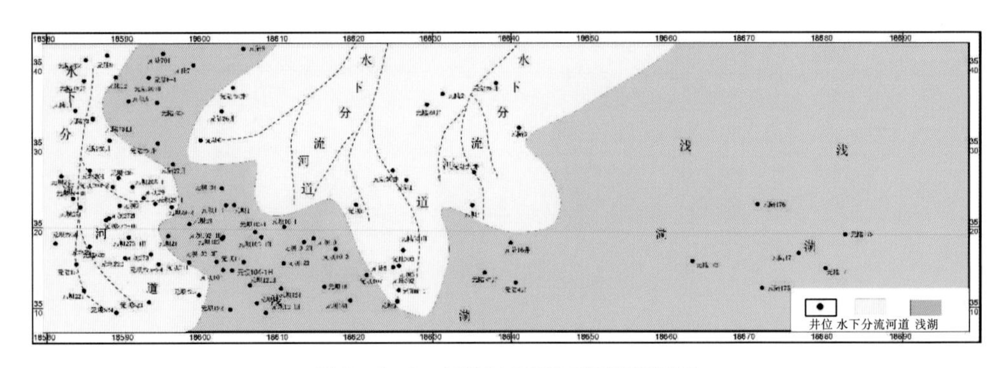

图 3-2-8　元坝地区千三段沉积相图

二、大安寨段沉积相特征

（一）区域沉积背景

大安寨段沉积时期，四川盆地继续处于构造活动的平静期，大型河流不发育，进入湖盆的陆源碎屑较少，主要以广泛分布的湖泊相为主，包括滨湖和浅湖两个亚相。其水体较清澈，加上温暖的气候条件，双壳、腹足类等生物大量繁衍，从而在浅湖相带广泛发育介壳滩。滨湖亚相主要分布于宜宾—乐山—雅安—成都—剑阁—万源—宣汉一线的盆地边界部位，呈“环带状”分布，岩性以粉砂质泥岩夹页岩为主。浅湖亚相广泛分布于盆地中间的大部分地区，呈片状分布，岩性主要以灰黑色页岩或页岩夹薄层介壳灰岩，多有介壳滩分布其中。

（二）典型沉积亚相特征

通过对研究区大安寨段一些岩芯照片观察、钻井电测剖面的测井相-沉积相分析和地震剖面的地震相-沉积相分析，结合邻区大安寨段沉积相特征，参考前人研究成果，研究认为大安寨段发育湖泊相。根据沉积相标志和砂体形态特征，可以进一步划分为3个亚相和众多微相类型，详细划分方案见表3-2-2。

表3-2-2　阆中-南部地区大安寨段地层沉积相划分简表

沉积相	亚相	微相	发育层系
湖泊	浅湖	滩核	大一至大三亚段
		滩缘	大一至大三亚段
		浅湖泥	大一至大三亚段
	半深湖	滩前湖坡	大二亚段
		半深湖泥	大二亚段

（1）滨湖亚相。

滨湖是指湖泊边缘地区，向湖泊内部滨湖过渡为浅湖亚相（刘宝珺，曾允孚）。对于滨湖与浅湖的界线认识不一，一般是把滨湖限于洪水期与枯木期水面之间的地带。滨湖带的水动力条件复杂，除受波浪强烈作用外，还受湖水频繁进退的影响。滨湖沉积物还要周期性地出露水面，处于氧化和发条件之下。滨湖沉积以砂岩、粉砂岩为主，部分砾岩。碎屑的磨圆及分选性都很好。常出现属难得重矿物及粗壳屑层，如大一亚段。滨湖沉积有时受物源与地形的影响会出现泥滩沉积。层理发育，主要为各种沙纹层理，中小型单斜层理，其他沉积构造如包卷、泥裂、雨痕、虫孔等都很常见。研究区内元坝工区大安寨段顶部发育滨湖沉积较发育并且分布面积较广，岩性为灰绿色中厚层状粉砂岩、泥质粉砂岩与粉砂质泥岩互层，发育沙纹层理、水平层理、波状层理，层面上偶见波痕，紫红色泥岩中发育韩质结核。

（2）浅湖亚相。

滨湖沉积带以下至浪基面为浅湖区。波浪及湖流对沉积作用影响很大，但没有拍岸浪的影响。按照沉积物的不同，研究区地区浅湖相沉积可以分为三种类型，即泥质浅湖、砂质浅湖和碳酸盐岩浅湖。浅湖亚相主要发育在侏罗系自流井组大一、大三亚段地层中。岩性为深灰、灰及灰绿色的泥岩、页岩夹薄层岩屑石英粉质砂岩，以及介壳灰岩等。沉积构造主要有不规则水平层理，沙纹层理，浪成波痕。

（3）半深湖亚相。

半深湖位于正常浪基面下带，一般无明显的波痕作用，有间歇的暴风浪和湖流的影响。以细粉砂和泥的沉积为主，有时可夹粗粉砂质条带。川北地区半深湖亚相主要发育大安寨段大二亚段。自流井组大二亚段泥页岩段为典型的半深湖相沉积，为深灰、灰黑色页岩、粉砂质页岩夹薄至中层状介壳灰岩。

（三）单井相分析

根据石龙 17 井的岩芯观察，大一亚段 2972.31～2972.58m 岩性主要以灰色介屑灰岩为主，介屑 70%，大小不一，大部分紧密堆积，其余呈稀疏分布，无定向性；在 GR 曲线上呈箱形；综合沉积相标志和测井相标志分析，认为取芯段主要为滩核沉积。大一段 2971.15～2971.96m 主要为灰绿色页岩，质纯，性脆，含介屑，约 10%，介屑大小不一，稀疏分布，杂乱，无方向性；在 GR 曲线上呈线形；综合沉积相标志和测井相标志分析，认为取芯段主要为浅湖泥沉积（图 3－2－9）。

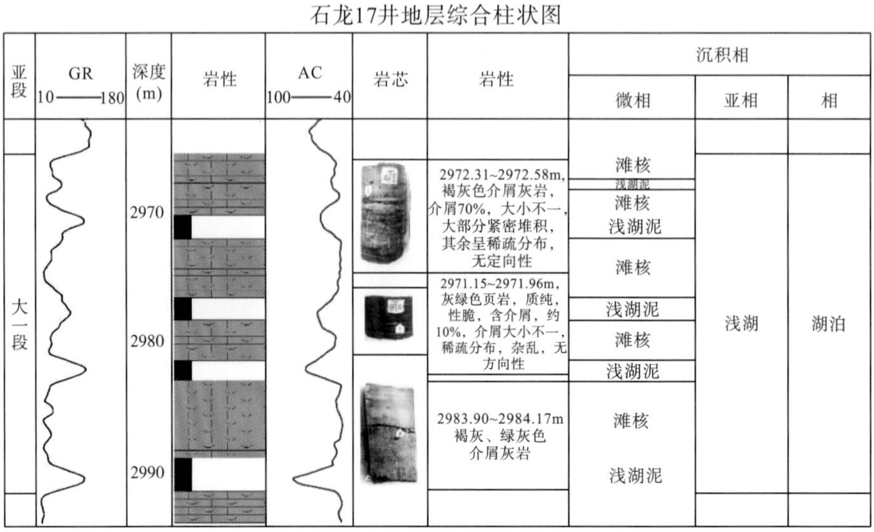

石龙17井地层综合柱状图

亚段	GR 10——180	深度(m)	岩性	AC 100——40	岩芯	岩性	沉积相 微相	沉积相 亚相	沉积相 相
大一段		2970				2972.31~2972.58m，褐灰色介屑灰岩，介屑70%，大小不一，大部分紧密堆积，其余呈稀疏分布，无定向性	滩核 浅湖泥 滩核 浅湖泥 滩核	浅湖	湖泊
		2980				2971.15~2971.96m，灰绿色页岩，质纯，性脆，含介屑，约10%，介屑大小不一，稀疏分布，杂乱，无方向性	浅湖泥 滩核 浅湖泥		
		2990				2983.90~2984.17m 褐灰、绿灰色介屑灰岩	滩核 浅湖泥		

图 3－2－9　大一亚段碳酸盐岩浅湖相岩－电－相模型图（石龙 17 井）

根据石龙 8 井的岩芯观察，大二亚段 3153.34～3153.46m 岩性以黑色页岩夹条带状泥质介屑灰岩为主；在 GR 曲线上呈线形；综合沉积相标志和测井相标志分析，认为取芯段主要为浅湖泥沉积。大二亚段 3159～3159.16m 岩性以黑色页岩夹薄层泥质介屑灰岩为主；在 GR 曲线上呈指形；综合沉积相标志和测井相标志分析，认为取芯段主要为滩缘沉积（图 3－2－10）。

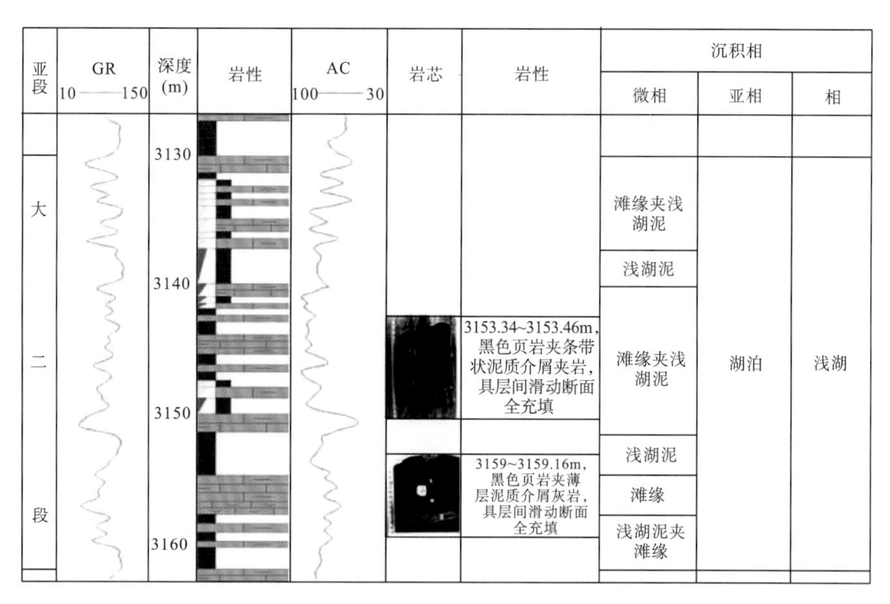

图 3－2－10　大二亚段碳酸盐岩浅湖相岩－电－相模型图（石龙 8 井）

根据川石 57 井的岩芯观察，大三亚段 3145.10m 岩性以黑色页岩为主；在 GR 曲线上呈线形；综合沉积相标志和测井相标志分析，认为取芯段主要为浅湖泥沉积。大三段 3151.93～3152.30m 岩性为褐灰色介屑灰岩；在 GR 曲线上呈漏斗形；综合沉积相标志和测井相标志分析，认为取芯段主要为滩缘沉积（图 3－2－11）。

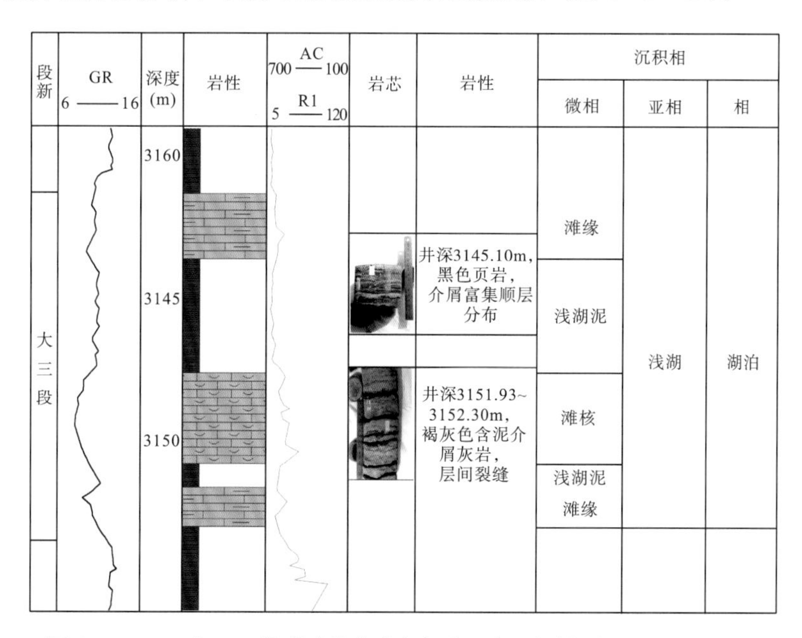

图 3－2－11　大三亚段碳酸盐岩浅湖相岩－电－相模型图（川石 57 井）

（四）连井沉积（微）相对比

根据研究区岩相组合特征和测井曲线特征，参照典型相特征和区域沉积相划分方案，对近东西向连井剖面（石龙17—石龙4—川鸦46井）进行沉积相划分与对比（图3—2—12），具有如下特点：

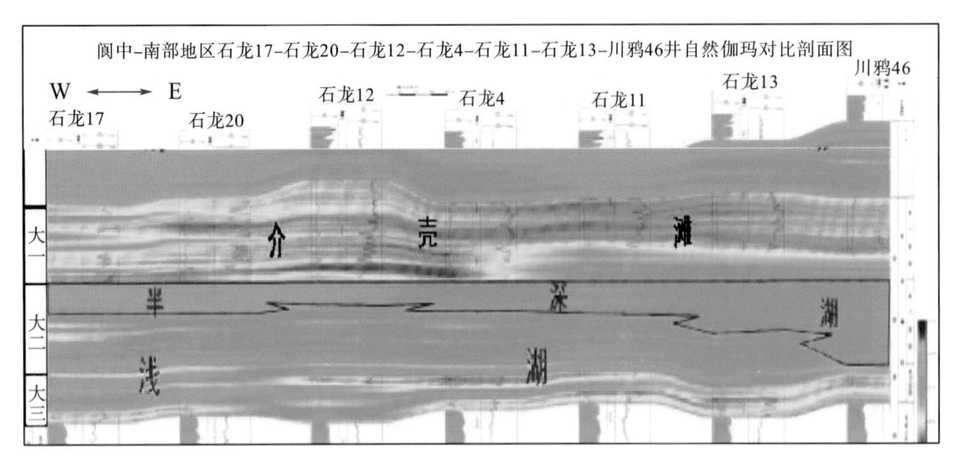

图3-2-12　石龙17-石龙4-川鸦46井连井沉积相对比图

（1）对比剖面中，在纵向上（大三亚段→大一亚段）表现为湖侵→最大湖侵→湖退的特征，沉积相由浅湖→半深湖→浅湖变化。

（2）东西向对比剖面中，由西向东，大一、大三亚段的岩性组合征和电性特征基本接近，反映沉积环境变化不大，以浅湖相为主的一套沉积；大二亚段则表现为湖侵是由东向西，半深湖相主要分布于石龙3井以东地区和大二亚段的中晚期。

（3）综合连井沉积相分析，阆中—南部地区大安寨早期湖侵由东南向西北逐渐推进，反映沉积时西北方向的古地貌稍高。

（五）沉积相平面展布特征

1. 泥页岩展布

阆中地区大二段垂向剖面上泥页岩与灰质页岩互层频繁，灰质页岩、页岩单层厚度较薄（0.81～17.37m），纵向上与灰岩呈互层状，横向上分布较为稳定。自西向东，页岩+灰质页岩厚度有逐渐增大的趋势，石龙17井仅20.5m，而石龙16井达到44.8m（图3—2—13、图3—2—14）。

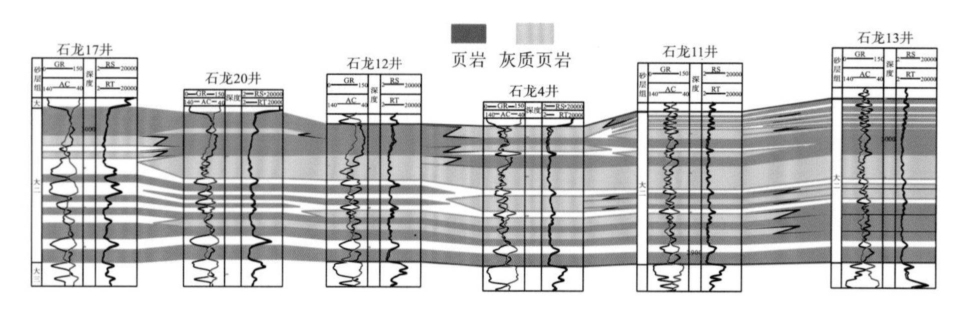

图 3-2-13 阆中地区大二段东西向页岩连井对比

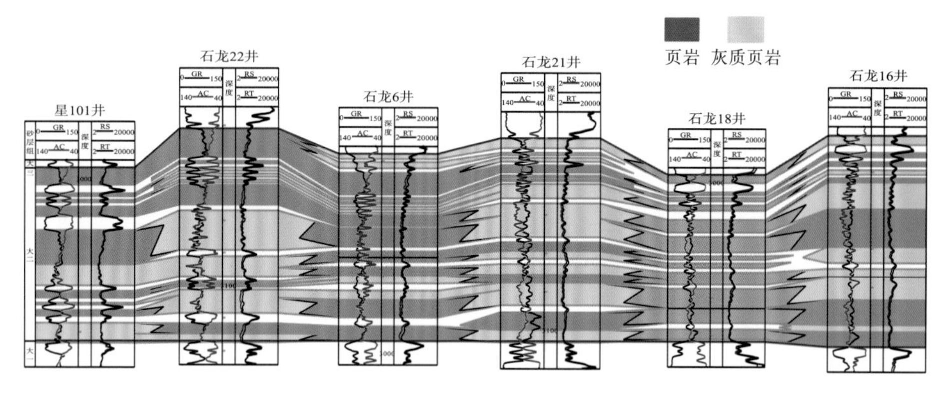

图 3-2-14 阆中地区大二段东西向连井对比图

选取阆中地区 37 口单井，按照元坝地区大安寨段岩性分类（页岩、灰质页岩、泥质灰岩、灰岩等四类岩性），开展单井测井岩性评价，统计大一亚段、大二亚段、大三亚段泥岩厚度。

大一亚段泥页岩厚度在 1～12m ，平均厚度 5.25m，平面上表现出西厚东薄特征（图 3-2-15）。大二亚段泥页岩厚度在 20～44m ，平均厚度 27m，平面上表现出西薄东厚的特征（图 3-2-16）。大三亚段泥页岩厚度在 2～12m ，平均厚度 5m，平面上表现出北部较厚南部较薄的特征（图 3-2-17）。大二亚段泥页岩厚度较大一亚段、大三亚段厚。

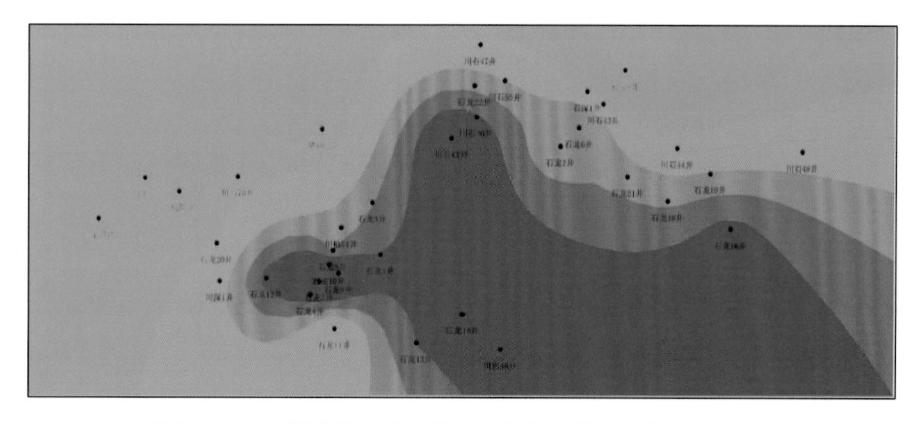

图 3-2-15 阆中地区大一段泥页岩及灰质泥页岩厚度平面图

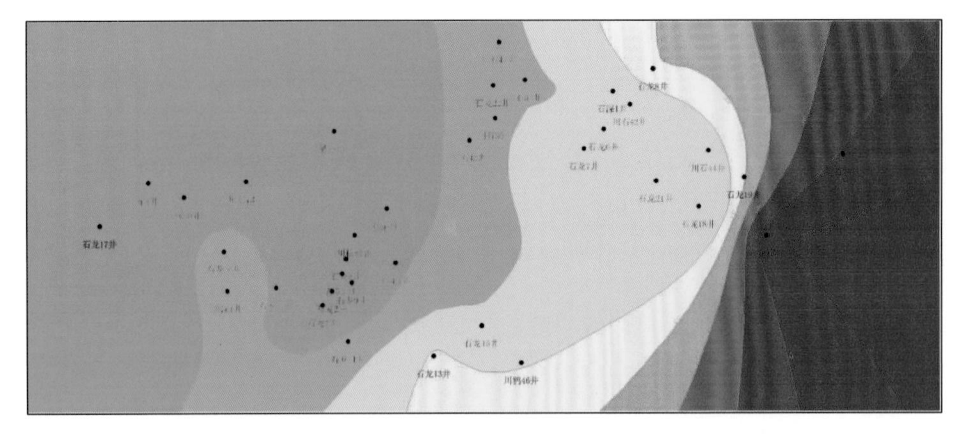

图 3-2-16 阆中地区大二段泥页岩及灰质泥页岩厚度平面图

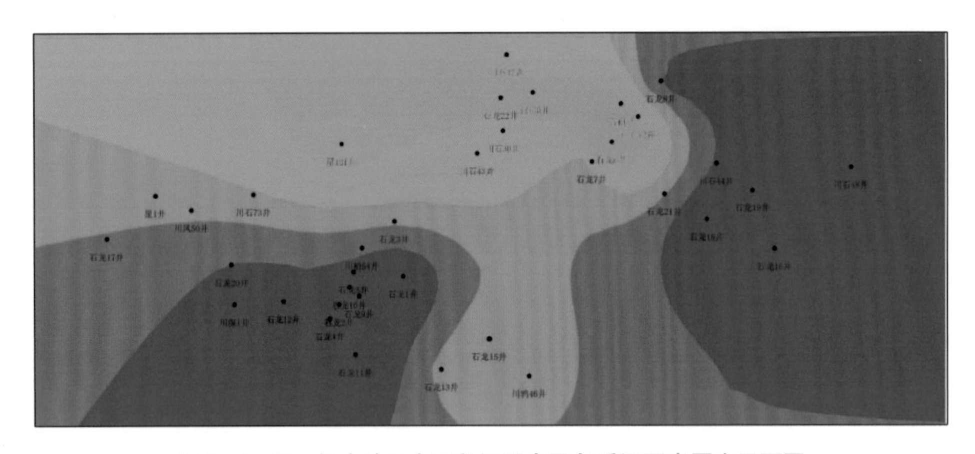

图 3-2-17 阆中地区大三段泥页岩及灰质泥页岩厚度平面图

2. 沉积相平面展布特征

根据连井沉积相分析，结合地震波反射结构和相关属性预测结果，分别对研究区大安寨各亚段沉积相进行了平面划分和分析，认识如下：

(1) 大安寨早时（大三亚段）为湖侵期，剖面上自下而上为马鞍山段滨湖、陆源碎屑浅湖和大三亚段浅湖组成退积层序，沉积速率略低于湖盆沉降速率，造成湖水位累进式缓慢上升以及湖面范围扩大。此时大三亚段出现介屑滩与湖泥交替湖侵层序，上超于马鞍山段湖侵初期形成的含介壳泥、粉砂质陆源碎屑浅湖，说明湖滩有侧向迁移和退积作用，以及累进式湖侵层序。区内大部分区域处于浅湖相区，介屑滩主要分布在石龙场、宝马、老鸦一带，呈北东-南西向展布（图 3-2-18）。

(2) 大安寨中时（大二亚段）为最大湖侵期，自下而上由浅湖泥、滩缘、滩核、滩前湖坡和半深湖泥组成加深、向上变细的上超退积层序，沉积速率远低于湖盆沉降速率，造成湖水位迅速上升和湖面快速扩大。地形由缓变陡后复变缓，湖水位达到最高点后沉积的黑色泥页岩层位稳定，可作为研究区乃至整个四川盆地大安寨段地层对比的标志层，对应于海相层序地层中最大海泛面沉积的凝缩段。介屑滩不发育，纵向上多层叠置、单层厚度薄（图 3－2－19）。

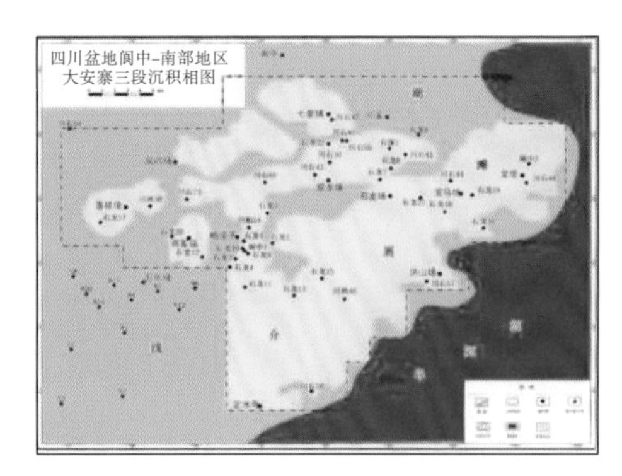

图 3－2－18　阆中地区 TJ_1z^{4-2} 底＋3ms 均方根振幅属性图（左）、大三亚段沉积相平面图（右）

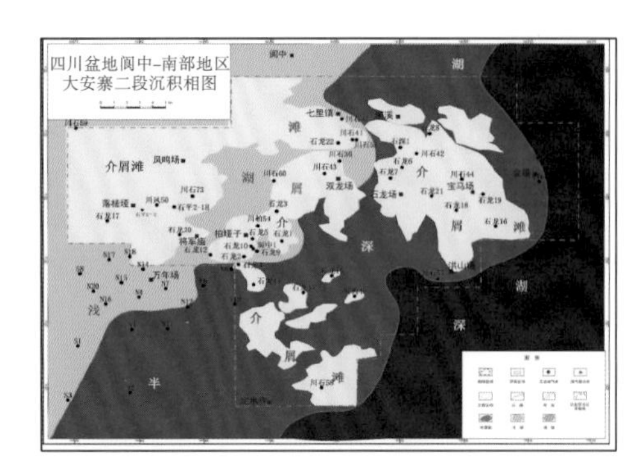

图 3－2－19　阆中地区 TJ_1z^{4-1} 底＋14ms 均方根振幅属性图（左）、大二亚段沉积相平面图（右）

（3）大安寨晚时（大一亚段）进入湖退期，自下而上由大二亚段滩前湖坡、大一亚段滩缘、滩核组成依次向半深湖盆地下超的进积层序，沉积速率高于湖盆沉降速率是造成湖水位持续下降和湖盆收缩的主要因素，由湖盆沉降幅度减小和快速堆积作用构成湖滩向半深湖盆地持续推进的侧向加积层序。顶部则被向浅湖和半深湖推进的千佛崖组底部湖底扇相块状细一中粒石英砂岩超覆。该时期是介壳滩主要发育期，在柏垭和石龙场地区沉积两个介壳滩体，以柏垭介壳滩体较大（图 3－2－20）。

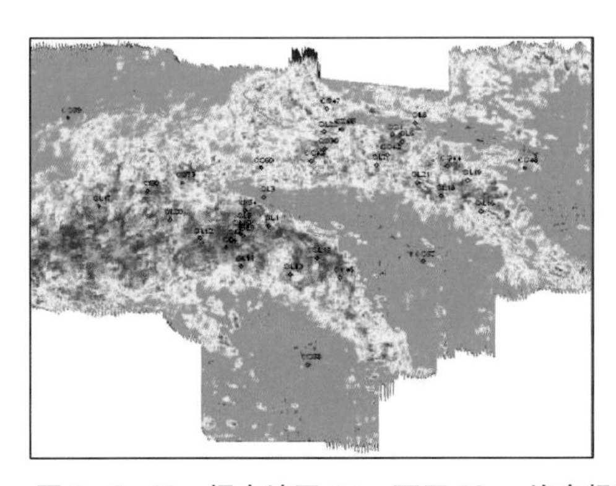

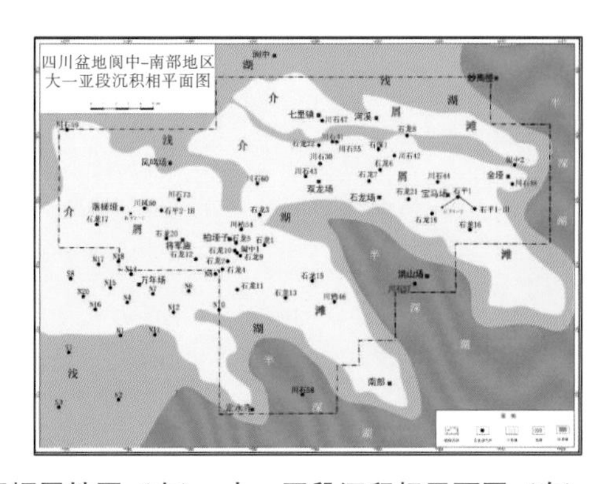

图 3－2－20　阆中地区 TJ_2q 下开 12ms 均方根振幅属性图（左）、大一亚段沉积相平面图（右）

第四章
川北陆相页岩油赋存特征及生油潜力评价

第一节　川北陆相页岩层系分布特征

一、页岩油层划分

（一）页岩层识别

建立准确的地层剖面，是油气系统划分的基础。通过野外露头和钻井岩心结合地化资料对川北主要富有机质页岩层段进行了划分，并分析了其在测井、地震上的响应特征，在此基础上建立了基于测井、地震资料的富有机质泥页岩的识别和对比标志。研究区陆相页岩结构类型按泥地比可分为四类：Ⅰ：100%，Ⅱ：60%～100%，Ⅲ：40%～60%，Ⅳ：小于40%（图4－1－1）。

通过对比国内典型陆相页岩层系（四川盆地自流井组、须家河组，鄂尔多斯盆地延长组，南襄盆地核桃园组等）的有机碳含量TOC与埋深关系、有效厚度与埋深关系，确定出到达一定埋深后（>2000m），富有机质页岩层系的TOC含量下限为0.5%（图4－1－2）。

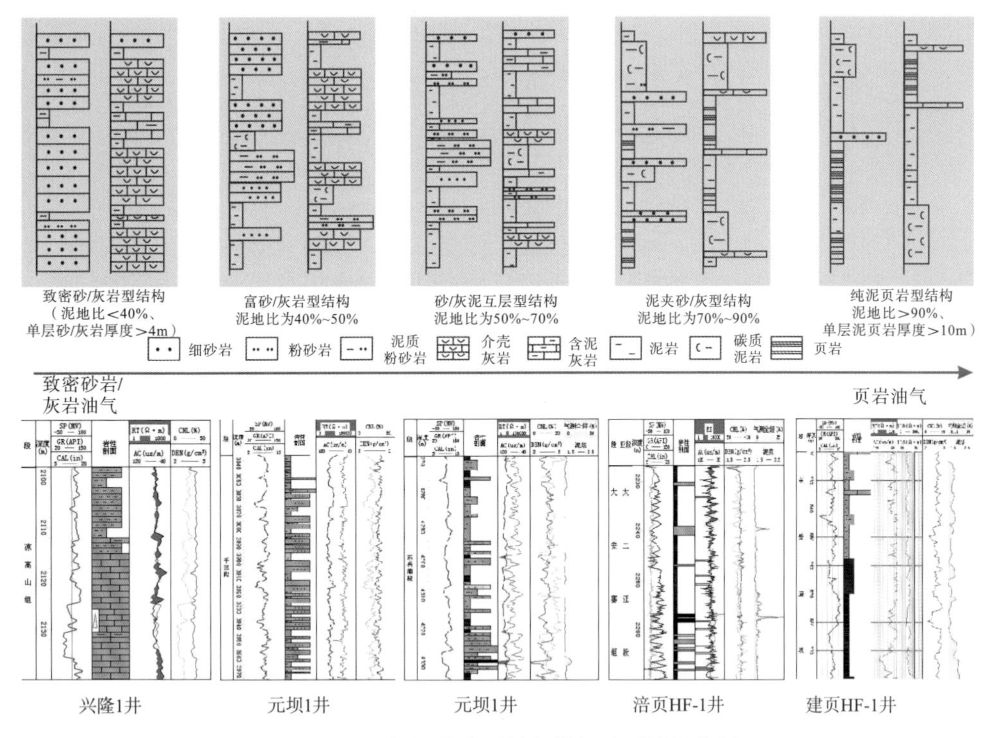

图 4-1-1 泥页岩油系统与常规油系统划分图

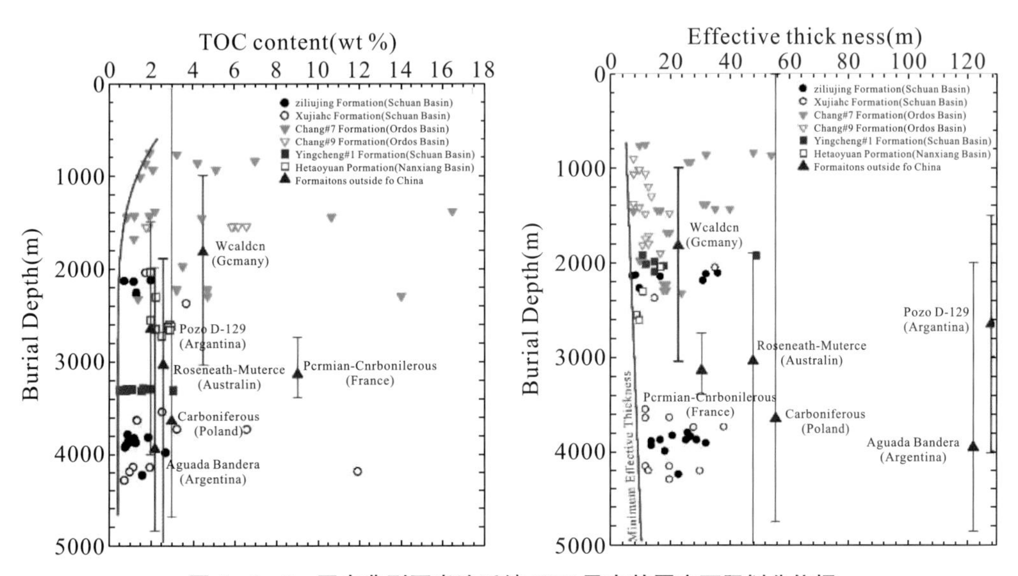

图 4-1-2 国内典型页岩油系统 TOC 及有效厚度下限划分依据

有效厚度与埋深关系为：

$$H = \frac{1}{1403} \times D + 7.175$$

式中，H 为有效厚度，m；D 为埋深，m。

页岩油层的划分可分为四步：①通过测井曲线来识别页岩层；②识别富有机质页岩层（TOC 值大于 0.5%）；③页岩油系统划分，页岩油系统是在泥页岩层段中，连续厚度大于 9m，泥地比大于 60％（Ⅰ类和Ⅱ类结构）的层段；④统计页岩油系统的有效厚度，将孔隙度小于 3％的夹层排除（图 4－1－3）。

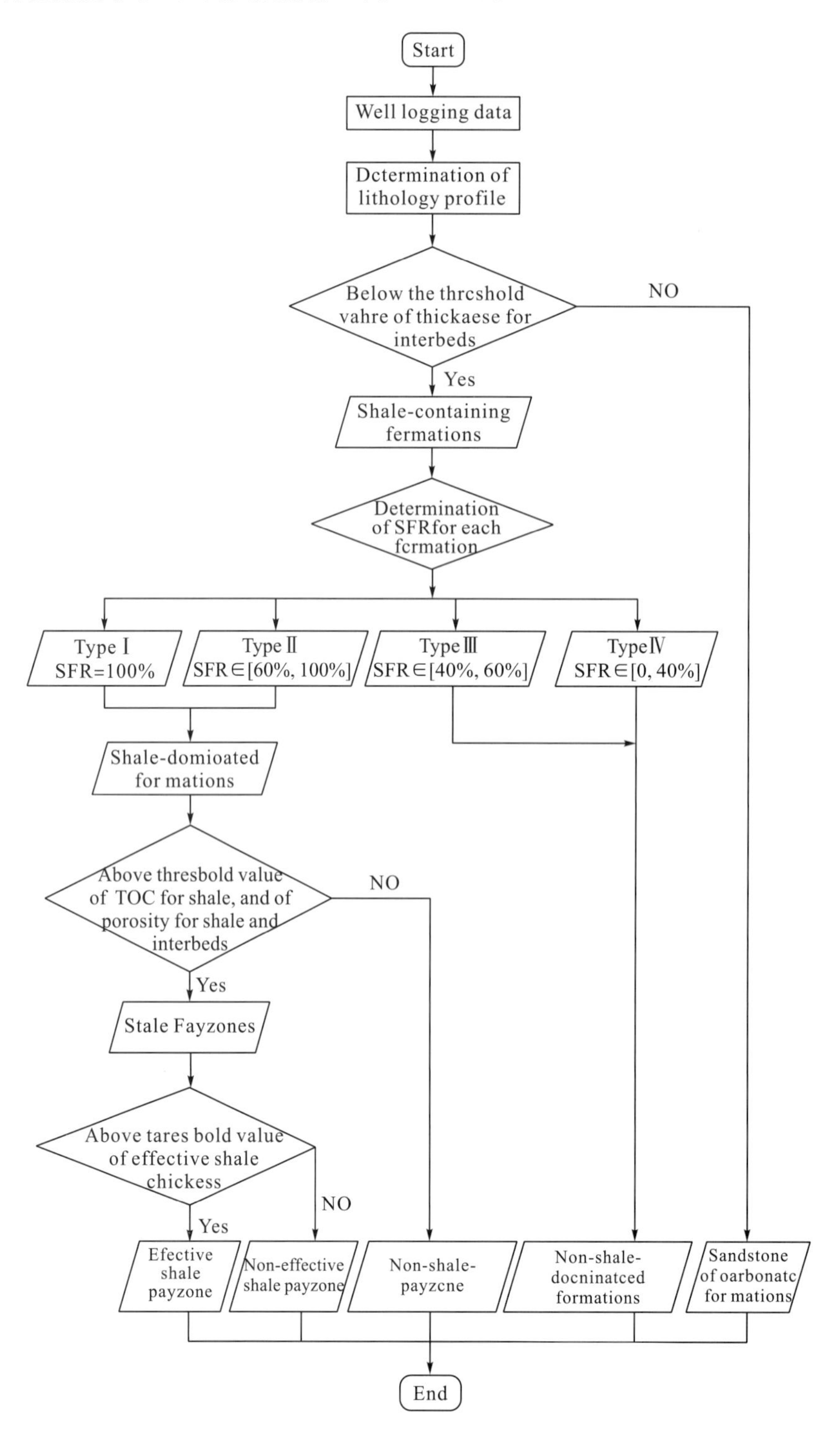

图 4－1－3　页岩油系统划分流程图

研究区千佛崖组和自流井组可直接利用GR曲线来划分泥页岩和砂岩（灰岩）（图4-1-4、图4-1-5）。

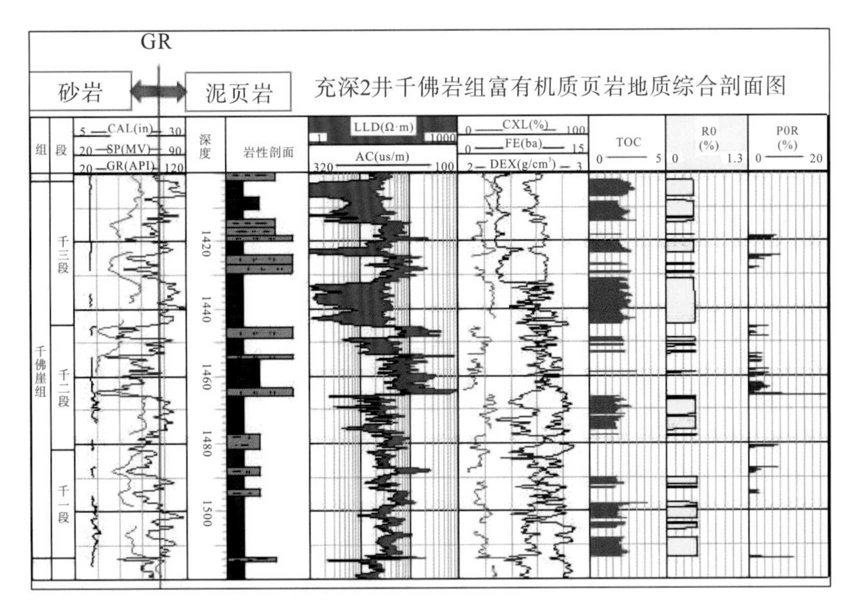

图4-1-4　充深2井千佛崖组富有机质页岩地质综合剖面图

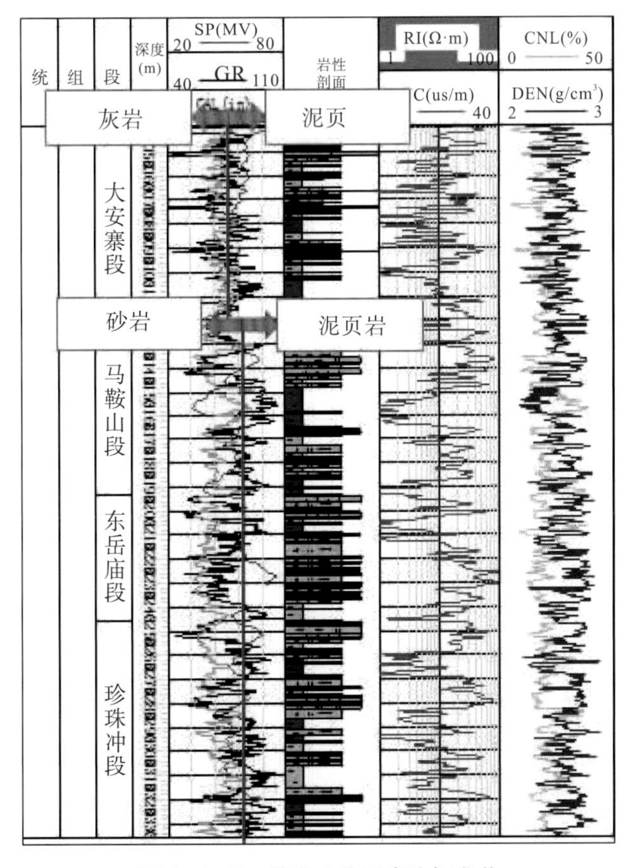

图4-1-5　普光1井页岩油标准井

已有岩心或岩屑录井的岩性剖面按照 GR 测井曲线进行岩性归位，GR 高值解释为泥岩，GR 低值解释为砂岩或灰岩，如图 4-1-6 所示。

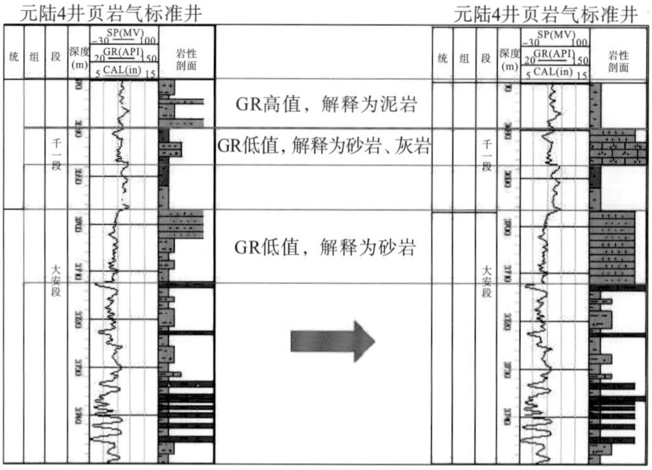

图 4-1-6　元坝 4 井岩心归位

研究区以元陆 4 井为标准井，标准井综合剖面图如图 4-1-7、图 4-1-8 所示。各井按照标准井测井曲线进行标准化（表 4-1-1）。

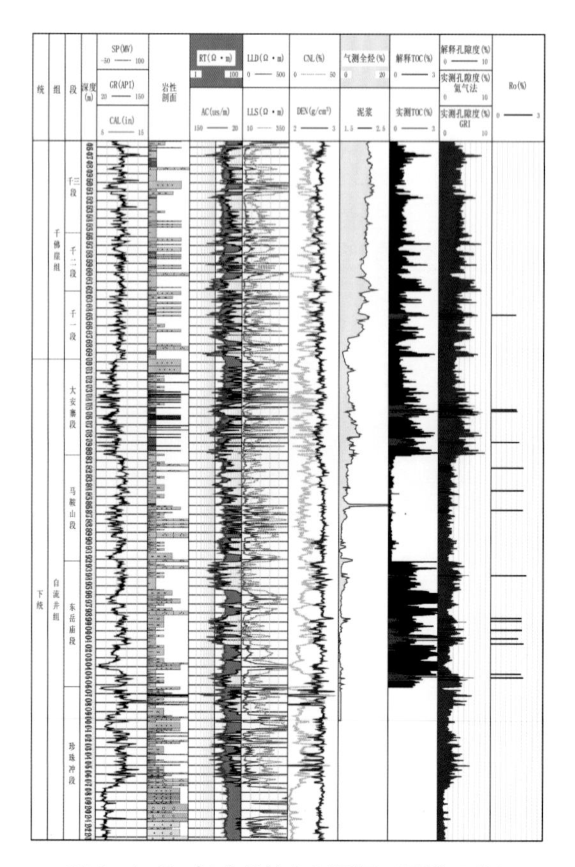

图 4-1-7　标准井综合剖面图（元陆 4 井）

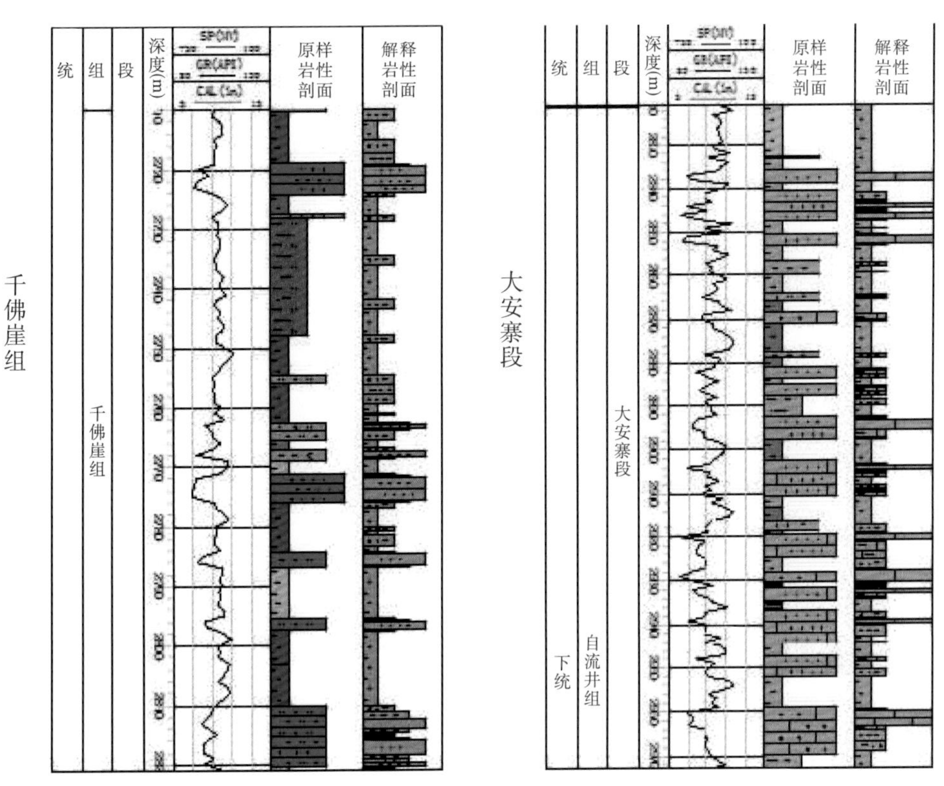

图 4-1-8　LS1 井千佛崖组和自流井组岩性解释与录井岩性对比图

表 4-1-1　盆地内标准井测井曲线峰值

峰值钻井	GR	AC	RT	DEN	CNL
元陆 4 井（千佛崖组）	83	70	26	2.6	22
元陆 4 井（自流井组）	83	62	22	2.6	14

根据以上划分标准，对侏罗系进行了页岩剖面结构划分。结果表明：元坝地区侏罗系自流井组大安寨段西北部以纯泥岩结构为主，中东部以泥夹砂/灰结构为主。侏罗系罗系千佛崖组千二段北西部、东南部以纯泥岩结构为主，其余区域为泥夹砂/灰、砂/灰泥结构。如图 4-1-9、图 4-1-10 所示。

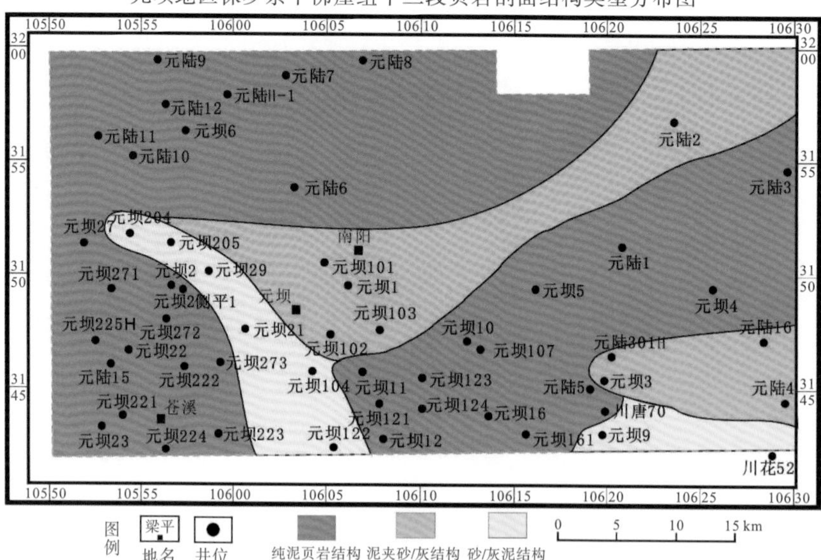

图 4-1-9　元坝地区侏罗系千佛崖组千二段页岩剖面结构分布图

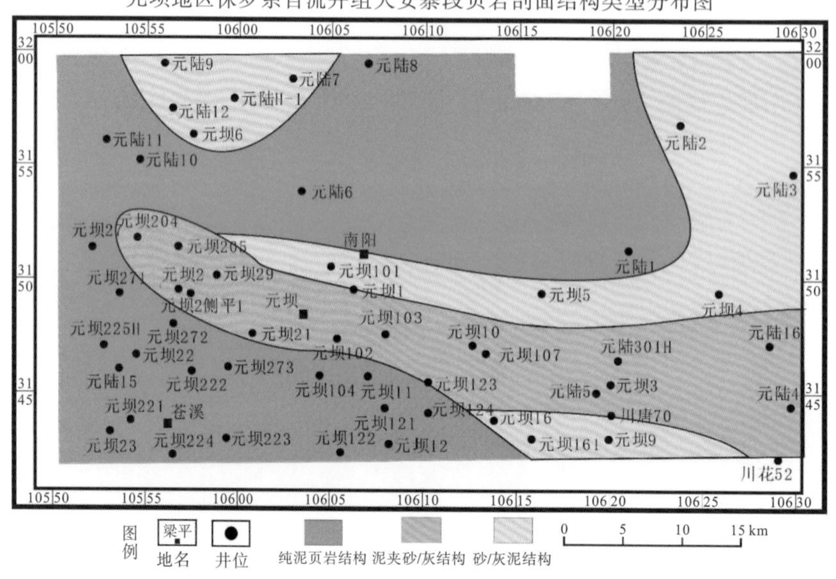

图 4-1-10　元坝地区侏罗系自流井组大安寨段页岩剖面结构分布图

（二）页岩油系统划分

页岩储层系统的划分标准为：在纯泥页岩段，连续泥页岩厚度大于 9m，平均 TOC 值高于 0.5％。在砂（灰）泥岩互层中，其连续厚度大于 9m，泥地比大于 60％，平均 TOC 值大于 0.5％。参考国土资源部标准，对于陆相页岩地层，成为远景区的最低标准为：平均 TOC 值大于 0.5％。因此，将富有机质泥页岩的下限定为 TOC 大于 0.5％（表 4-1-2）。

表 4-1-2 我国页岩油远景区优选参考标准（国土资源部油气战略研究中心，2012）

选区	主要参数	海相	海陆过渡相或陆相
远景区	TOC（%）	平均不小于 0.5%	
	Ro（%）	不小于 1.1%	不小于 0.4%
	埋深（m）	100～4500	
	地表条件	平原、丘陵、山区、高原、沙漠、戈壁等	
	保存条件	现今未严重剥蚀	

（三）泥页岩油系统有效厚度统计

泥页岩储层系统有效厚度的统计标准为：在纯泥页岩段，直接读取其厚度；在砂（灰）泥页岩互层中，若其孔隙度小于 3%，则不计入有效厚度中，如图 4-1-11 所示。

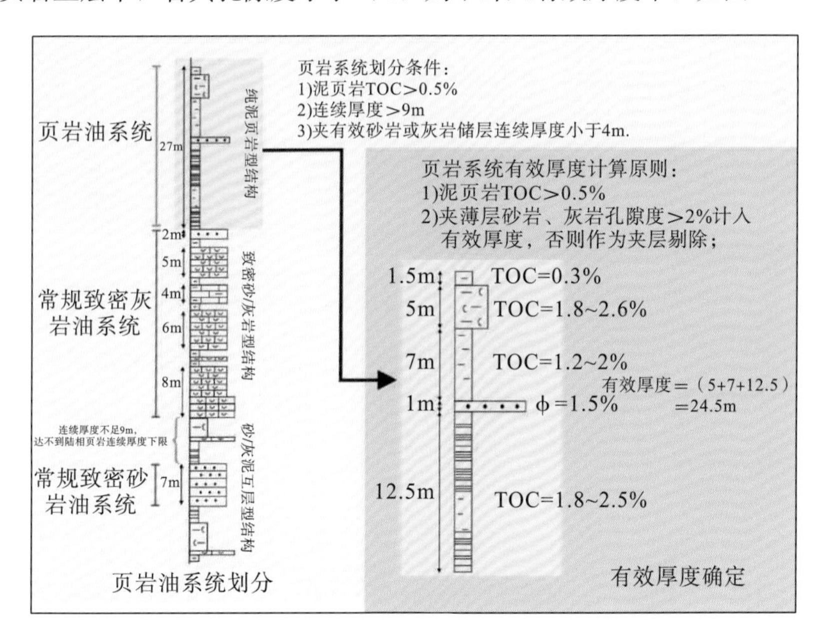

图 4-1-11 泥页岩储层系统有效厚度划分标准

如图 4-1-12 为元坝 102 井页岩油标准井剖面图，深度在 3765～3767m 为纯砂岩层段，连续厚度大于 2m，划分为常规储层系统。深度在 3737m～3745m 虽为纯泥岩层段，因为其连续厚度小于 9m，不符合泥页岩储层系统划分标准的第一条，则将其划分为非泥页岩油层系。深度在 3783～3796m 划分为非泥页岩油层系，虽然该段泥页岩的连续厚度大于 9m，但该段的平均 TOC 值小于 0.5%，也不符合泥页岩储层系统的划分标准。深度在 3800～3811m 全部为灰色页岩，该段的泥页岩连续厚度大于 9m，且平均 TOC 值大于 0.5%，符合泥页岩储层系统的划分标准，因此将其划分为泥页岩油层系。

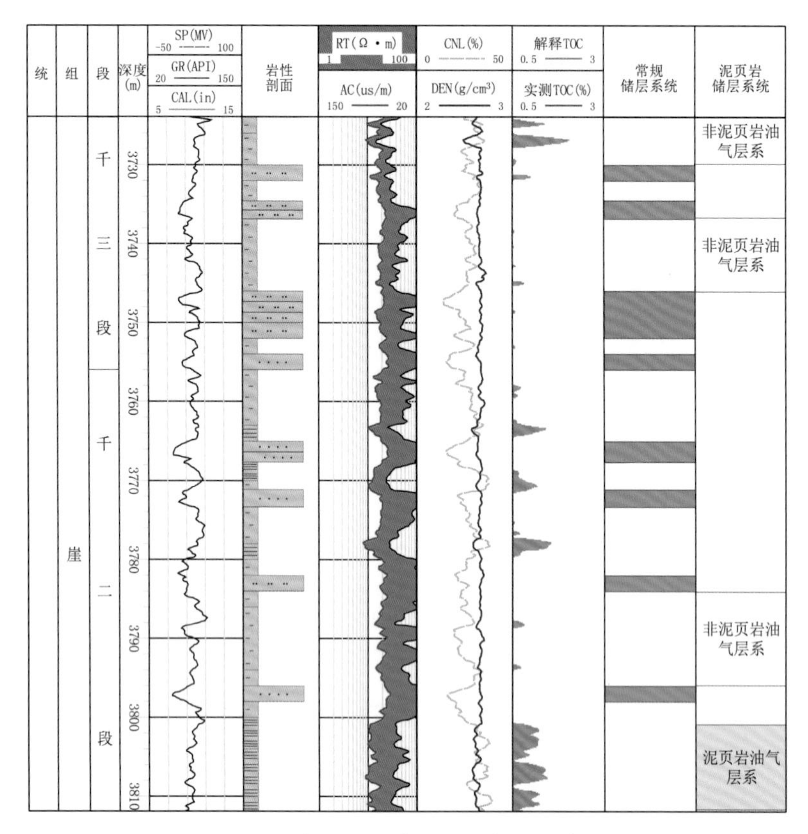

图 4-1-12　元坝 102 井常规储层与泥页岩储层划分

如图 4-1-13 所示，应用有效厚度统计标准后，侏罗系千佛崖组页岩油系统的有效厚度为 33.4 m，侏罗系自流井组大安寨段页岩油系统的有效厚度为 30.66 m。

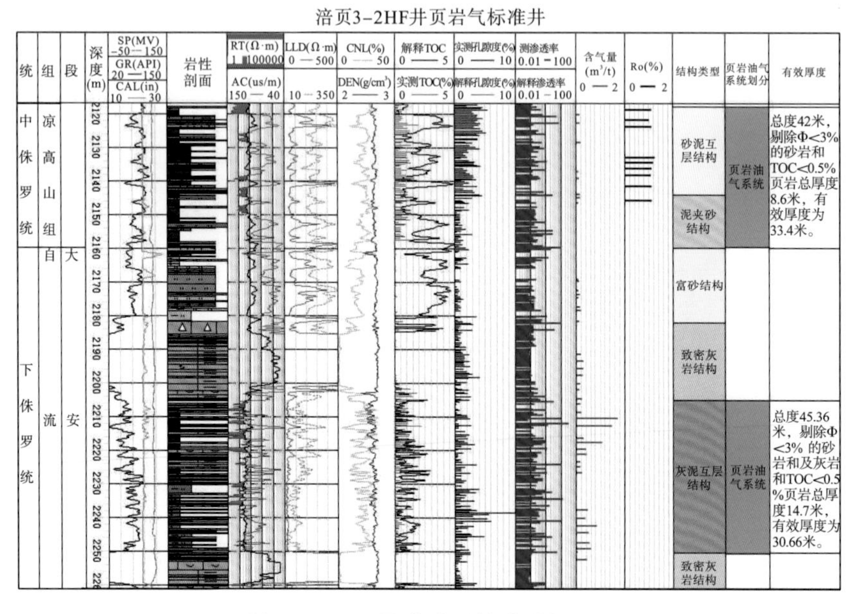

图 4-1-13　页岩油系统地质剖面图

二、页岩油层分布特征

结合泥页岩油系统有效厚度的划分结果，绘制了川北地区自流井组大安寨段和千佛崖组的泥页岩油系统的厚度平面分布图。

（一）自流井组大安寨段埋深及厚度特征

自流井组大安寨段泥页岩形成于深湖—半深湖以及三角洲相的最大湖侵期，此沉积环境的水动力条件弱，沉积的泥岩质纯、分布广。从平面上可以看到，在川中地区（阆中）的川 49 井，页岩累计厚 80m，以川 49 井为中心，该地区的页岩有效厚度可达 30～70m。在川东地区，如达州，包括坡 1—普光 1—七里 21—雷 2 井，页岩有效厚度为 30～60m。都江堰地区附近的川鸭 91、川鸭 92 井，无页岩沉积。结合四川盆地下侏罗大安寨段岩相古地理图，盆地边缘地区（沉积相为三角洲前缘的部分）的页岩有效厚度为 10m 左右。除以上外，其他地区的页岩有效厚度都在 10～30m（图 4—1—14）。

从平阆中工区面图上可以看到，阆中地区陆相页岩主要分布在东南部区域，东北部以石龙 8 井及阆中 2 井附近为最厚，可达 30 多米；南部最厚区域在东南角附近，厚度可达 30 余米，最厚处达 40 多米，西部厚度不大，平均不到 10m，除以上的其他中部广大区域页岩分布均匀，厚度主要在 20～30m（图 4—1—15）。

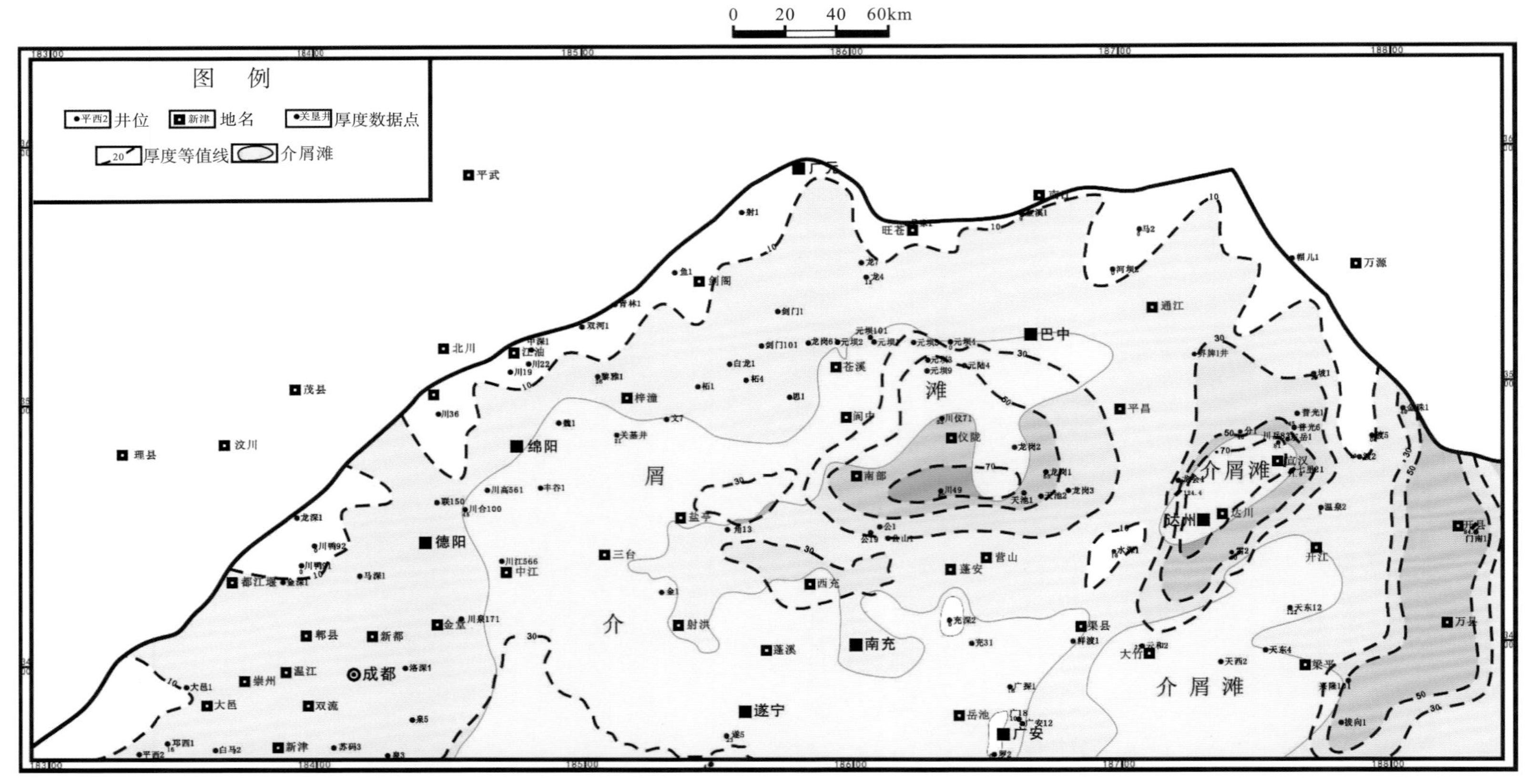

图 4－1－14 川北侏罗系大安寨二段富有机质泥页岩厚度平面分布图

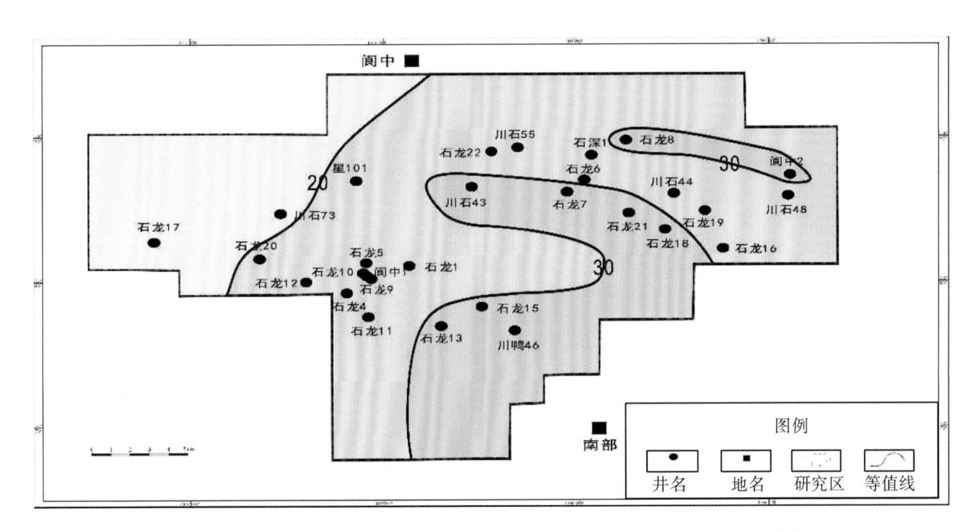

图 4-1-15　阆中地区大安寨二段富有机质泥页岩厚度平面分布图

（二）千佛崖组埋深及厚度特征

侏罗系千佛岩组泥页岩段主要在川北地区发育，沉积相为冲积三角洲平原-三角洲前缘-浅湖等亚相。

如图 4-1-16 所示，在四川盆地的东南部，黑色页岩有效厚度大，南部宣汉一带的七里 21 井页岩有效厚度为 361m；达州地区的龙会 4 井页岩有效厚度高达 422 m。但在盆地南部的双流、新津地区未见页岩沉积。除以上的其他地区，页岩分布均匀，厚度主要在 50～70m 之间。

如图 4-1-17 所示，元坝地区陆相页岩主要分布在元坝地区西北部和南部区域，西北部以元陆 6 井及元坝 2 井附近为最厚，可达 30 余米；南部最厚区域在东南角附近，厚度可达 40 余米，元坝 102 井、元坝 16 井附近厚度为 30 余米。除以上的其他地区，页岩分布均匀，厚度主要在 20～30m 之间。

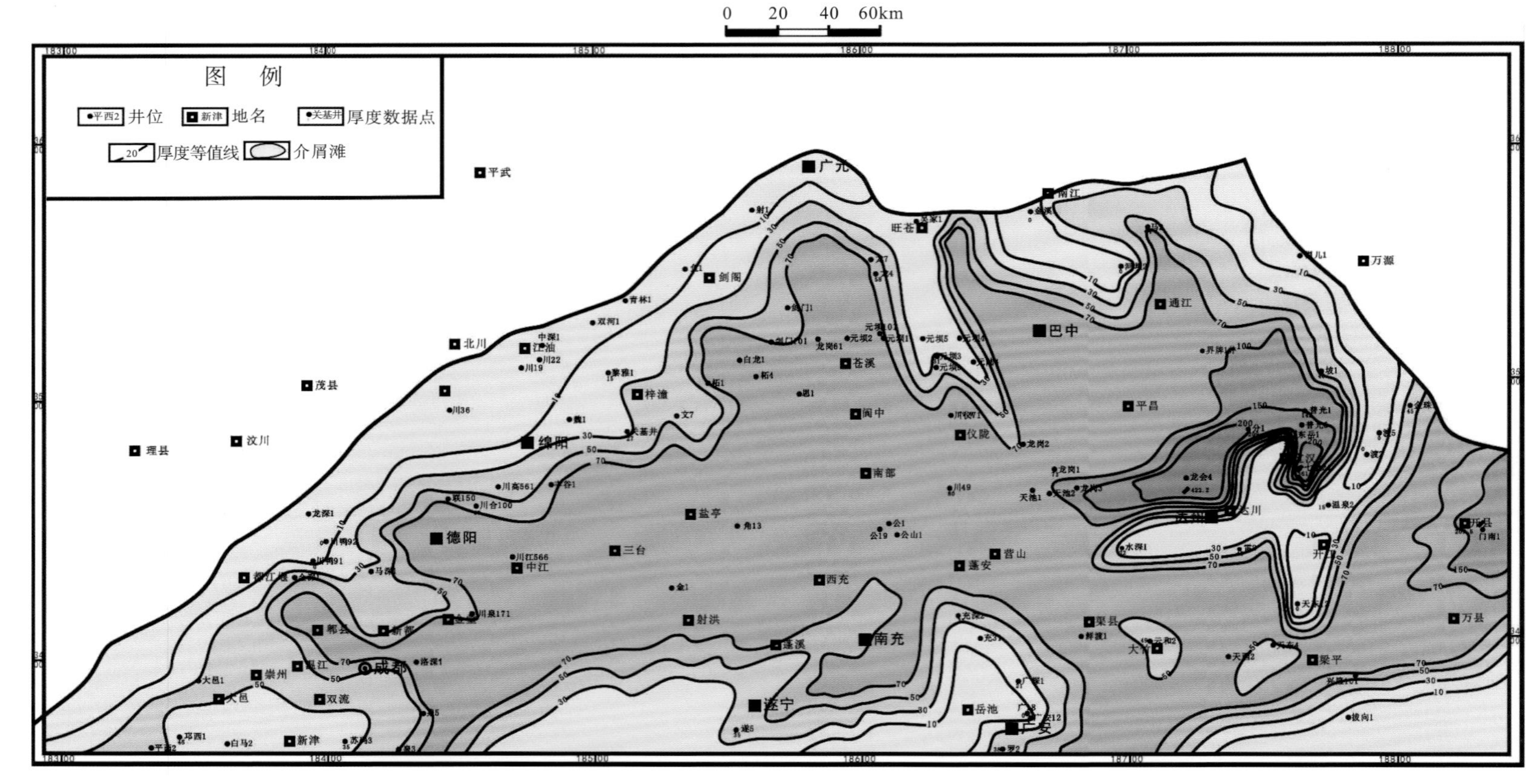

图 4－1－16　川北侏罗系千佛崖组富有机质泥页岩厚度平面分布图

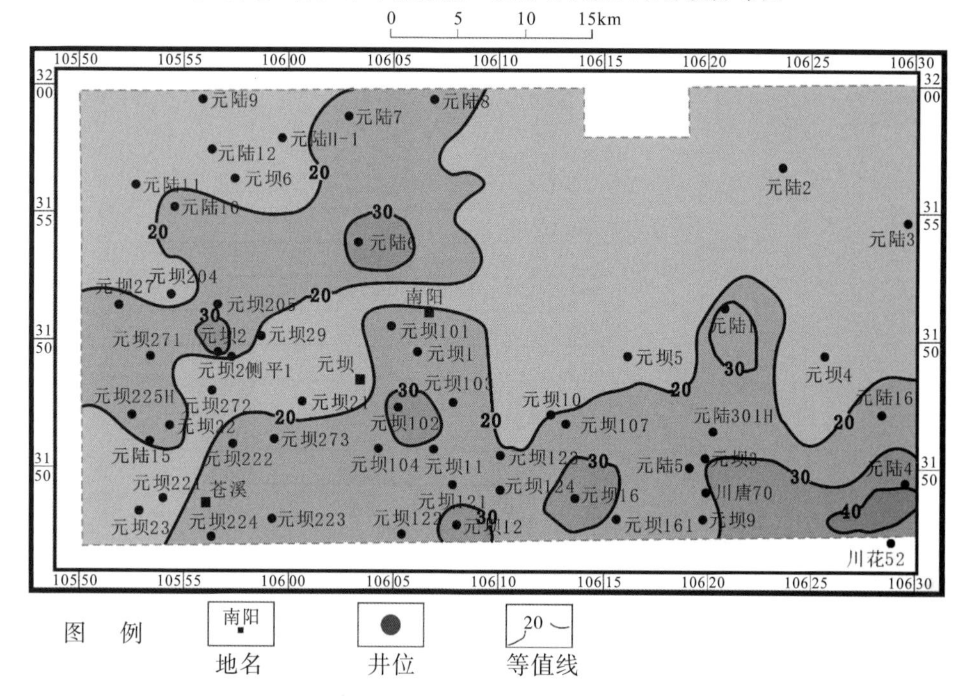

图 4-1-17　元坝地区千佛崖组千二段富有机质泥页岩厚度平面分布图

第二节　川北陆相页岩层有机地化特征

一、有机质类型

有机质类型是衡量有机质生烃演化属性的标志，有机质类型的值反映了烃源岩有机质的显微组分和化学结构。烃源岩有机质类型可分为四类（表 4-2-1），常用干酪根法和生油岩热解法鉴别有机质类型。

表 4-2-1　四川盆地泥岩型生烃岩有机质类型评价标准表

类型	Ⅰ	$Ⅱ_1$	$Ⅱ_2$	Ⅲ
类型指数（T）	≥80	80～40	40～0	<0
IH（mg/g）	>600	600～350	350～100	<100
IO（mg/g）	<50	50～150	150～400	>400

（一）干酪根镜检判别

干酪根镜检是有机岩石学常用一种定性、半定量的统计分析方法，是一种能简便快速评价干酪根类型且不受热演化影响的有效方法。干酪根显微组分能直接反映其母质类型。

通过干酪根镜检分析得出（图 4－2－1），元坝地区烃源岩有机质类型为Ⅱ_2和Ⅲ型，其中以产气的Ⅱ_2型为主。

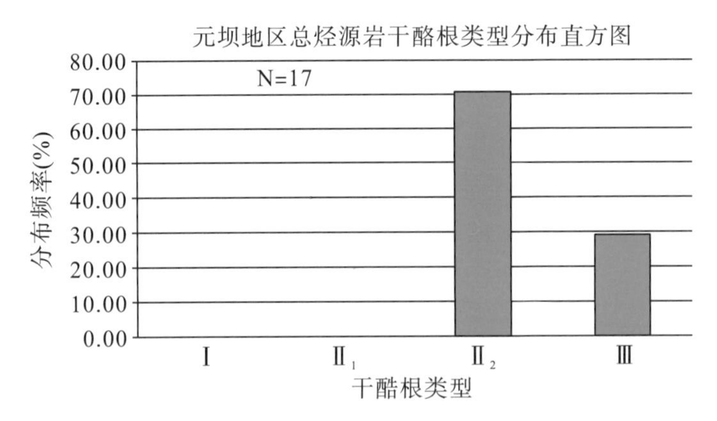

图 4－2－1　元坝地区干酪根类型直方图

（二）干酪根显微组分判别

根据干酪根（表 4－2－2）在显微镜下的特征，国内将其显微组分分为类脂组、壳质组、镜质组和惰质组。目前主要采用两种方法对干酪根进行分类，一种是统计其主要成分的比例，另一种是采用类型指数（TI 值）来划分干酪根类型。本文采用类型指数方法，公式如下：

$$\text{TI}=\frac{\text{类脂组含量}\times 100+\text{壳质组}\times 50-\text{镜质组}\times 75-\text{惰质组}\times 100}{100}$$

根据 TI 值将干酪根分为Ⅰ、Ⅱ_1、Ⅱ_2、Ⅲ型，分类标准如下：

表 4－2－2　干酪根分类标准表

指标 类型	第一种方法		第二种方法
	内脂组（%）	镜质组（%）	TI 值
Ⅰ	＞90	＜10	＞80
Ⅱ_1	65～90	10～35	40～80
Ⅱ_2	25～65	35～75	0～40
Ⅲ	＜25	＞75	＜0

从元坝地区 TI 和镜质体反射率关系图（图 4－2－2）可以看出：元坝地区大安寨段烃源岩有机质类型主要为Ⅱ_2型；元坝地区千佛崖组烃源岩有机质类型为Ⅱ_2型。

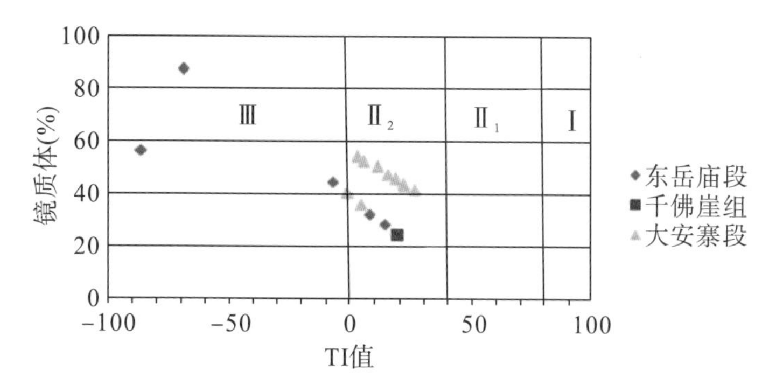

图 4-2-2　元坝地区烃源岩有机显微组分特征图

（三）岩石热解参数划分有机质类型

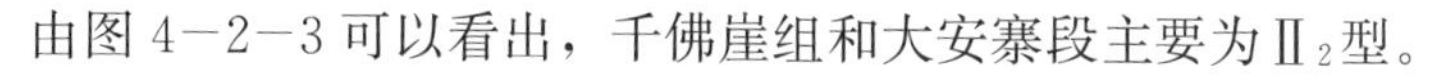

由于 Tmax 图版在考虑成熟度指标对有机质类型影响的同时避免了由于有机二氧化碳 S_3 的外界影响因素较大而导致氧指数的不准确的缺点，因此采用 Tmax 图版来划分生油岩有机质类型。

1. Ih—Tmax 图解法

氢指数随 Tmax 的升高而降低，由于曲线呈放射状，所以应用此图版能够比较清楚地划分低成熟和中等成熟区内生油岩的有机质类型。

由图 4—2—3 可以看出，千佛崖组和大安寨段主要为Ⅱ$_2$型。

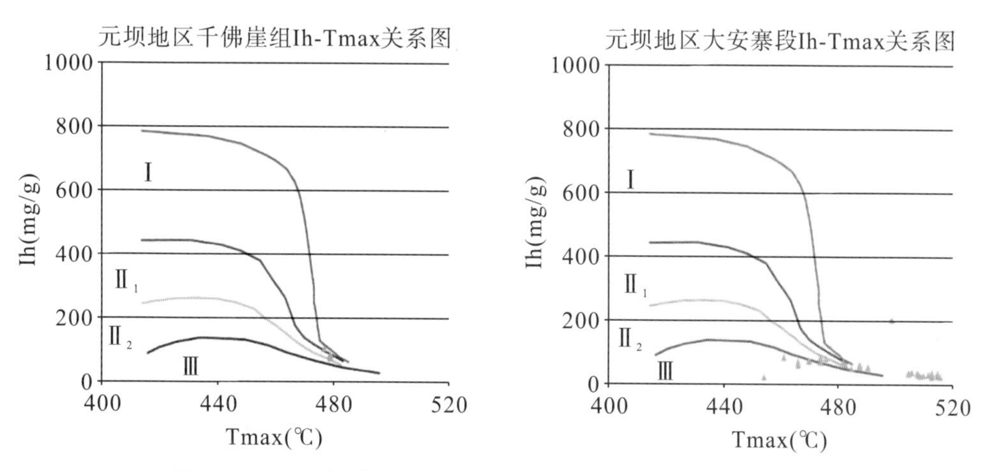

图 4-2-3　元坝地区千佛崖组及大安寨段各层 Ih-Tmax 关系图

2. Ih—Io 图解法

生油岩快速评价中应用最广的是 Rock—Ever 评价仪获得的热解烃和热解气（S_2）和热解（S_3）参数，近而可分别转换为氢指数（Ih）和氧指数（Io），最早将其应用于生油岩评价中。

图 4—2—4 中显示在纵向上有机质类型分布显示出一定的差异。大安寨段主要分布在Ⅱ$_2$型和Ⅱ$_1$型有机质特征演化曲线附近，少量分布在Ⅲ型附近；千佛崖组靠近Ⅰ型有

机质特征演化曲线附近。两层位样品均向原点集中，反映热演化程度可能较高。

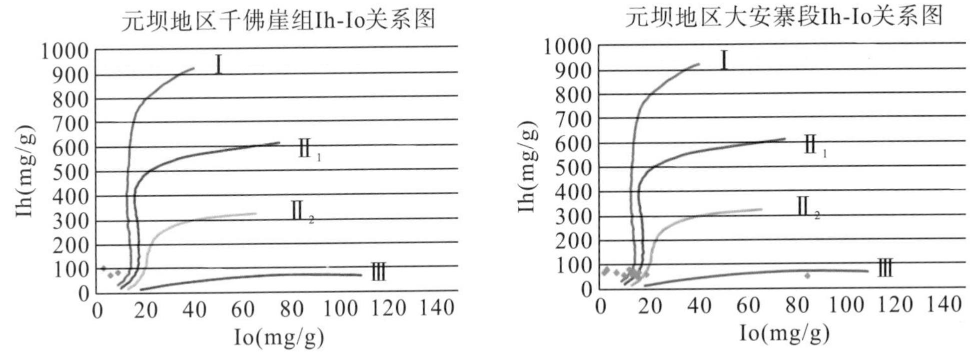

图 4-2-4　元坝地区千佛崖烃源岩热解 Io-Ih 关系图

3. 干酪根鉴定

对川北地区侏罗系千佛崖组富有机质泥页岩进行了有机质干酪根类型鉴定和分析（结果见表 4-2-3）。

表 4-2-3　川北侏罗系富有机质泥页岩干酪根同位素分析结果

层位	井号	地区	岩性	$\delta^{13}C$‰	有机质类型
千佛崖组	大成 5	西充	黑色页岩	−28.58	$Ⅱ_1$
	西 20		灰黑色页岩	−29.22	Ⅰ
	年 6		黑色页岩	−29.56	Ⅰ
	公 36	公山庙	黑色页岩	−28.90	$Ⅱ_1$
		宜汉土黄	深灰泥岩	−24.68	$Ⅱ_2$
	广 100	广汉	黑色页岩	−23.72	Ⅲ
	界牌 1	通江	泥岩	−24.95	$Ⅱ_2$
大安寨段	鲜 9	渠县	深灰色介壳页岩	−28.35	$Ⅱ_1$
	平昌 1 井	平昌	泥岩	−29.01	Ⅰ
	平昌 1 井	平昌	泥岩	−30.46	Ⅰ

如图 4-2-5 所示，千佛崖组有机质类型主要以Ⅲ、$Ⅱ_2$型干酪根为主，局部地区存在$Ⅱ_1$和Ⅰ型干酪根。其中，Ⅰ型干酪根主要分布在盐亭至西充地区；$Ⅱ_1$型主要沿着金堂以南向北东方向三台、射洪、西充、南部县、仪陇等地区以及东面的开县至梁平地区分布；Ⅲ型分布在盆地边缘。

千佛崖组一段有机质类型主要为$Ⅱ_1$型、$Ⅱ_2$型干酪根，$Ⅱ_1$型干酪根主要分布在元坝地区西南部元坝 22 井、元坝 271 井及元坝 275 井井区附近，北部只有元陆 3 井及东北部附近小部分区域以$Ⅱ_1$型干酪根为主，其余中部及其他区域都是以$Ⅱ_2$型干酪根为主（图 4-2-6）。

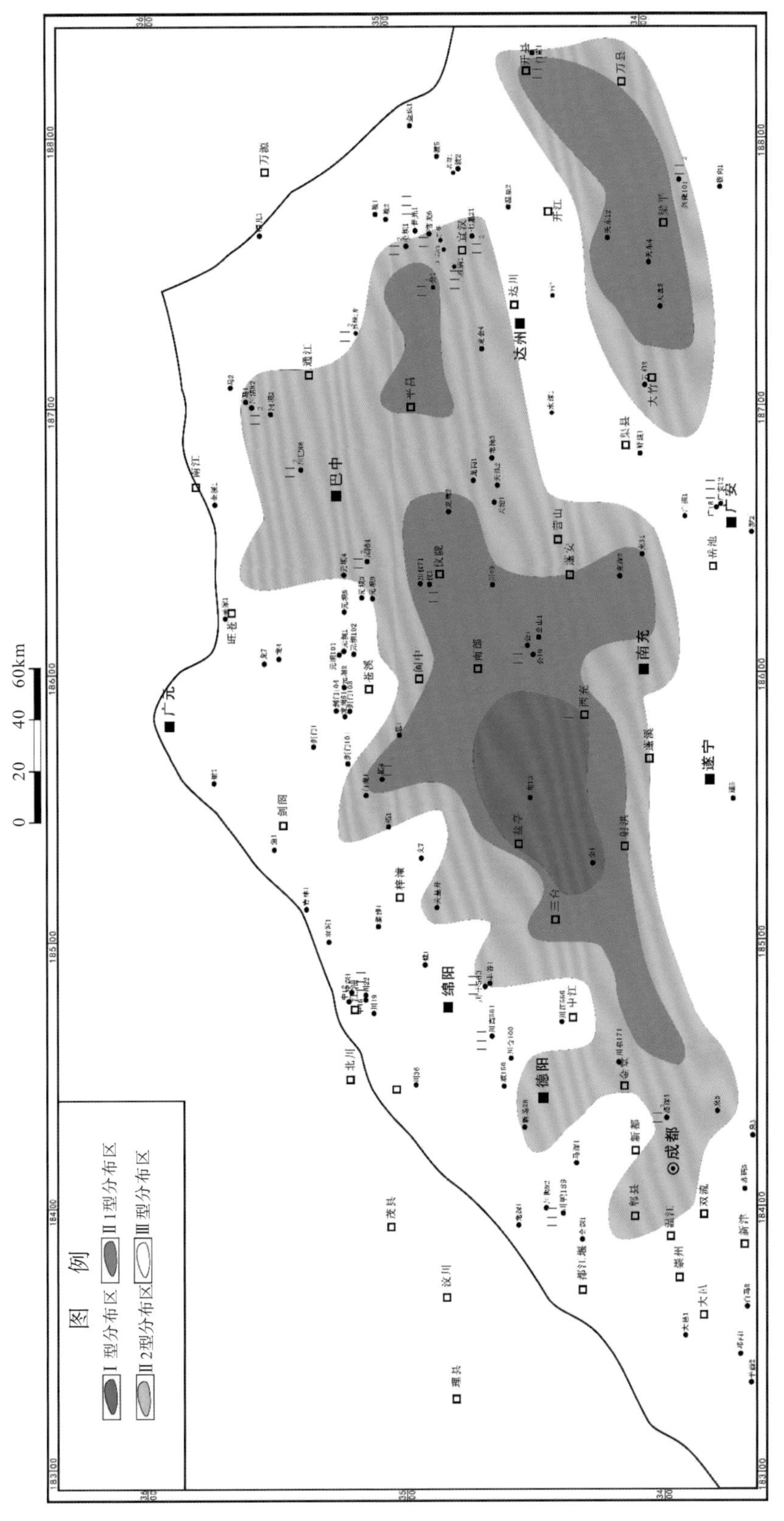

图 4－2－5　川北侏罗系千佛崖组富有机质页岩有机质类型分布图

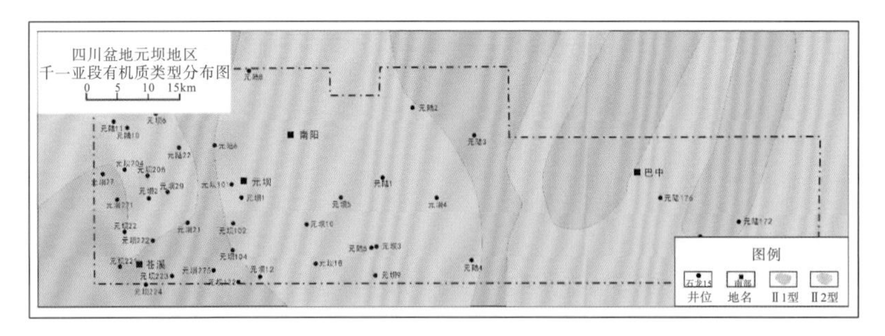

图 4-2-6　元坝地区千佛崖组一段有机质类型

元坝地区千佛崖组二段有机质类型主要为Ⅱ$_1$型、Ⅱ$_2$型干酪根，Ⅱ$_1$型干酪根主要分布在元坝地区西部元坝 2 井、元坝 271 井及元坝 21 井井区附近，中部元陆 3 井、元陆 4 井、元坝 4 井区域及最东部部分区域以Ⅱ$_1$型干酪根为主，其余区域都是以Ⅱ$_2$型干酪根为主（图 4−2−7）。

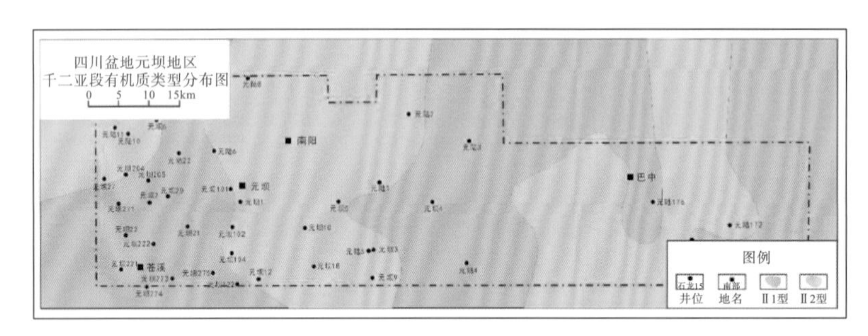

图 4-2-7　元坝地区千佛崖组二段有机质类型

元坝地区千佛崖组一段有机质类型主要为Ⅱ$_1$型、Ⅱ$_2$型干酪根，Ⅱ$_2$型干酪根主要分布在元坝地区中部元坝 5 井、元陆 2 井、元坝 12 井及元坝 102 井井区附近，最西部区域元陆 11 井、元陆 10 井、元陆 271 井井区域以Ⅱ$_2$型干酪根为主，其余区域都是以Ⅱ$_1$型干酪根为主（图 4−2−8）。

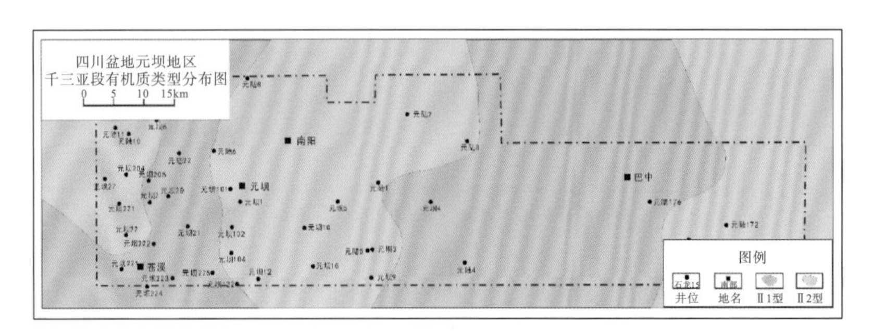

图 4-2-8　元坝地区千佛崖组三段有机质类型

如图 4−2−9 所示，大安寨组有机质类型主要为Ⅲ型干酪根类型，中部的巴中、阆中、仪陇、平昌、南部、营山地区以及东面的开县、万县等地区分布Ⅱ$_2$型干酪根，成都至新津和都江堰局部地区分布有Ⅱ$_1$型干酪根。

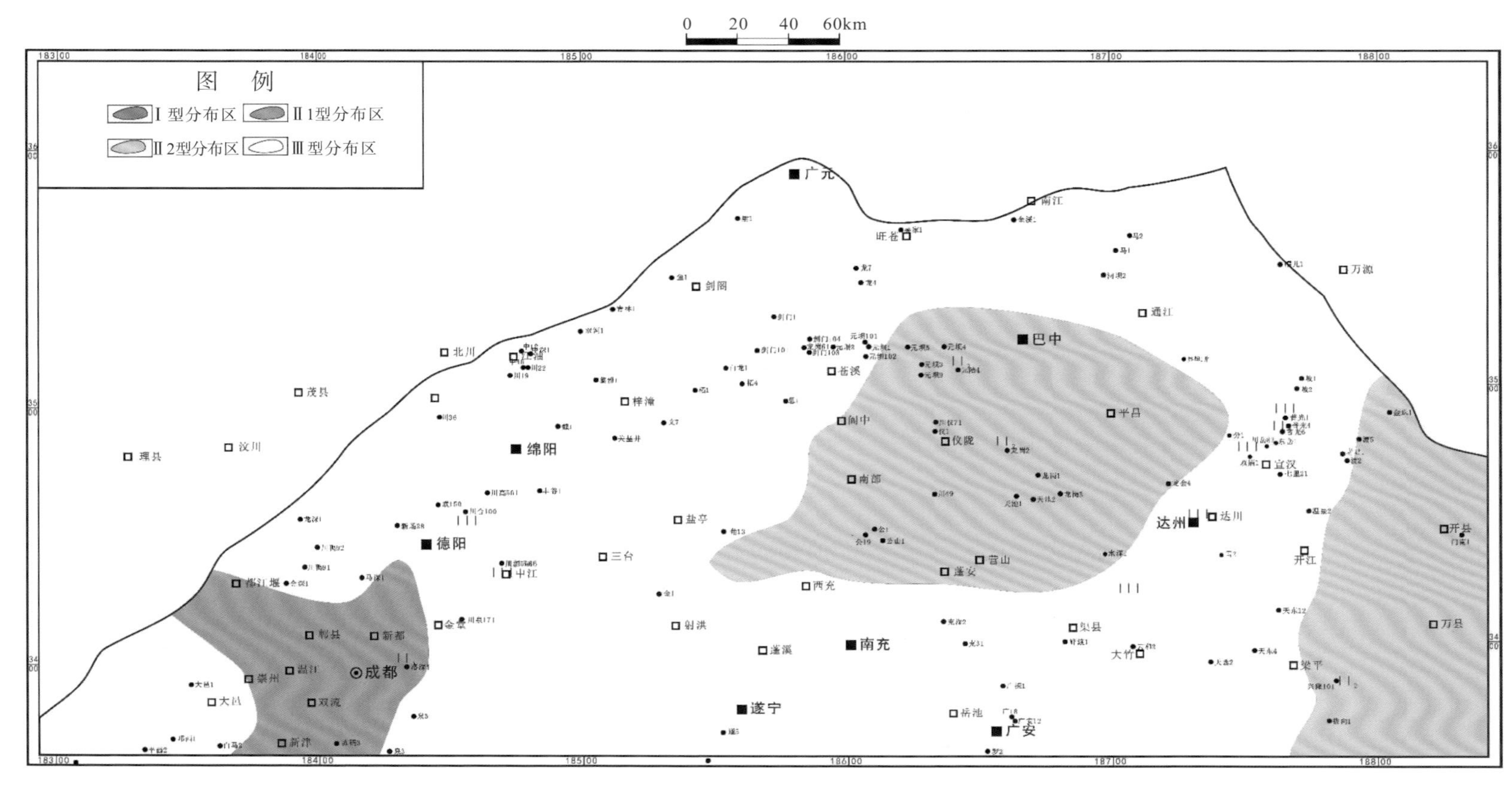

图 4－2－9　川北侏罗系大安寨组富有机质页岩有机质类型分布图

大安寨段一段有机质类型主要为II_1型、Ⅰ型干酪根，Ⅰ型干酪根主要分布在阆中地区东北部地区阆中2井、石龙8井区及南部石龙15井、川鸭46井区附近，工区西部及中部大部分地区以II_1型干酪根为主（图4-2-10）。

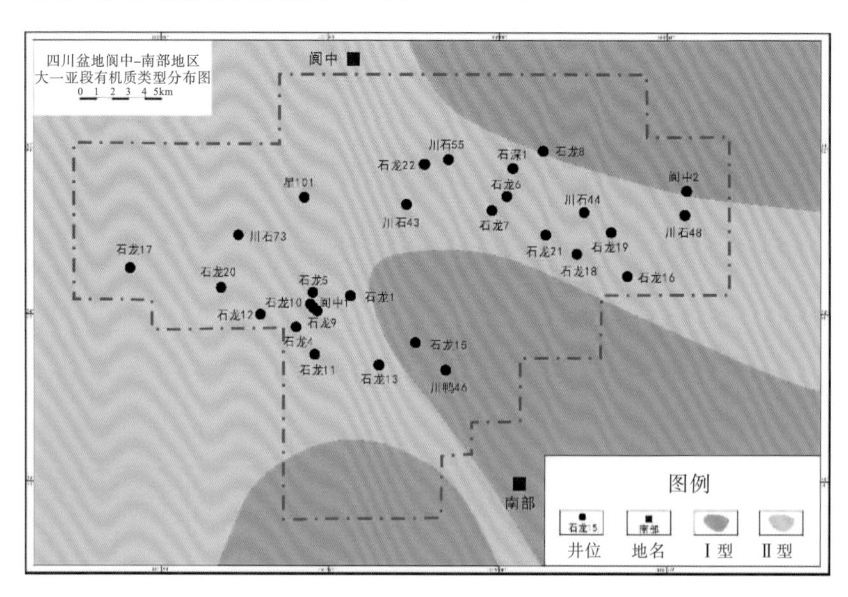

图4-2-10 川北阆中地区大安寨一段富有机质页岩有机质类型分布图

大安寨段二段有机质类型主要为II_1型、Ⅰ型，Ⅰ型分布在阆中地区东南部地区石龙13井、石龙15井区附近及工区南部地区，工区东部阆中2井、川石48井区周边也以Ⅰ型干酪根为主。工区北部及西部都以II_1型干酪根为主（图4-2-11）。

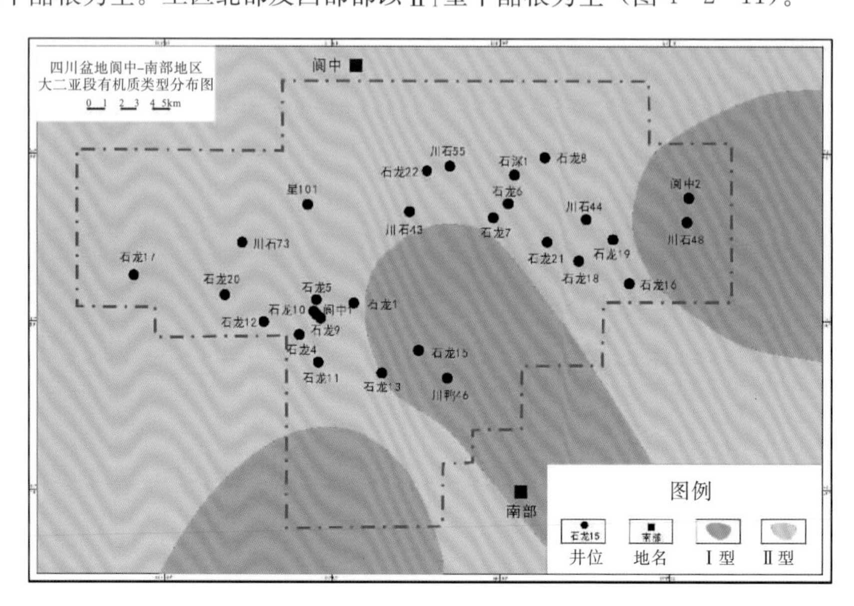

图4-2-11 川北阆中地区大安寨二段富有机质页岩有机质类型分布图

大安寨段三段有机质类型主要为II_1型、Ⅰ型，Ⅰ型分布在阆中地区东南部地区石龙21井南部及西北部一小部分区域、工区其他区域都以II_1型干酪根为主（图4-2-12）。

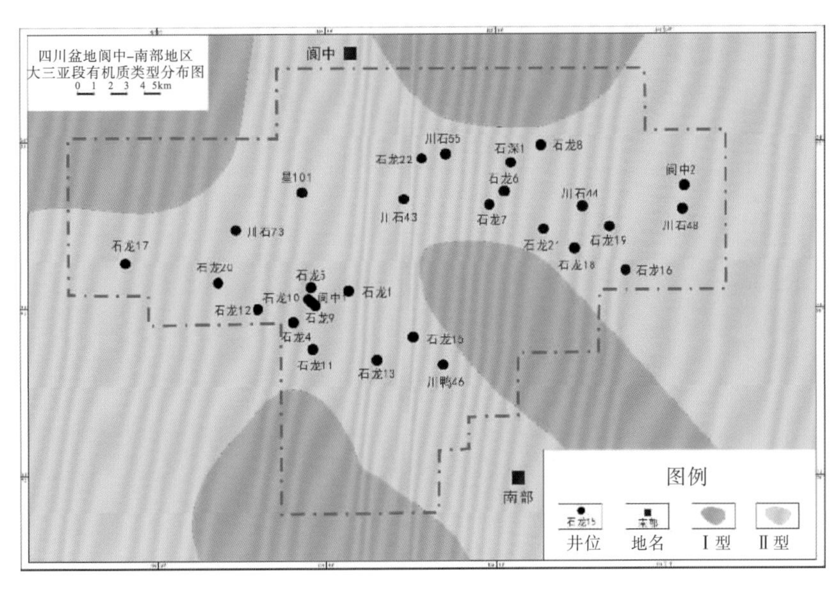

图 4-2-12　川北阆中地区大安寨三段富有机质页岩有机质类型分布图

二、有机质丰度

有机质丰度是指烃源岩中有机质的富集程度，是评价烃源岩生烃潜力的重要参数。目前常用的有机质丰度指标有总有机碳含量（TOC）、岩石热解生烃潜力 Pg（S_1+S_2）、氯仿沥青“A”和总烃含量（HC），其中最常用的是 TOC。不同的沉积环境其评价标准往往不同，四川盆地侏罗系各层段富有机质页岩在不同的时期其湖盆的范围有一定差异，因此根据此沉积特点，制定了四川盆地侏罗系泥岩型生烃岩 TOC 评价标准表（表 4-2-4）。

表 4-2-4　四川盆地泥岩型生烃岩 TOC 评价标准表

烃源岩级别	好	中	差	非
TOC（%）	>1.0	1.0～0.6	0.6～0.4	<0.4

油气成因理论认为，烃源岩中只有很少一部分有机质转化成为油气并排替出去，大部分仍残留在烃源岩中。同时，由于碳是有机质中含量大、稳定程度高的元素，因此可用剩余有机碳来近似地反映烃源岩内的有机质含量。

（一）TOC 纵向分布

（1）元坝地区。

从元坝地区千佛崖组 TOC 分布图（图 4－2－13）看出：TOC 值主要集中在 0.4%～2%之间，平均值为 0.86%。该层 86.11%的 TOC 值都达到了 0.4%的下限，是较好的烃源岩。

大安寨段 TOC 值达到 0.4%的占比最大，为 91.57%，其中大于 1%的优质烃源岩占32.58％，也是出色的烃源岩性质。

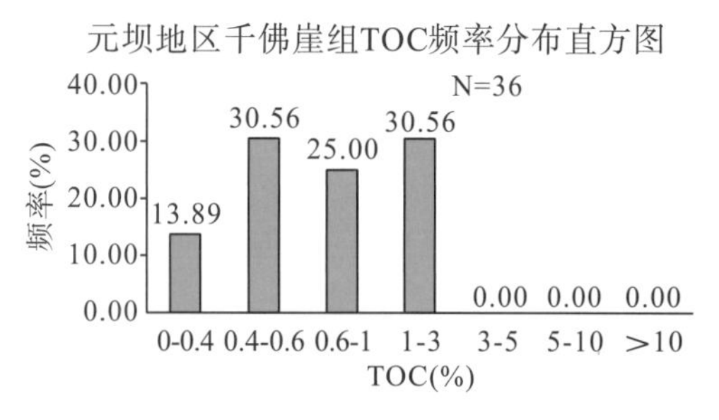

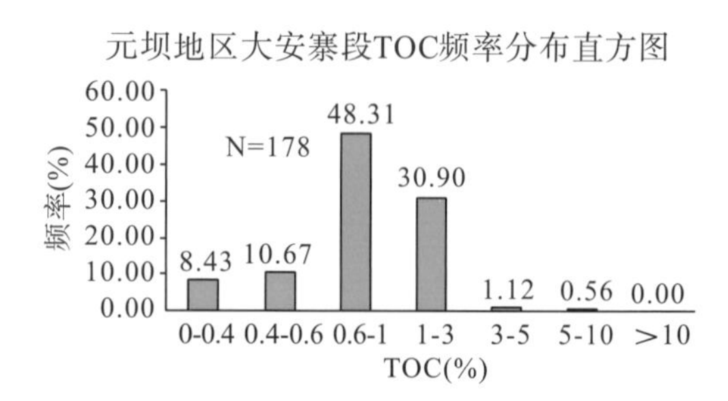

图4-2-13　元坝地区千佛崖组及大安寨段TOC频率直方图

元坝地区千佛崖组富有机质泥页岩主要集中在千一段和千二段。千一段和千二段的TOC含量主要分布在0.5％～2％之间，如图4-2-14、图4-2-15所示。

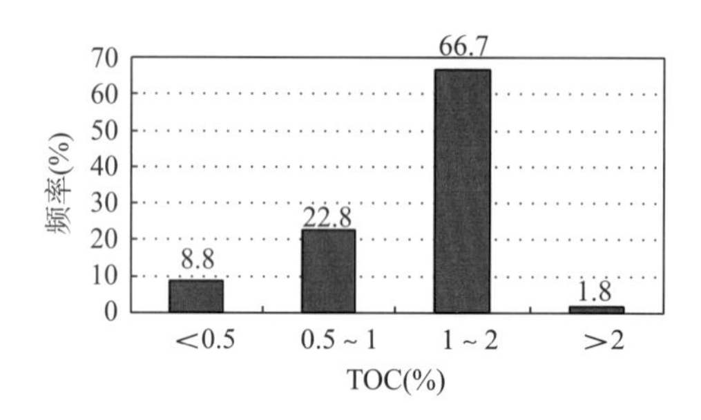

图4-2-14　元坝千一段岩心TOC分析频次图

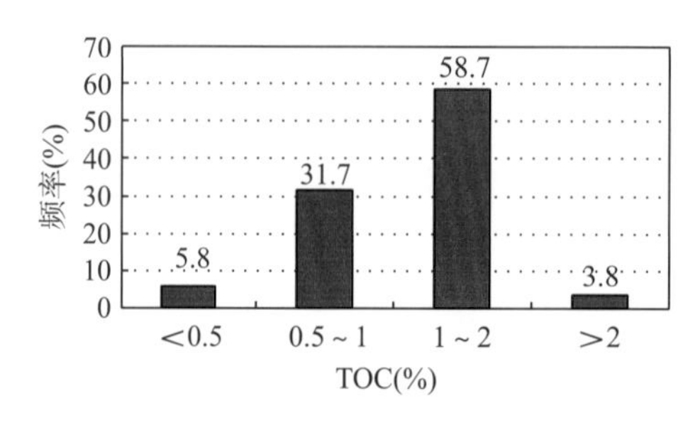

图4-2-15　元坝千二段岩心TOC分析频次图

（2）阆中地区。

从阆中地区千佛崖组TOC分布图（图4-2-16）看出：TOC值主要集中在1％～3％之间，平均值为1.21％。该层90.90％的TOC值都达到了0.4％的下限，是较好的烃源岩。

大安寨段TOC值达到0.4％的占比为85.71％，大于1％的优质烃源岩占27.27％，烃源岩性质较好。

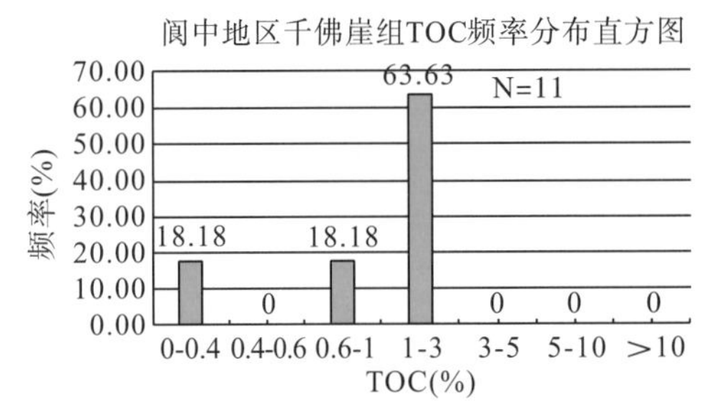

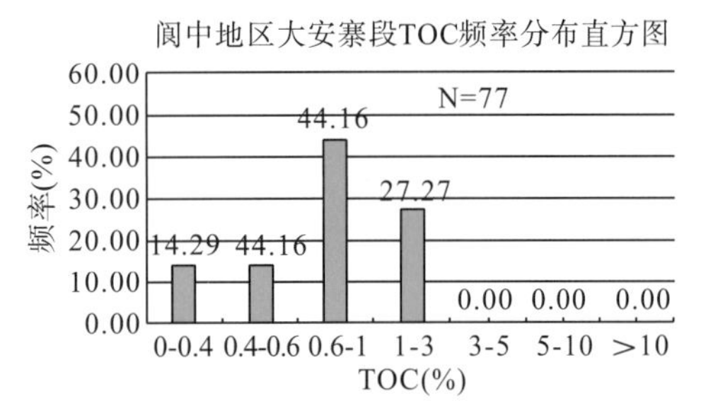

图 4-2-16 阆中地区千佛崖组及大安寨段 TOC 频率直方图

阆中地区大安寨段富有机质泥页岩主要集中在大二段。大二段的 TOC 含量主要分布在 0.5%~2%之间，如图 4-2-17。

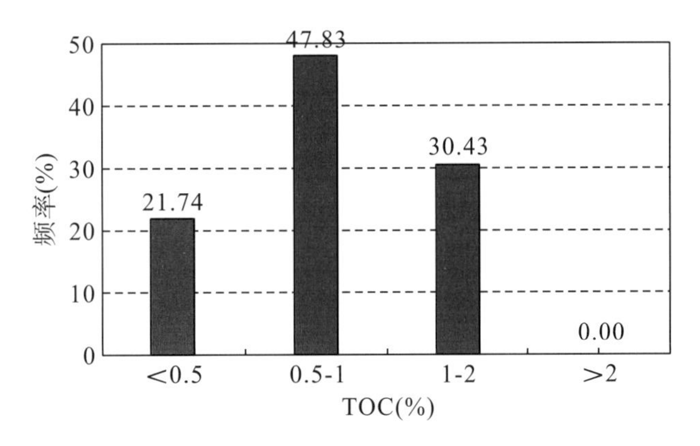

图 4-2-17 阆中大二段岩心 TOC 分析频次图

从纵向上来看（图 4-2-18），千佛崖组、大安寨段 TOC 值均超过生烃门限，具有较好的生烃潜力。

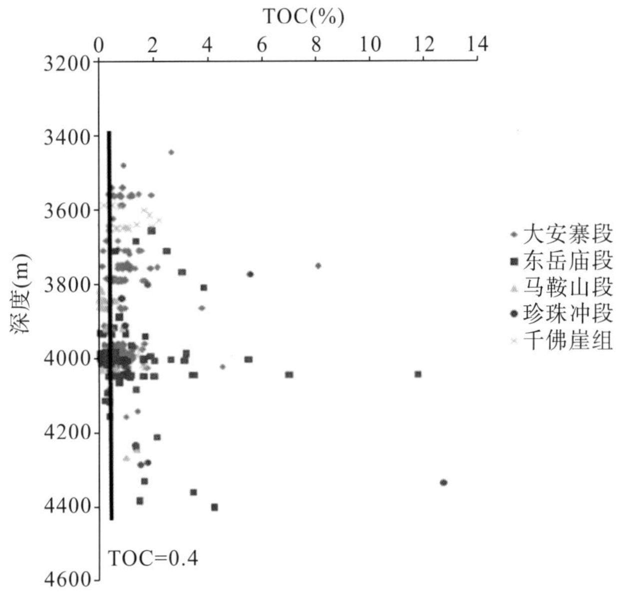

图 4-2-18 元坝地区 TOC 与深度关系图

（二）TOC 测井解释

（1）密度法。

有机质密度明显小于岩石骨架密度，有机质增多，测井密度值下降（图 4－2－19）。

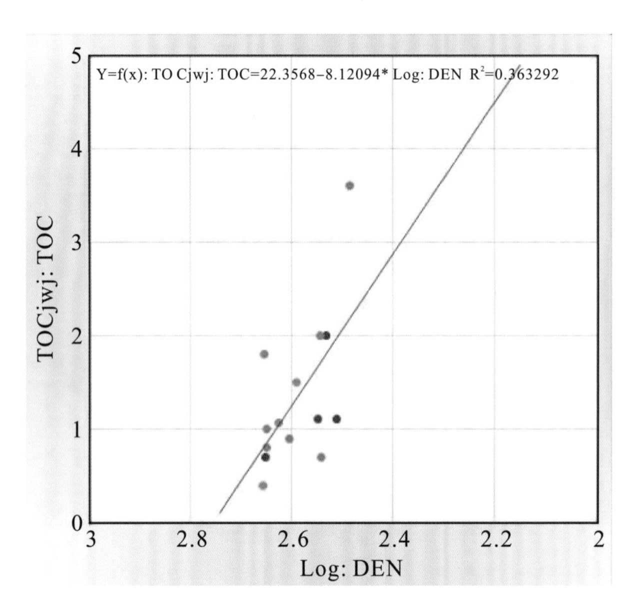

图 4－2－19　DEN－TOC 交会图

$$TOC=22.3568-8.1209*Log:DEN$$

（2）△logR 法。

基于有机质高声波、高电阻率的测井特征，经过一定刻度，评价有机质含量。

$$\Delta lgR=lg(Rt/Rt_{base})+0.02(\Delta t-\Delta t_{base})$$

$$TOC=\Delta lgR\times 10^{(2.279-0.1688*LOM)}$$

（3）多元回归法。

采用 GR、AC、DEN 进行多元回归评价有机质含量。

千佛崖组拟合公式：

$$TOC=-1.9452+0.0392*AC-0.7244*Log(GR)+0.5429*DEN$$

大安寨段拟合公式：

$$TOC=-19.6479+0.01014*AC+0.037*GR-14.4111*CNL+0.01809*RD-13.7023*DEN+0.9591*PE$$

如图 4－2－20 所示，测井解释的 TOC 和岩心吻合程度较好。

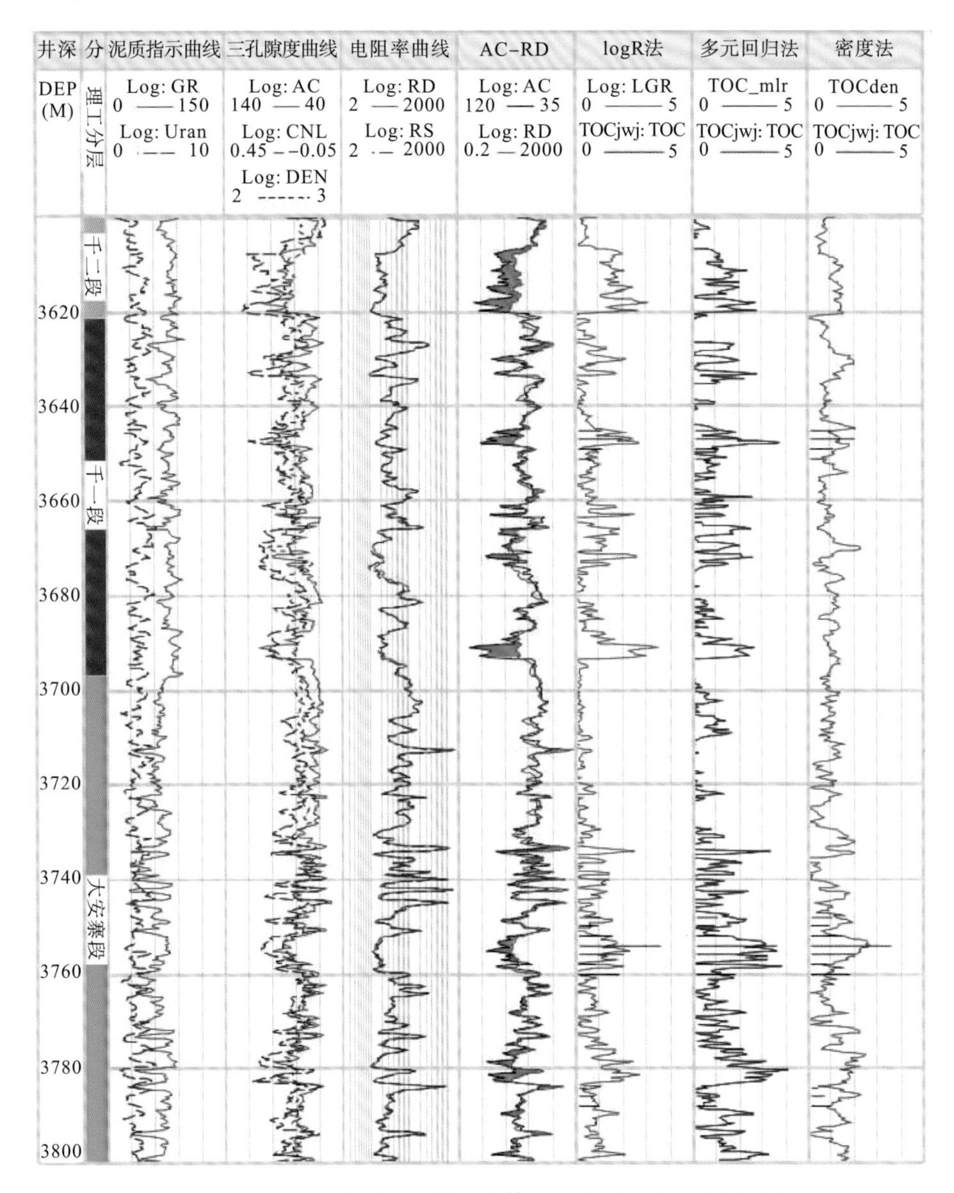

图 4-2-20　元陆 4 不同方法计算 TOC 与岩芯分析结果对比

（三）元坝地区千佛崖组 TOC 平面分布

利用线性回归的方法，建立实测 TOC 值与测井数据间关系，根据测井数据求出各井各层位 TOC 值，进而绘制出了千佛崖组的 TOC 平均值平面分布图。

千佛崖组 TOC 值主要集中在 0.6%～1.4%之间，整体上该层是较好的烃源岩。

千一段 TOC 在 0.6%～1.4%之间，>1.0%主要分布在西部元陆 6 井和元陆 12 井周围。如图 4-2-21 所示。

千二段 TOC=0.6%～1.2%之间，>1.0%主要分布在工区西南部，元坝 102 井和元陆 5 井周围。如图 4-2-22 所示。

千三段有机质丰度在 TOC=0.6%~1.4%之间，>1.0%主要分布在工区南部，元陆 4 井周围可达 1.4%。如图 4-2-23 所示。

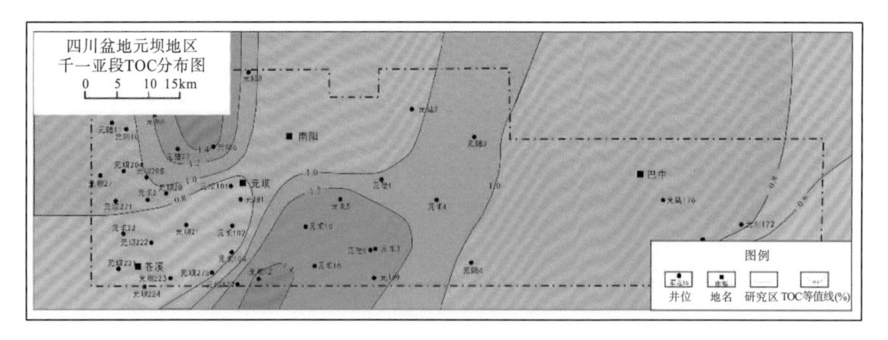

图 4-2-21 元坝千一亚段 TOC 平面分布图

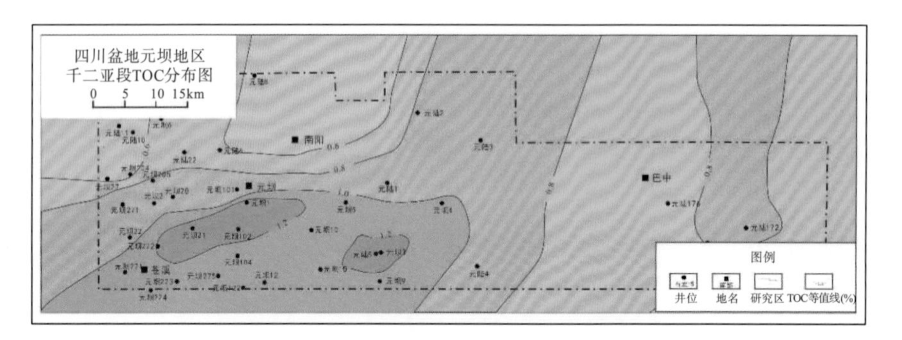

图 4-2-22 元坝千二亚段 TOC 平面分布图

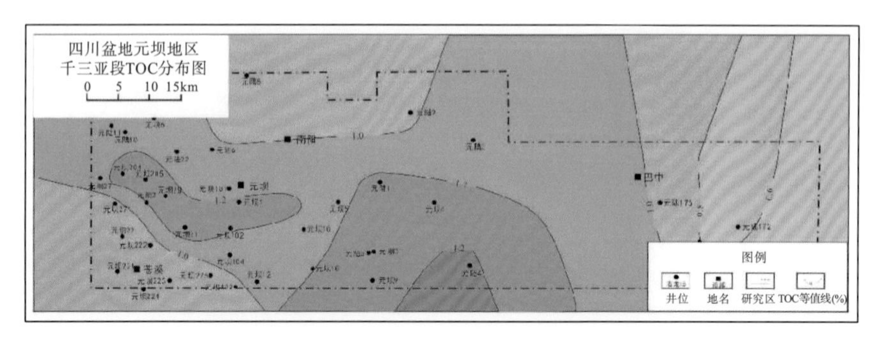

图 4-2-23 元坝千三亚段 TOC 平面分布图

（四）阆中大安寨组 TOC 平面分布

大安寨段 TOC 值主要集中在 0.4%~1.4%之间，平均值大于 0.80%，整体上该层是较好的烃源岩，其中大二段泥页岩性质最好。

大安寨一段西部及南部区域 TOC 值较大，而北部中央及西南部 TOC 值较小。如图 4-2-24 所示。

大安寨二段 TOC 值主要在 1%~2%之间，发育有很好的烃源岩。工区南部、中部和西北部 TOC 值较大。如图 4-2-25 所示。

大安寨三段 TOC 值主要集中在 0.8%～2%之间，TOC 高值区主要在工区北西到南东的大部分区域，最小值在东北部及西南部。如图 4－2－26 所示。

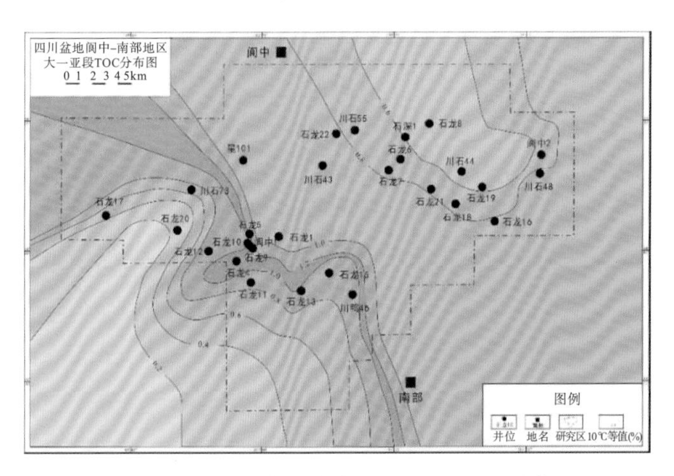

图 4－2－24 阆中大安寨一段 TOC 平面分布图

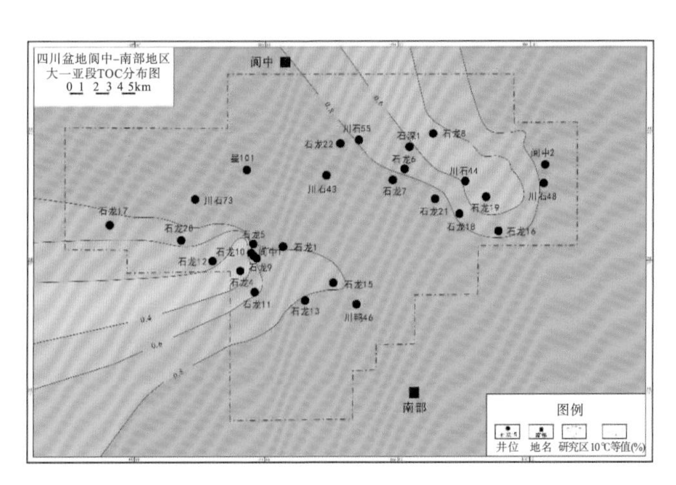

图 4－2－25 阆中大安寨二段 TOC 平面分布图

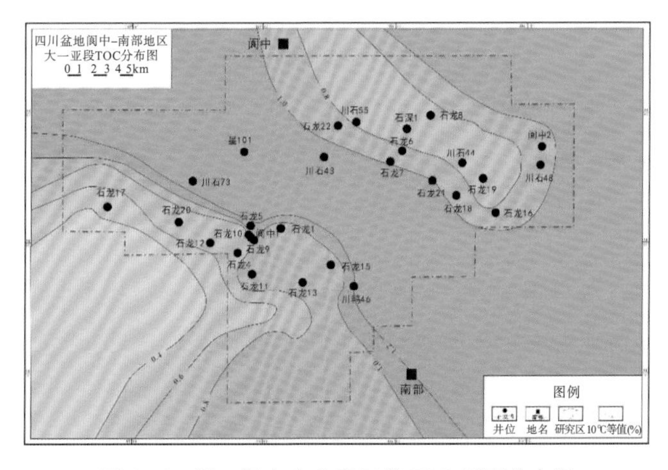

图 4－2－26 阆中大安寨三段 TOC 平面分布图

三、有机质成熟度特征

有机质成熟度可以帮助判断成烃和成藏的时间，目前判断有机质成熟度的方法很多，包括：镜质体反射率（Ro）、岩石热解、饱和径气相色谱、干酷根红外光谱、可溶有机质的演化、孢粉颜色指数（SCI）和热变指数（TAI）以及生物标志物等，其中最有效的是镜质体反射率，因此采用 Ro 来判断有机质成熟度。

达到门限温度后，干酪根才会成熟并大量生成烃类（表 4－2－5）。由于干酪根的镜质体反射率是温度和有效加热时间的函数且具有不可逆性，因此热变质作用越强，镜质体反射率越大。不同类型干酪根具有不同的化学结构，不同强度的化学键相对丰度不同，因此成熟作用相对时间也有所差别。

表 4－2－5　镜质体反射率划分有机质演化阶段（据陈丽华．1999）

演化阶段	未成熟	低成熟	成熟	高成熟	过成熟
Ro/％	<0.5	0.5～0.8	0.8～1.3	1.3～2.0	>2.0

（一）Ro 测试结果

元坝地区 Ro 全部达到成熟生烃下限 0.5％，主要集中在 1.3％～2％之间（高成熟阶段），平均值为 1.67％，如图 4－2－27。其中千佛崖组平均值为 1.44％；大安寨段平均值为 1.66％。

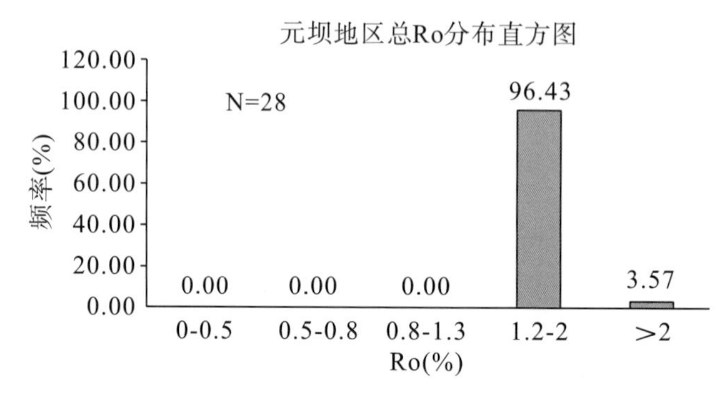

图 4－2－27　元坝区 Ro 频率直方图

（二）测井解释模型建立

镜质体反射率与成岩作用关系密切，随着埋深的增加，热变质作用越强，镜质体反射率越大。镜质体反射率作为深度的函数增加较快，在热催化生油气阶段和热裂解生湿气阶段反射率值从 0.5％上升至 2.0％；至深部高温生气阶段，反射率继续增加。

通过对工区实验数据，地化资料中数据整理以及收集周边地区资料收集，利用埋深与 Ro 散点关系图，建立了镜质体反射率与埋深的数学模型（图 4－2－28）：

大安寨段：Y=564.2＊X+2980

千佛崖组：Y=4002＊X−1878

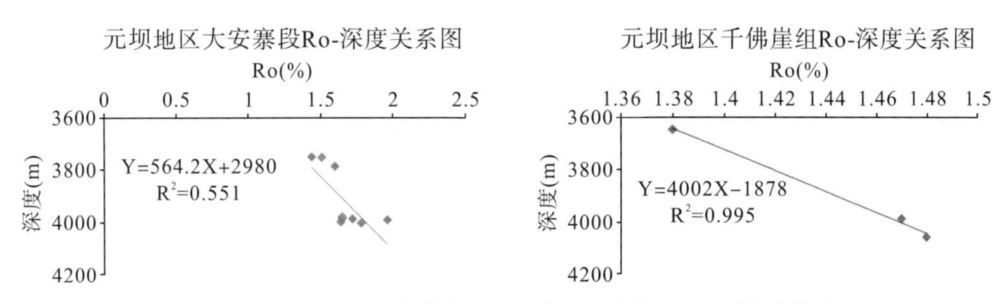

图 4-2-28 元坝地区大安寨段、千佛崖组深度与 Ro 实测值线性关系图

（三）元坝千佛崖 Ro 平面分布

利用建立的数学模型，结合各井分层数据，计算了工区内各井不同深度的 Ro 值，并在此基础上，绘制了烃源岩有机质成熟度平面展布图。得到结论如下：

千一段有机质成熟度 Ro 普遍在 1.0%～1.9%之间，东部一般>1.8%，西部两边向中间逐渐变大，元坝 1 井、元坝 10 井达到 1.8%。如图 4-2-29 所示。

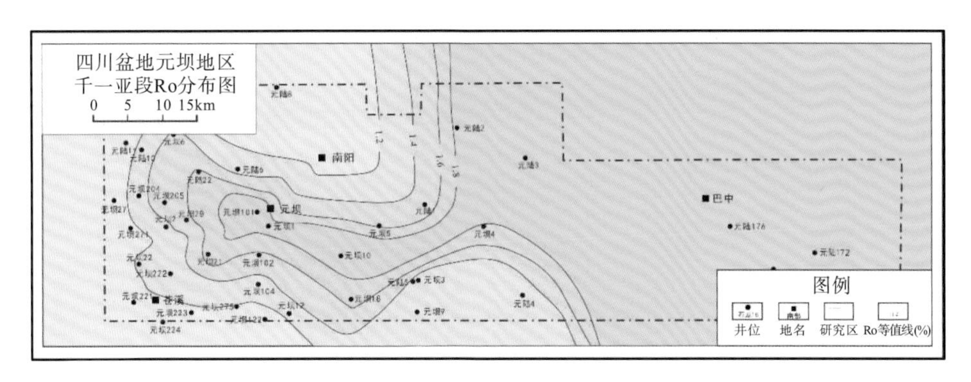

图 4-2-29 元坝千佛崖组千一段 Ro 平面分布图

千二段有机质成熟度 Ro 在 1.0%～1.9%之间，东部一般>1.8%，西部两边向中间逐渐变大，元坝 101 井周围达到 1.8%。如图 4-2-30 所示。

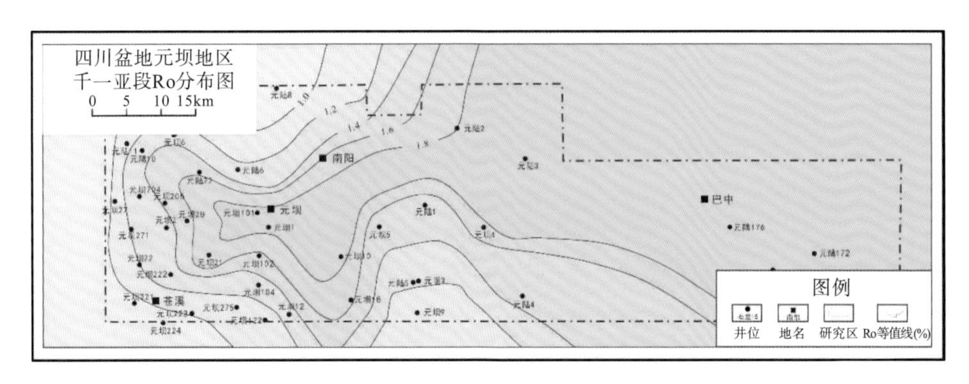

图 4-2-30 元坝千佛崖组千二段 Ro 平面分布图

千三段有机质成熟度 Ro 在 1.0%～1.9%之间，东部一般>1.8%，西部两边向中间逐渐变大，与千二段变化趋势相近。如图 4-2-31 所示。

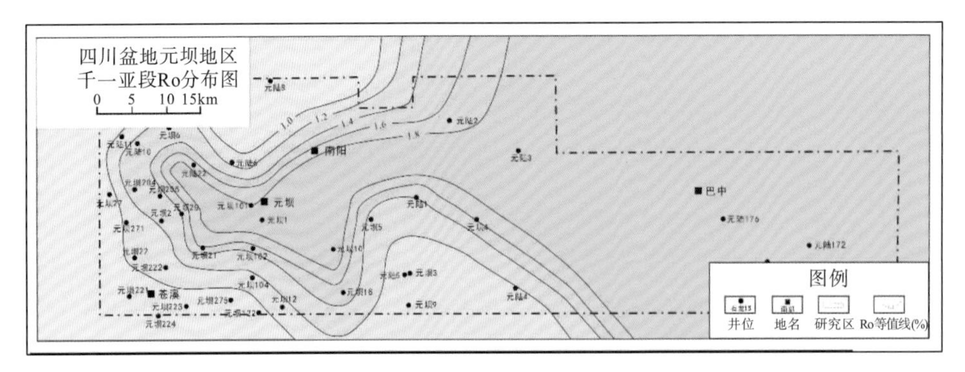

图 4-2-31 元坝千佛崖组千三段 Ro 平面分布图

（四）阆中大安寨 Ro 平面分布

大安寨一段的 Ro 值在 0.90%～1.3%之间，进入了烃源岩成熟阶段，Ro 值有从工区东北部向南部缘逐渐减小的趋势（图 4-2-32）。

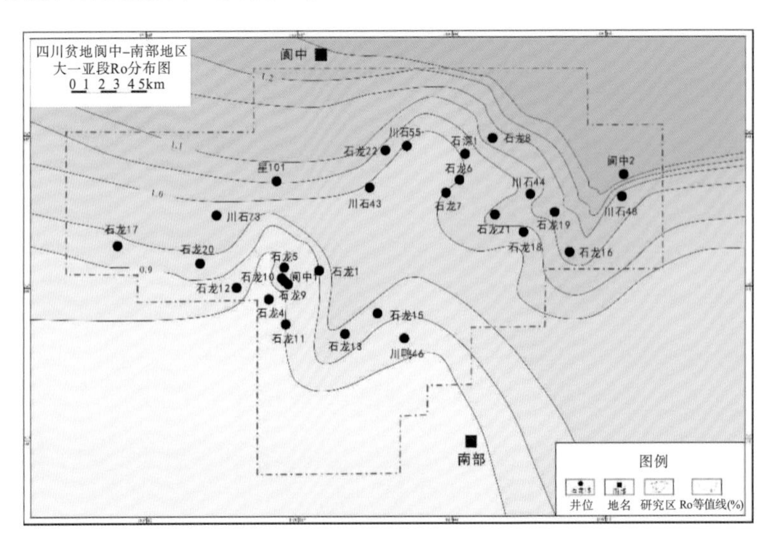

图 4-2-32 阆中大安寨一段 Ro 平面分布图

大安寨二段的 Ro 值在 0.95%～1.3%之间，进入烃源岩成熟阶段。Ro 值整体上有从工区中部向四周增大的趋势（图 4-2-33）。

大安寨三段的 Ro 值在 1.0%～1.3%之间，进入烃源岩成熟阶段。Ro 值有从工区东北部向南部缘逐渐减小的趋势（图 4-2-34）。

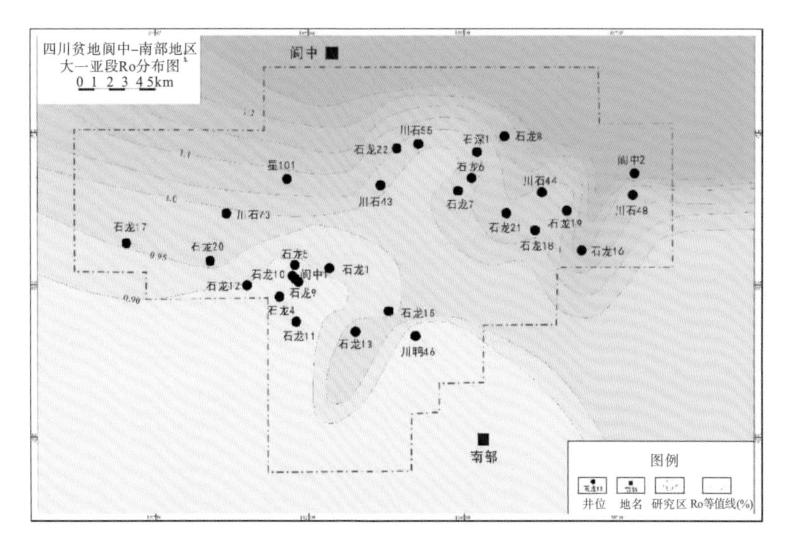

图 4-2-33　阆中大安寨二段 Ro 平面分布图

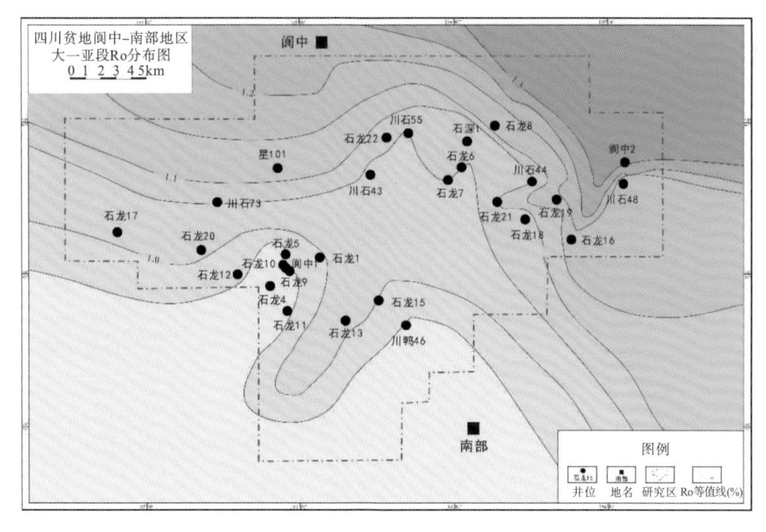

图 4-2-34　阆中大安寨三段 Ro 平面分布图

利用 Ro 数据绘制了千佛崖组有机质成熟度分布图。

千侏罗系千佛崖组 Ro 主要分布在 0.46%～1.52%，呈现北高南低特征。德阳至绵阳、梓潼、旺苍、仪陇、平昌、通江演化程度相对高，Ro 值在 1.0%以上，特别是元坝地区达到 1.5；而南部地区南充、广安以及开江至梁平地区演化程度低，Ro 值低于 0.6%（图 4-2-35）。

大安寨组南部地区的富有机质泥页岩演化程度相对偏低，一般在 0.6%以下，但北部地区的泥页岩演化程度相对较高，Ro 达到 1.2%以上，东部的宣汉地区 Ro 也达到 1.0%以上；北部盆地边缘演化程度较低，广元、南江、万源等地 Ro 都在 0.8%以下（图 4-2-36）。

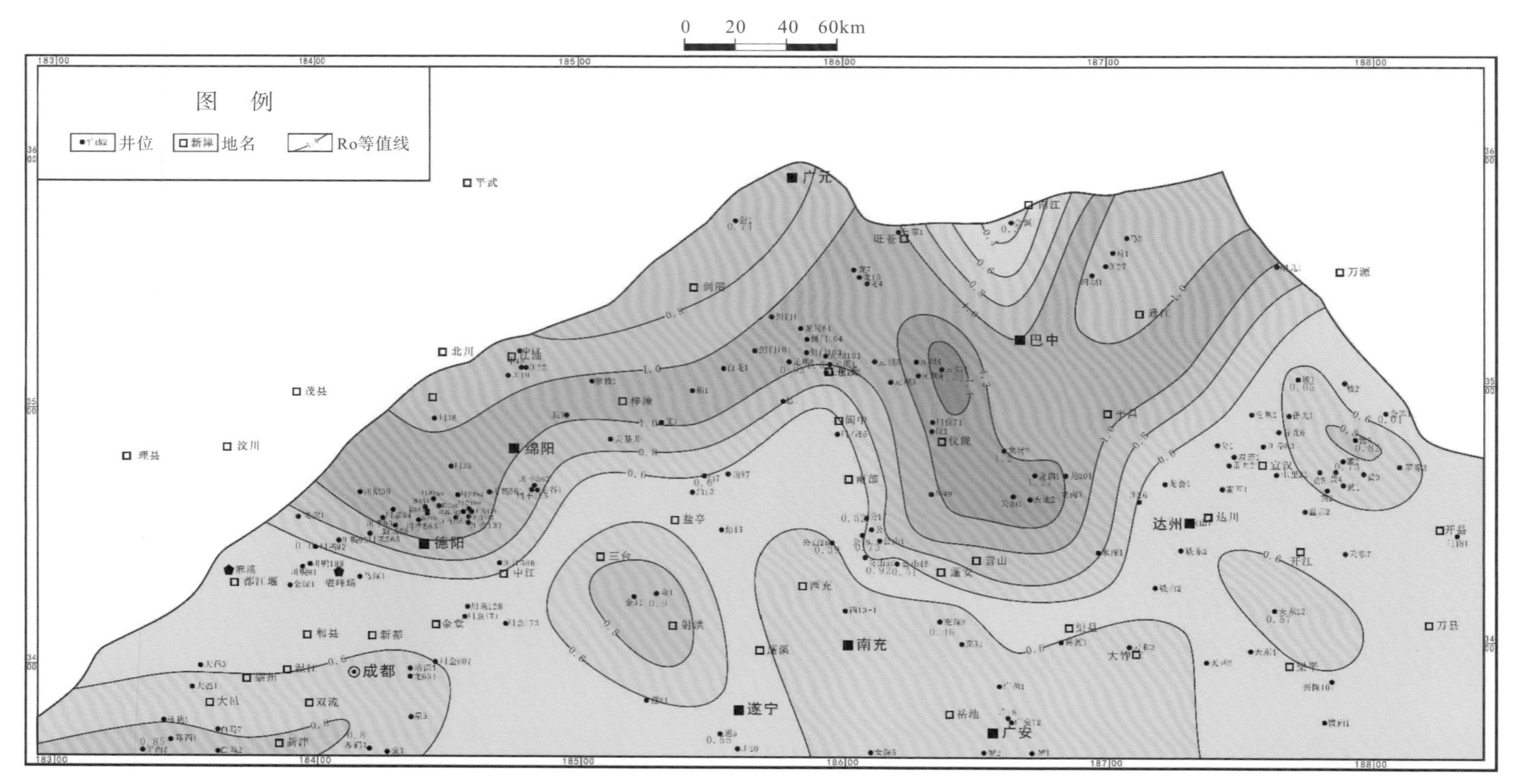

图 4－2－35　川北侏罗系千佛崖组富有机质泥页岩 Ro 分布图

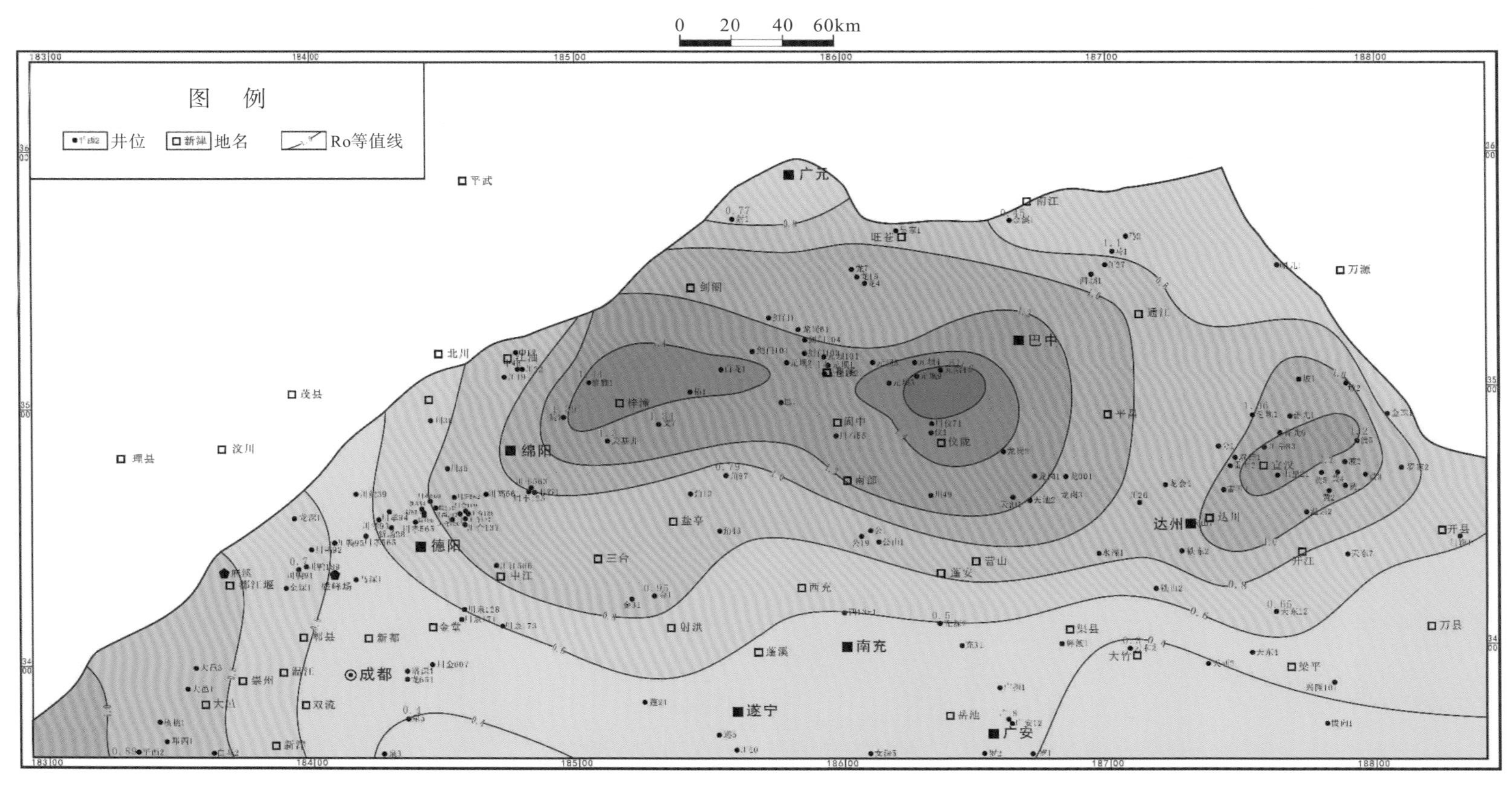

图 4－2－36　川北侏罗系大安寨组富有机质泥页岩 Ro 分布图

四、生烃潜力

有机质类型是衡量烃源岩质量的指标，不同类型的有机质生烃潜力不同且生成的产物也不同，生油门限值和生烃过程也有一定差别，这主要与有机质的化学组成和结构有关。常见烃源岩热解法及可溶沥青法判断有机质类型，评价烃源岩生烃潜力（表4−2−6）。

表 4−2−6　四川盆地泥岩型生烃岩有机质丰度评价标准表

烃源岩级别	好	中	差	非
“A”（%）	>0.1	0.1～0.05	0.05～0.01	<0.01
S_1+S_2（mg/g）	>6.0	6.0～2.0	2.0～0.5	<0.5

（一）氯仿沥青“A”

氯仿沥青“A”由饱和烃、芳香烃、非烃和沥青质 4 个族组分组成。正构烷烃大部分来自脂类物质，部分从原始生物继承，一般在成熟度高或时代老的烃源岩中含量高；异构烷烃主要来自色素；芳香烃主要来自木质素、干酪根和原生非烃。对未经酸处理的岩石进行氯仿抽提可得到氯仿沥青“A”含量，实际应用中往往通过氯仿沥青“A”含量与 TOC 之间建立的相关关系来计算 TOC 含量的下限值。

1. 氯仿沥青“A”测试结果

元坝地区的样品氯仿沥青值全部大于 0.01%，大于 0.1%的约占 30.43%，是较好的烃源岩（见表 4−2−7）。

表 4−2−7　元坝地区千佛崖组及大安寨段氯仿沥青“A”测试数据表

井号	深度（m）	层位	“A”
元陆 4	3646.92	千佛崖	0.413084
元陆 4	3651.7	千佛崖	0.113609
元陆 17	3587.74	千佛崖	0.069784
元陆 30	3977.46	大安寨	0.034066
元陆 4	3748.4	大安寨	0.156757
元陆 4	3754.9	大安寨	0.18965
元坝 271	3480−3481	大安寨	0.226275
元坝 21	4027.2	大安寨	0.084416

从烃源岩氯仿沥青“A”含量分析可以看出，元坝地区千佛崖组、大安寨段具有较好的成烃能力，是中等−好的烃源岩（图 4−2−37）。

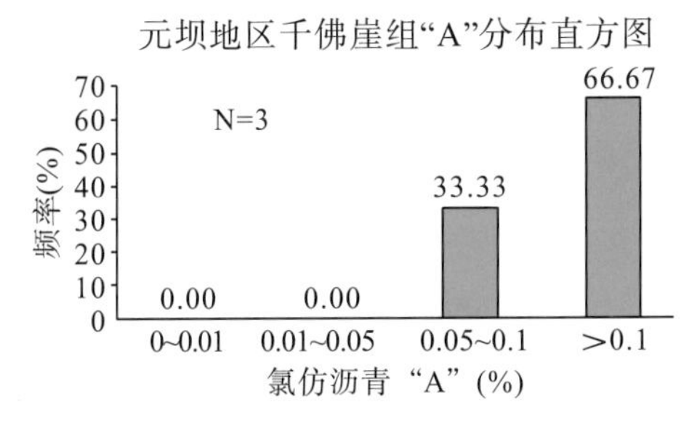

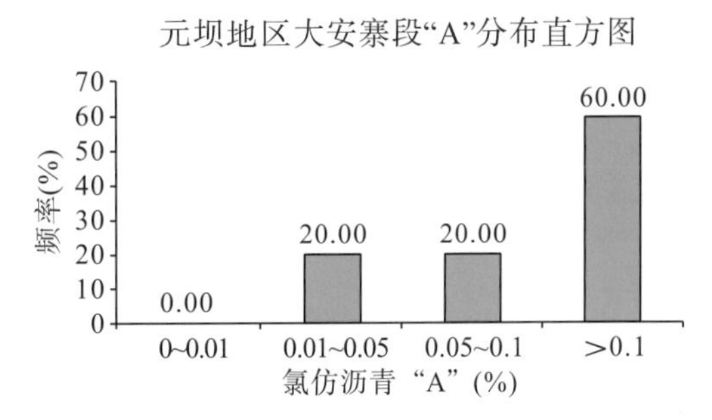

图 4-2-37　元坝地区千佛崖组及大安寨段氯仿沥青"A"频率分布图

将 S_1+S_2 与氯仿沥青"A"值进行拟合（图 4-2-38），得到二者的拟合公式为：

千佛崖组："A"＝0.1294＊（S_1+S_2）＋0.0414；R^2＝0.9842

大安寨段："A"＝0.0221＊（S_1+S_2）＋0.1066；R^2＝0.0854

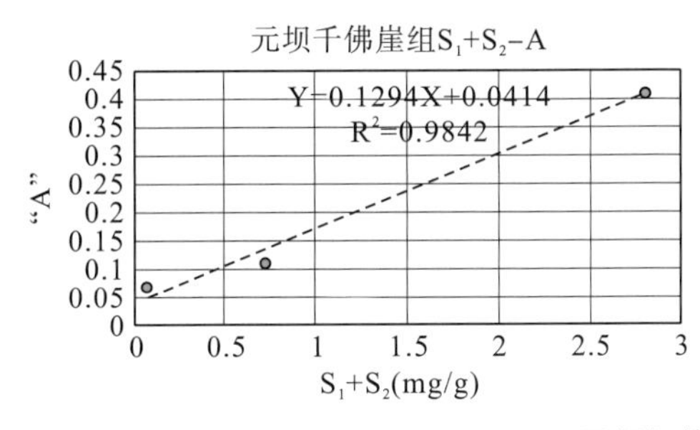

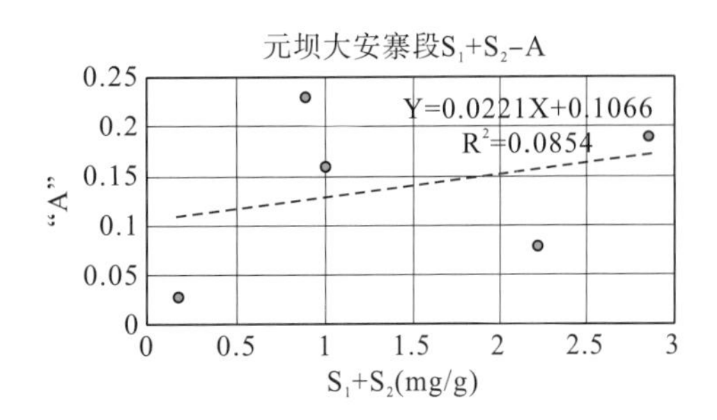

图 4-2-38　元坝氯仿沥青"A"与 S_1+S_2 关系图

元坝地区千佛崖组的 S_1+S_2 与氯仿沥青"A"值相关性好，而元坝地区自流井组大安寨段的两者相关性较差。

2. 元坝地区氯仿沥青"A"平面分布

将 TOC 值与氯仿沥青"A"值进行拟合（图 4-2-39），得到二者的拟合公式为：

$$\text{"A"}=0.1584*\text{TOC}+0.0164;\ R^2=06940$$

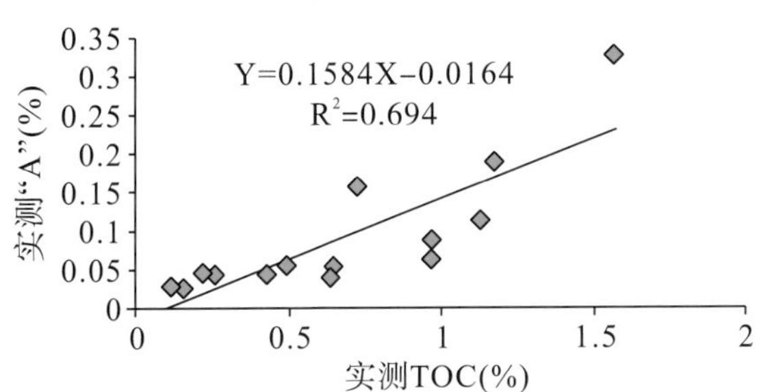

图 4-2-39　元坝氯仿沥青"A"与 TOC 关系图

可通过测井曲线求出各井的 TOC 值，进而求出各井氯仿沥青"A"值，从而绘制出各层氯仿沥青"A"平面分布图。

千佛崖组氯仿沥青"A"值主要在 0.14%～0.18%范围内，如图 4-2-40 所示。

大安寨段为较好的烃源岩，高值区（大于0.1%）主要集中在工区中部和西南部区域内，较大区域的氯仿沥青“A”在0.08%～0.1%之间，工区周边的氯仿沥青“A”主要为小于0.08%的。如图4－2－41所示。

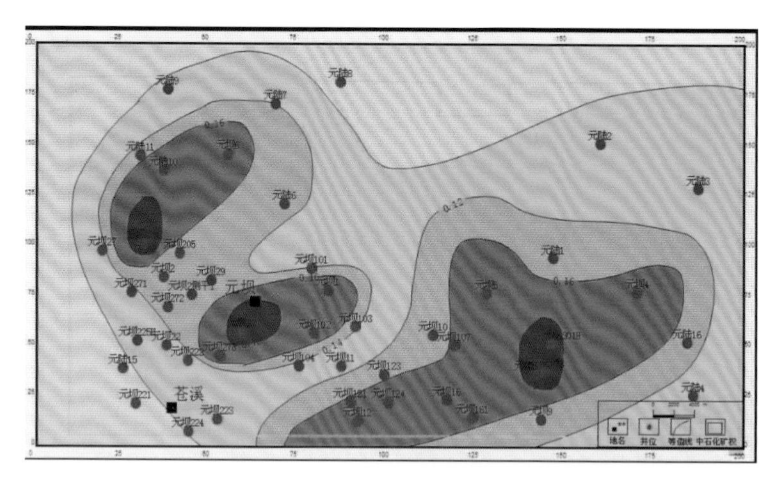

图4－2－40　元坝地区千佛崖组氯仿沥青“A”平面分布图

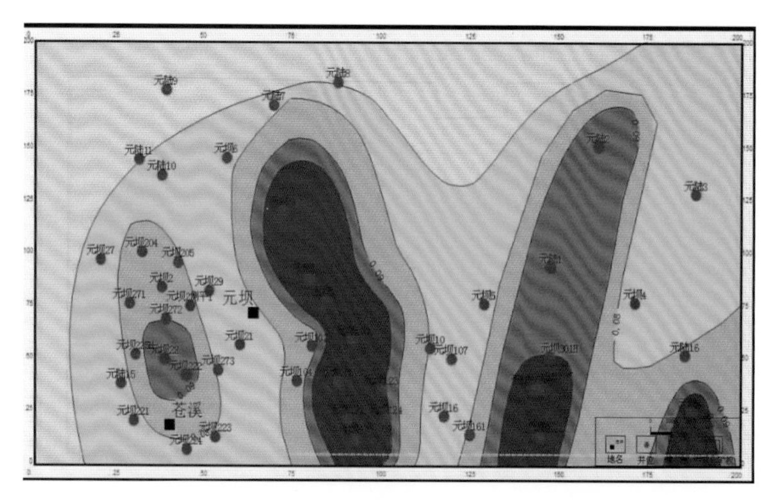

图4－2－41　元坝地区大安寨段氯仿沥青“A”平面分布图

（二）生烃潜量（S_1+S_2）

所谓生烃潜量就是生油岩中的有机质全部热降解后所产生的油气量，即可溶烃（S_1）＋热解烃（S_2），岩石热解分析能定量评价生油岩的生烃潜量。

1. 生烃门限的确定

生烃门限是指有机母质演化过程中开始大量向油气转化的临界地质条件，一般用对应条件下的有机母质中的镜质体反射率（Ro）表示，通常，烃源岩生烃门限点处的Ro＝0.5%。生烃门限控油气理论认为，进入生烃门限的成熟烃源岩才能为工业性的油气聚集提供烃源，烃源岩的大量生烃往往对应着大量的排烃。这一概念提出后，被广泛用于划分源岩和非源岩、确定源岩开始大量生烃和排烃的临界条件、划分成熟生油气岩范围和计算油气资源量。

生烃门限的确定方法较多，主要有：①HC/TOC 法。干酪根和可溶有机质随埋深的增加逐渐转化成烃类，HC/TOC 是表征其的常用参数，该值明显增大所对应的埋深往往被认为是对应生烃门限的深度。②“A”/TOC 法。氯仿沥青“A”由总烃和 NOS 化合物组成，“A”/TOC 也是反映有机质成烃转化率的指标之一。③S_1/TOC 法。S_1 是岩样被加热至 300℃释放出来的有机质，主要是已生成的可溶沥青中的烃类，与总烃的含义相似，但通常比总烃含有更多的小分子量烃，S_1/TOC 也能反映有机质的成烃转化率。④（S_1+S_2）/TOC。在热演化未熟阶段，随埋深增加，有机质在缩聚成干酪根的同时，还会生成部分可溶沥青；进入成熟阶段后，干酪根向可溶沥青转化，在可溶沥青未排出之前（S_1+S_2）/TOC 是增加的。随着有机质生成沥青的排出，（S_1+S_2）/TOC 下降。因此（S_1+S_2）/TOC 的最大值所对应的深度就相当于排烃深度。

从图 4-2-42 看出：元坝地区生油门限为 3500m，所对应的 Ro 值为 1%；排烃门限为 3850m，所对应的 Ro 值为 2%。沥青转化率“A”/TOC 在 3500m 时达到 1.5% 并显示出增高的趋势。类似变化也出现在 S_1/TOC。当深度达到 3850m，沥青转化率达到 6%达到最大值，表示有机质进入成烃高峰。

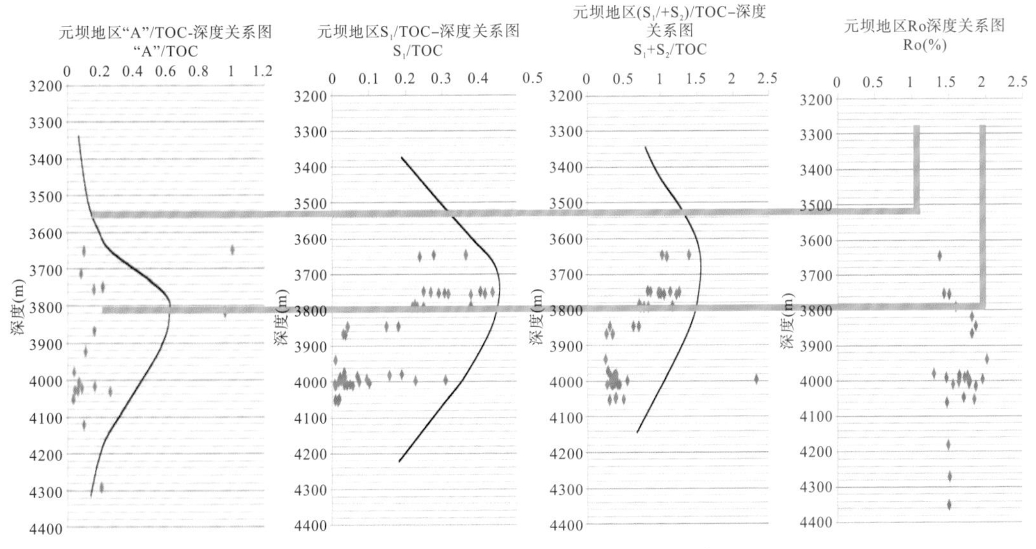

图 4-2-42　元坝地区生、排烃门限散点图

2. Tmax 分布频率

热解峰温 Tmax（℃）是生油岩成熟度的重要参数，与演化阶段对照关系见表 4-2-8、表 4-2-9。一般而言，干酪根热解生烃量最大温度 Tmax 随着成熟度和热演化程度的升高而增大。

表 4-2-8　热解峰温参数与成熟度关系对照表

演化阶段	未成熟	低成熟	成熟	高成熟	过成熟
Tmax（℃）	<435	435～440	440～450	450～480	>480

表 4-2-9　热解峰温参数与成熟度关系对照表

成熟度	生油阶段	湿气阶段	干气阶段
Tmax	430～460	460～530	>530

从元坝地区热解峰值（Tmax）的统计情况来看，Tmax 值分布在 347～521℃之间，绝大部分大于成熟温度下限；各层段均处于湿气阶段，同时也处于高成熟度阶段（表 4-2-10）。

表 4-2-10　元坝地区热解峰温参数统计表

层位	Tmax（℃）			
	最小值	最大值	平均值	样品
大安寨段	347	521	486	79
千佛崖组	477	521	489	4

从阆中地区热解峰值（Tmax）的统计情况来看，Tmax 值分布在 429～508℃之间，较大部分大于成熟温度下限；各层段均处于生油阶段，同时也处于成熟度阶段（表 4-2-11）。

表 4-2-11　阆中地区热解峰温参数统计表

层位	Tmax（℃）			
	最小值	最大值	平均值	样品
大安寨段	429	508	452	73
千佛崖组	435	506	447	11

由元坝地区千佛崖与大安寨的 Tmax 与埋深关系可以看出：低成熟－过成熟分布多，变化大（图 4-2-43）。

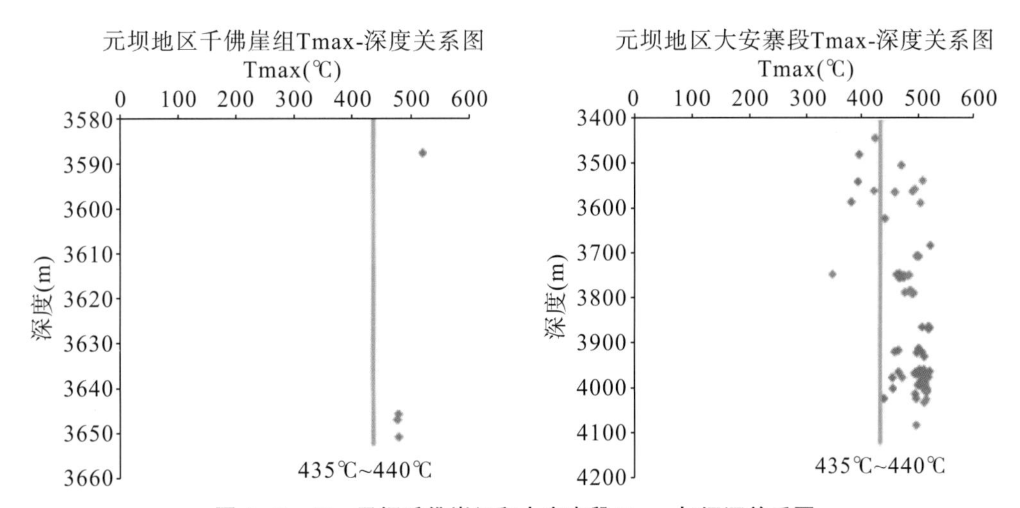

图 4-2-43　元坝千佛崖组和大安寨段 Tmax 与埋深关系图

3. 生烃潜量

通常，生烃潜量（S_1+S_2）大于 6 mg/g 为好烃源岩，在 2～6 mg/g 间为较好烃源岩，在 0.5～2 mg/g 间为较差烃源岩；小于 0.5 mg/g 为非烃源岩。

通过岩心分析建立了 S_1+S_2 和 TOC 的关系（图 4-2-44、图 4-2-45）

（1）千佛崖组 S_1+S_2 计算公式。

$$S_1+S_2=-0.4478+1.5913*TOC\ (R^2=0.9832)$$

（2）千佛崖组 S_2 计算公式。

$$S_2=-0.3034+1.1596*TOC\ (R^2=0.9765)$$

（3）大安寨段 S_1+S_2 计算公式。

$$S_1+S_2=1.2701*TOC-0.2583\ (R^2=0.9614)$$

（4）大安寨段 S2 计算公式。

$$S_2=0.8276*TOC-0.1447\ (R^2=0.9643)$$

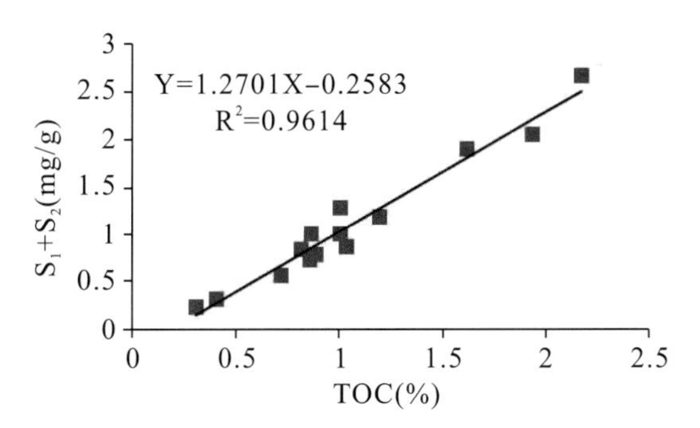

图 4-2-44　大安寨段 TOC 与 S_1+S_2 关系

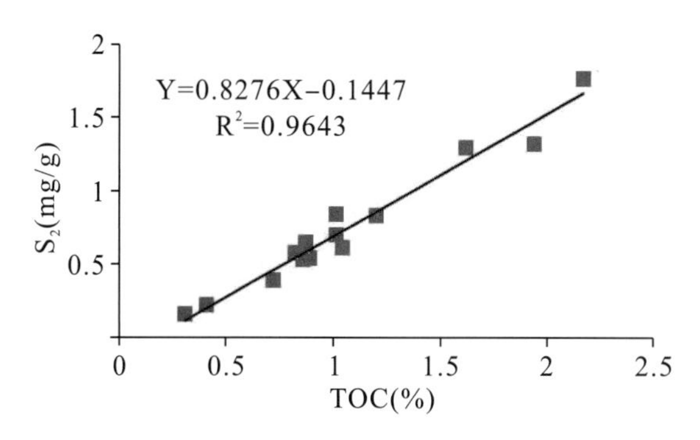

图 4-2-45　大安寨段 TOC 与 S_2 关系

结果显示，S_1+S_2解释模型预测值与实测值间相关性较好（如图 4-2-46）。

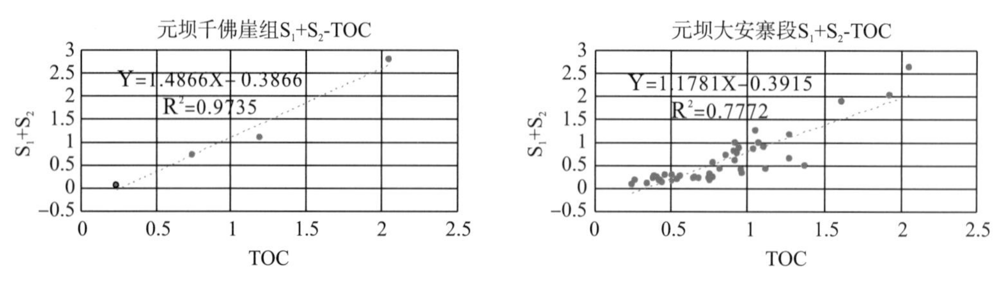

图 4-2-46　元坝地区千佛崖组和大安寨段 S_1+S_2 与 TOC 关系图

元坝地区千佛崖组生烃潜量值为 0.07～2.8mg/g，平均值为 1.18mg/g；大安寨段生烃潜量值为 0.08～8.74mg/g，平均值为 0.61mg/g。元坝地区整体上为较差烃源岩（图 4-2-47）。

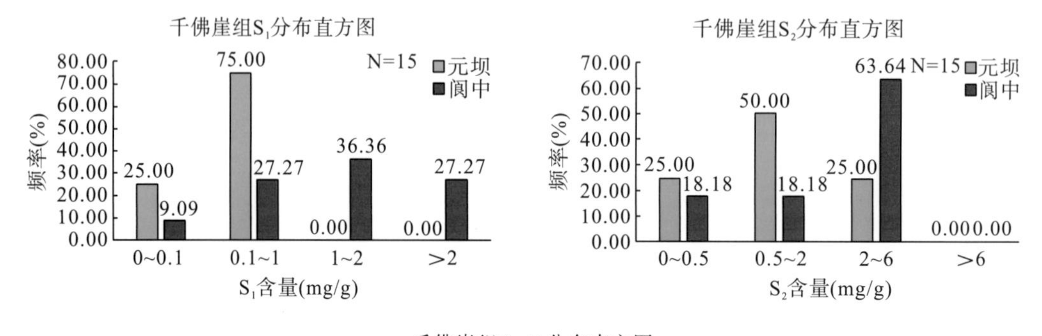

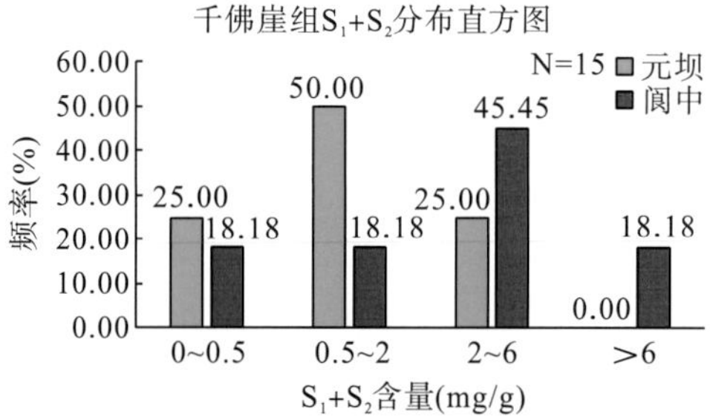

图 4-2-47　元坝和阆中地区千佛崖组 S_1、S_2、S_1+S_2 频率分布图

阆中地区千佛崖组生烃潜量值为 0.14～7.00mg/g，平均值为 3.83mg/g；大安寨

段生烃潜量值为 0.09～5.34mg/g，平均值为 1.51mg/g。阆中地区整体上为较元坝地区有所优势。两地区千佛崖及大安寨段的生烃潜力对比如下图所示，阆中高含量频率整体大于元坝地区（图 4-2-48）。

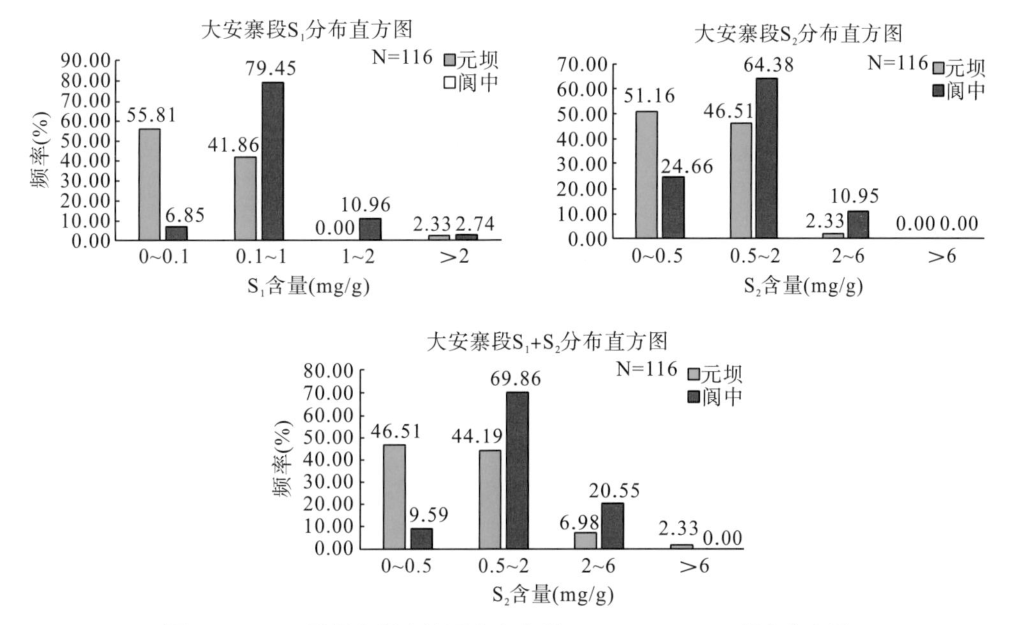

图 4-2-48　元坝和阆中地区大安寨段 S_1、S_2、S_1+S_2 频率分布图

第三节　川北陆相页岩油赋存特征

一、页岩油含量定量表征

目前，用于表征页岩油含量的研究方法主要有氯仿沥青“A”法和热解法，2 种方法都存在一定不足。

氯仿沥青“A”法难以区分游离态与吸附态页岩油，同时由于溶剂本身的性质及溶剂挥发过程中轻烃的损失，氯仿沥青“A”既不是页岩油的总量，也无法表征页岩油的赋存状态，页岩体系中既有滞留烃又有干酪根有机质，在页岩油研究评价中，热解 S_1 基本可视为游离态页岩油，S_2 中既有少量的游离油又包括吸附油，还包括干酪根热解生成的油，S_1+S_2 可表征生烃潜力，但其值是大于滞留的页岩油量的（图 4-3-1）。

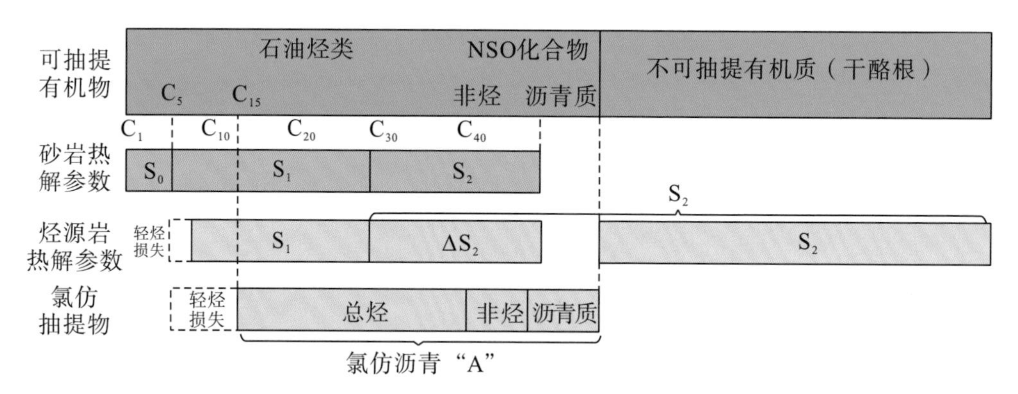

图 4-3-1　氯仿抽提法和热解法获得的有机质组成示意图

为了获得准确的页岩油含量，需要通过新的实验手段，进行页岩油含量的校正。

（一）氯仿沥青“A”法页岩油含量校正

1. 氯仿沥青“A”轻烃校正

在氯仿抽提物过程中，存在着严重的轻烃（C_{6-14}）散失，应进行轻烃恢复，表达式如下：

$$Q=K_A \times A$$

式中：Q 为滞留液态烃质量百分含量,%；K_A 为氯仿沥青“A”恢复系数；A 为氯仿沥青“A”测量值,%。

选择川北地区千佛崖组野外低成熟度样品，开展了热模拟实验，实验数据见表 4-3-1。从表中可以看出，随着热模拟温度的提高，即成熟度的提高，氯仿沥青“A”值在不断降低。

表 4-3-1　热模拟样品的实验数据表

样品	岩性	样品量(g)	加水量(ml)	温度(℃)	时间(h)	Ro(%)	排出气(ml)	排出油(ml)	“A” W%
CQ-1	灰黑色粉砂质泥岩	40	4	300	48	0.65	18	0.0106	0.1108
		40	4	325	48	0.67	34	0.0104	0.0893
		40	4	350	48	0.73	52	0.0629	0.0833
		40	4	375	48	1.18	129	0.079	0.0467
		40	4	400	48	1.47	152	0.0872	0.0282
		40	4	450	48	1.58	186	0.0064	0.0090
		40	4	500	48	2.49	255	0.0056	0.0107

因为研究区新鲜岩心缺乏的实际情况，对氯仿沥青 A 测定及页岩赋存状态等研究带来困难，需要对研究区样品的实际生烃能力进行恢复。K_A 为氯仿沥青“A”的恢复系数。利用了王文广、宋国奇等专家对于沙河街组所求得 K_A 与 Ro 的拟合关系对元坝

地区“A”进行校正，求出轻烃损失的量。得到拟合关系如下图（图 4—3—2）：

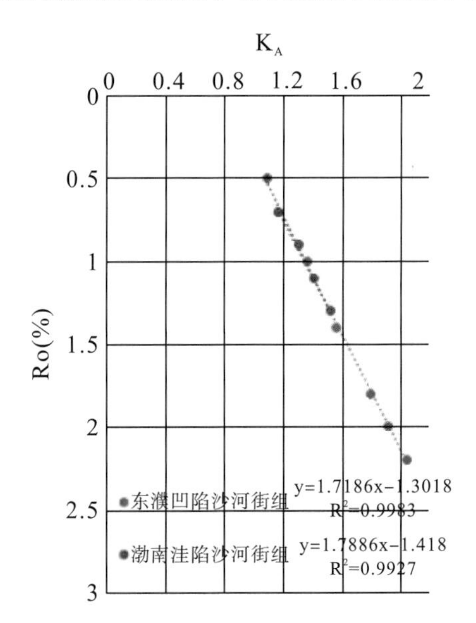

图 4—3—2　氯仿恢复系数 K_A 与 Ro 关系

建立了镜质体反射率与 K_A 恢复系数的数学模型，结果表明轻烃恢复系数 K_A 由成熟度 Ro 控制：

$$K_A=0.5818*Ro-0.7575,\ R^2=0.9983$$

利用拟合校正公式求得元坝地区 K_A 对元坝地区千佛崖组及大安寨段“A”进行校正。所得结果如表 4—3—2。

表 4—3—2　元坝地区千佛崖组及大安寨段氯仿沥青“A”校正前后对比数据表

井号	深度（m）	层位	“A”	校正“A”
元陆 4	3646.92	千佛崖	0.41	0.66
元陆 4	3651.7	千佛崖	0.11	0.18
元陆 17	3587.74	千佛崖	0.07	0.09
元陆 30	3977.46	大安寨	0.03	0.06
元陆 4	3748.4	大安寨	0.16	0.25
元陆 4	3754.9	大安寨	0.19	0.30
元坝 271	3480—3481	大安寨	0.23	0.27
元坝 21	4027.2	大安寨	0.08	0.15

从校正前后对比图可以看出，经过 K_A 恢复系数校正轻烃损失后，氯仿沥青“A”值均有提高，且大安寨段氯仿沥青“A”值频率分布较之前有所变化，>0.1 的“A”值占比 80%（图 4—3—3）。

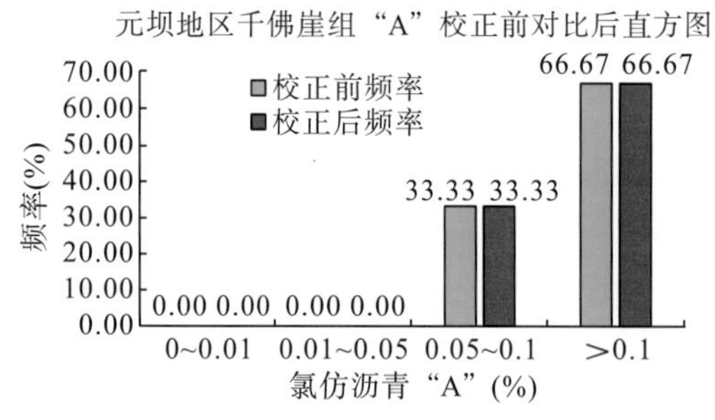

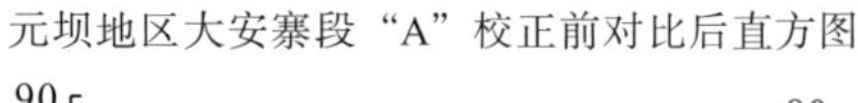

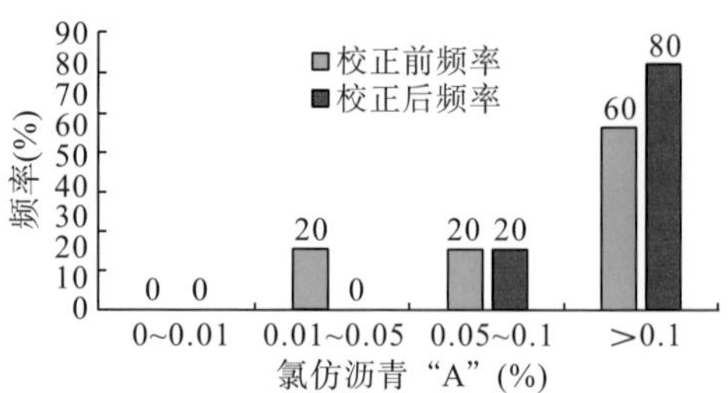

图 4-3-3 元坝地区千佛崖组及大安寨段氯仿沥青“A”校正前后频率分布图

元坝地区千佛崖组氯仿沥青“A”平均值从 0.197%增加至 0.310%，阆中地区大安寨段氯仿沥青“A”平均值从 0.138%增加至 0.206%（图 4-3-4）。

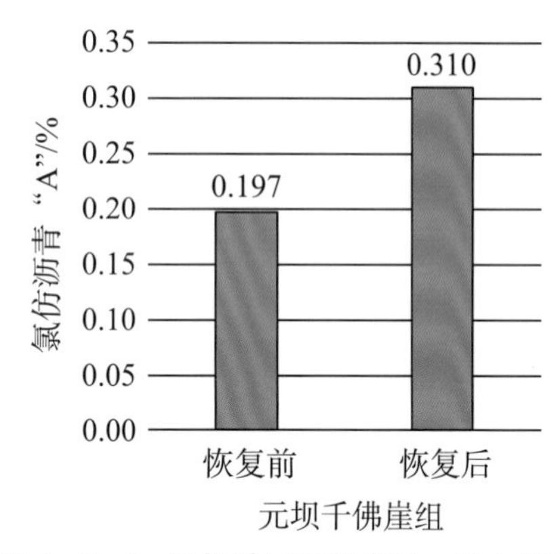

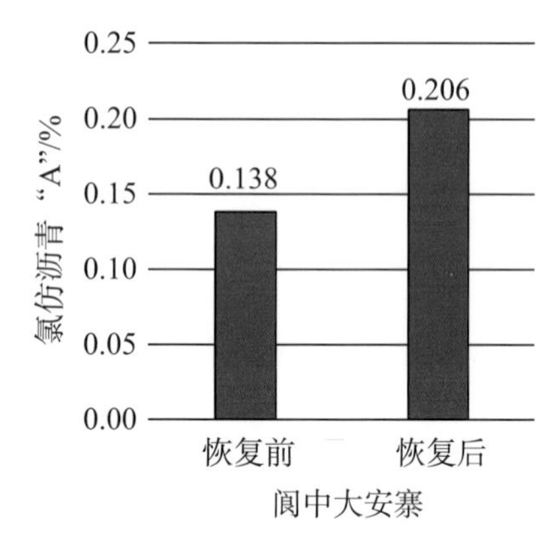

图 4-3-4 元坝地区千佛崖组、阆中地区大安寨段氯仿沥青“A”校正前后平均值图

2. TOC 恢复—氯仿沥青“A”间接校正

根据前述研究内容，得出了“A”由有机质丰度 TOC 控制：

$$“A”=0.1584\times TOC+0.0164;\ R^2=0.6940$$

根据热模拟实验结果及图版，对残余有机碳含量进行了校正。得出 Tmax 与恢复系数的关系如下（图 4-3-5）：

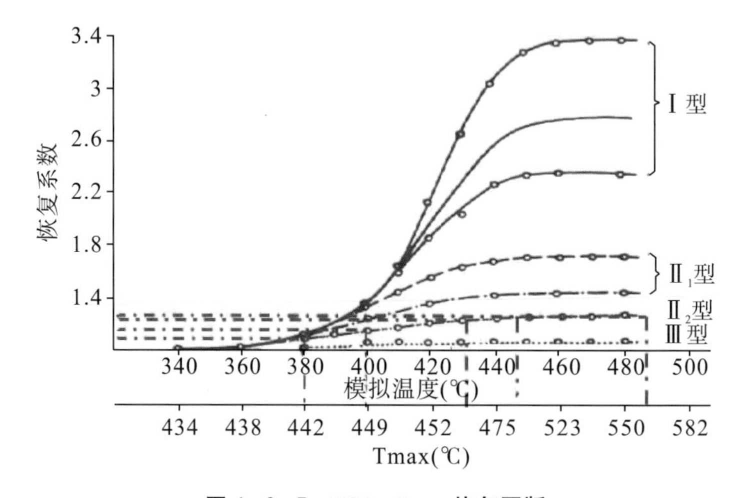

图 4-3-5 TOC-Tmax 恢复图版

从表 4-3-3 中看出，研究区 TOC 恢复系数在 1.10～1.29 之间，根据与 TOC 的相关关系，氯仿沥青“A”值的恢复系数也在 1.10～1.29 之间。

表 4-3-3　热模拟样品现今 TOC 与原始 TOC 计算表

Tmax	恢复系数	现今有机碳%	原始有机碳%	平均值%
442	1.10	2.62	2.88	2.93
449	1.20	2.62	3.14	
448	1.19	2.55	2.03	
465	1.25	2.26	2.83	
483	1.29	2.21	2.85	
480	1.29	2.19	2.83	

（二）热解法页岩油含量校正

现行热解分析方法是在 300℃恒温 3min 获取 S_1，然后以 25℃/min 升温速率升温到 600℃获取 S_2，S_1视为游离烃，S_2除了包含吸附形式烃外，还包含了干酪根热解烃。如果以 S_1+S_2反映页岩油实际含量，会造成数据偏大，而以 S_1反映页岩油实际含量，则会造成数据偏小，需要进行轻烃、重烃校正。

研究采用多温阶热解法，可通过设置不同升温区间，来获得 S_{1-1}（200℃，1min)、S_{1-2}（200℃～350℃，6min)、S_{2-1}（350℃～450℃，5min）和 S_{2-2}（450℃～650℃，10min)。其中，S_{1-1}主要成分为轻油组分，S_{1-2}主要成分为轻中质油组分，S_{2-1}主要成分为重烃、胶质沥青质组分，而 S_{2-2}主要是页岩中干酪根热解再生烃。因此，S_{1-1}由于是轻油，反映了页岩中可动油量，S_{1-1}与 S_{1-2}之和表征了页岩中游离态油量，S_{2-1}主要表征了页岩中吸附态油量（含重烃与干酪根互溶烃)，S_{2-2}主要表征了页岩中干酪根的剩余生烃潜力。S_{1-1}、S_{1-2}和 S_{2-1}之和表征页岩中总油量，该值与氯仿沥青“A”基本相当（图 4-3-6)。

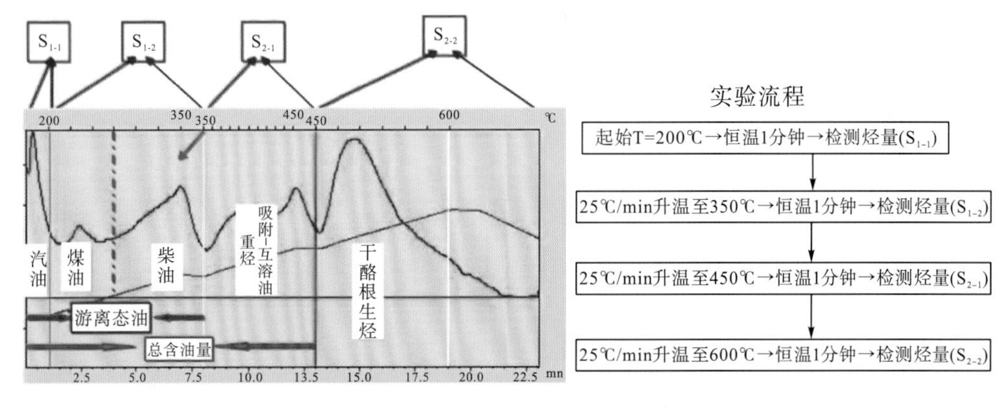

图 4-3-6　分温阶热解法原理示意图

对于轻烃恢复和热解烃$\triangle S_2$（吸附油）恢复，建立公式如下：

$$Q_S = S_1 + S_1 \times (1 + K_1) + \triangle S_2$$

式中：Q_S为热解法滞留液态烃含量，mg/g；K_1为S_1轻烃恢复系数，$K_1=(S_{1-1液氮}-S_{1-1常温})/S_{1-1液氮}$；$S_1$为游离油含量，mg/g；$\triangle S_2$为束缚烃（吸附油）含量，mg/g。

1. 热解游离油S_1轻烃恢复

本次利用CQ－1样品进行了冷冻法和常温法对比热模拟试验，以探究S_1轻烃恢复的必要性。实验原理：取野外低成熟度样品进行热模拟，每个温度点先进行液氮冷冻分温阶热解（防止轻烃散失），放置一周后再进行常温分温阶热解（对比轻烃散失量）。

CQ－1样品的冷冻法分温阶热解数据见表4－3－4，常温法分温阶热解数据见和表4－3－5。其中，$\triangle S_2$为S_{2-1}，主要成分为重烃、胶质沥青质组分，即吸附油；S_1'为液氮法与常温法S_1值的差值。

表4－3－4 热模拟＋分温阶热解（液氮冷冻法）的实验数据表

实验温度	Ro,%	S（200℃）	S（200～350℃）	S（350～450℃）	S（450～650℃）	S_1	S_2	$\triangle S_2$
室温	0.65	0.01	0.52	1.6	3.79	0.53	5.39	1.6
300	0.67	0.11	0.31	1.27	4.01	0.42	5.28	1.27
325	0.73	0.08	0.15	0.98	3.26	0.23	4.24	0.98
350	1.18	0.06	0.21	0.75	2.77	0.27	3.52	0.75
375	1.47	0.06	0.11	0.27	1.02	0.17	1.29	0.27
400	1.58	0.08	0.11	0.3	1.11	0.19	1.41	0.3

表4－3－5 热模拟＋分温阶热解（常温法）的实验数据表

实验温度	S（200℃）	S（200～350℃）	S（350～450℃）	S（450～650℃）	S_1	S_2	$\triangle S_2$	S_1'
室温	0.01	0.52	1.6	3.79	0.53	5.39	1.6	0
300	0.04	0.27	1.02	3.49	0.31	4.51	1.02	0.07
325	0.03	0.22	1.1	3.21	0.25	4.31	1.1	0.05
350	0.03	0.2	0.69	2.44	0.23	3.13	0.69	0.03
375	0.04	0.18	0.27	0.95	0.22	1.22	0.27	0.02
400	0.04	0.15	0.31	1	0.19	1.31	0.31	0.04

通过冷冻法和放置一周后的常温法对比，游离油S_1损失最明显，吸附油$\triangle S_2$损失量小，因此对轻烃损失进行恢复对于准确含油量的求取是必要的（图4－3－7）。

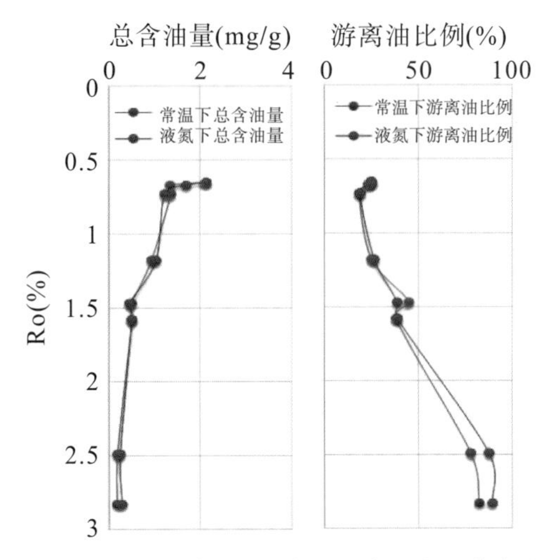

图 4-3-7　热模拟样品液氮法-常温法含油量及游离油比例对比

对比发现，S_{1-1}的轻烃损失最明显，恢复系数 K_1 由成熟度 Ro 控制（图 4-3-8），拟合公式如下：

$$K_1=(S_{1-1液氮}-S_{1-1常温})/S_{1-1液氮}$$

$$K_1=0.3281-0.1643\times Ro,\ R^2=0.9863$$

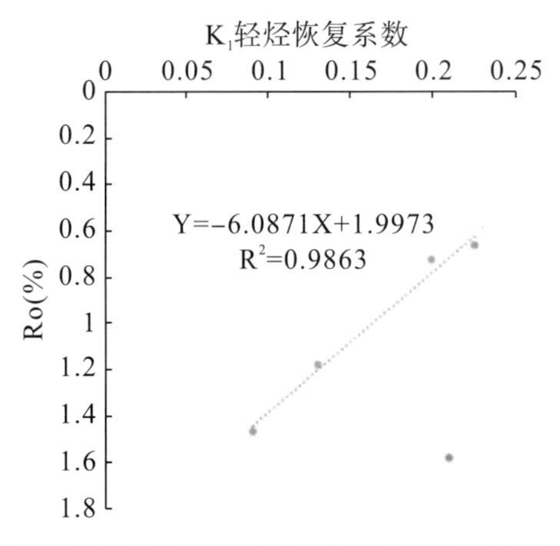

图 4-3-8　轻烃恢复系数 K_1 与 Ro 拟合图

2. 热解吸附油 ΔS_2 的确定

为确定 ΔS_2 含量，根据热模拟样品分温阶热解法获得的 ΔS_2 与 S_1、S_2 之间相互关系，建立起分温阶热解与标准热解的联系，通过标准热解 S_1、S_2 计算出 ΔS_2。

（1）$\Delta S_2/S_1$ 恢复法。

对于重烃校正，分温阶热解 $S_{1-1}+S_{1-2}$ 与标准热解 S_1 基本等同，分温阶热解 S_{2-1} 与标准热解 ΔS_2 基本等同。本次研究利用分温阶岩样热解所得的 S_{2-1} 作为 ΔS_2，即为排除掉干酪根再生烃部分的重质吸附烃，研究拟合出 ΔS_2 与 S_1 的比值为 2.9505（图 4-3-9）。

$$S_1 = S_{1-1} + S_{1-2}$$

$$S_2 = S_{2-1} + S_{2-2}$$

$$\Delta S_2 = S_{2-1}$$

$$\Delta S_2/S_1 = S_{2-1}/(S_{1-1} + S_{1-2})$$

通过分温阶样品得出 ΔS_2 与 S_1 的拟合关系：

$$\Delta S_2 = 2.9505 * S_1;\ R^2 = 0.8456$$

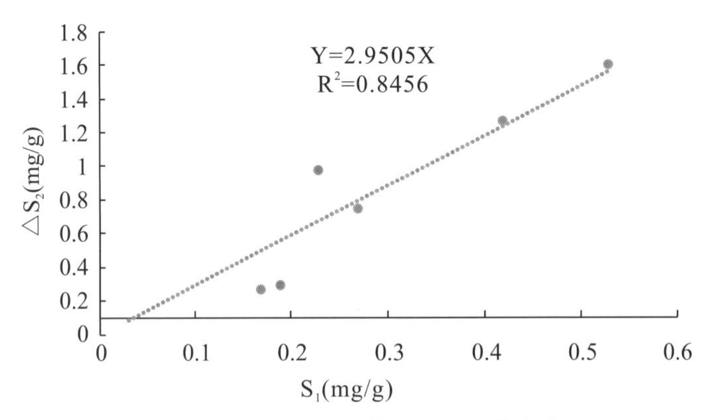

图 4-3-9 重烃（吸附油）ΔS_2（350～450℃）与残留烃（游离油）S_1（200～350℃）对比图

（2）$\Delta S_2/S_1$－Ro 校正法。

由于 $\Delta S_2/S_1$ 应是受成熟度影响的值，研究发现，Ro 越大，$\Delta S_2/S_1$ 吸附油/游离油的比例越小（图 4-3-10），建立起吸附油的恢复系数 K_2 与 Ro 的关系公式：

$$K_2 = \Delta S_2/S_1$$

$$K_2 = 5.6960 - 2.8547 \times Ro;\ R^2 = 0.7161$$

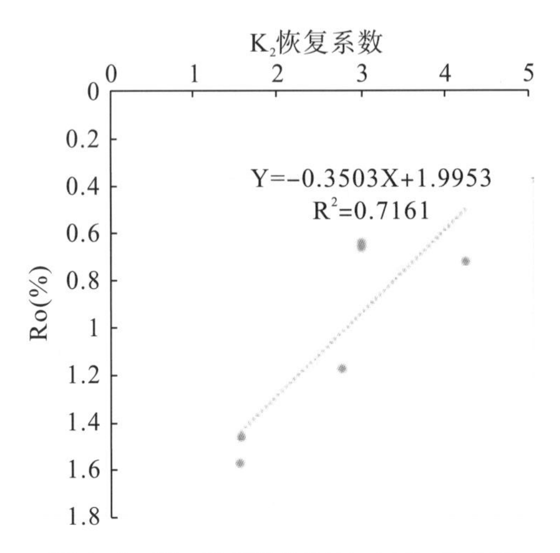

图 4-3-10 吸附油恢复 K_2 与 Ro 拟合图

（3）$\Delta S_2/S_2$ 恢复法。

由于分温阶热解 $S_{2-1} + S_{2-2}$ 与标准热解 S_2 基本等同，利用 ΔS_2 与 S_2 的比值来确定吸附油恢复系数 K_3（图 4-3-11）。

$$K_3 = \Delta S_2 / S_2 = S_{2-1} / (S_{2-1} + S_{2-2})$$

$$\Delta S_2 = 0.2517 \times S_2,\ R^2 = 0.9325$$

K_3与 Ro 拟合程度不高，观察图片发现 K_3基本分布在 0.22 左右，与 Ro 影响因素不大，即 $\Delta S_2/S_2$吸附油/游离油的比例不受 Ro 影响，由此可视 K_3为常数 0.25。

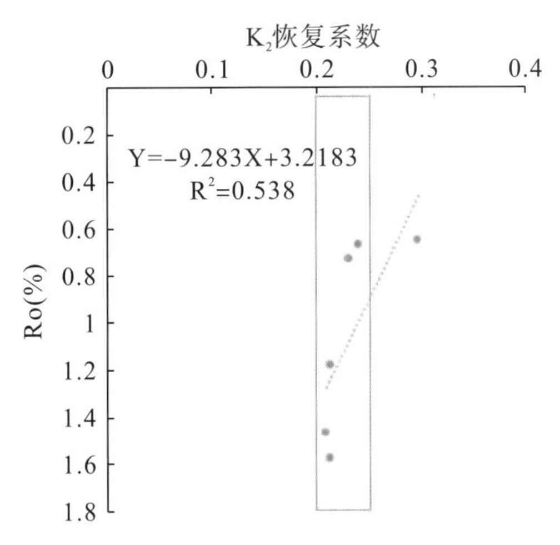

图 4-3-11　吸附油恢复 K3 与 Ro 拟合图

利用上述所求对 S_1、S_2 校正的系数，可分别利用 S_1 与 S_2 求出更为准确的含油量值：

S_1 法：

$$S = S_1 + S_1 * K_1 + S_1 * K_2$$

S_2 法：

$$S = S_1 + S_1 * K_1 + S_2 * K_3$$

其中 K_1、K_2均可由 Ro 拟合关系式求出；K_3为常数 0.25。

根据氯仿沥青“A”和热解含油量校正方法，结合页岩油气分区，校正了元坝千二段、阆中大二亚段热解含油量值（图 4-3-12）。

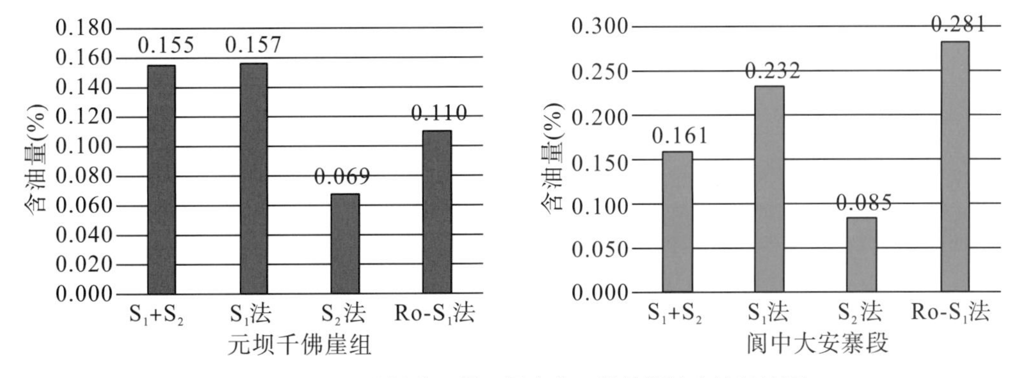

图 4-3-12　元坝千二段、阆中大二段热解法含油量校正

对比发现，$\Delta S_2/S_1$－Ro 校正法最准确，$\Delta S_2/S_1$法最简便。

（三）热模拟法生排烃恢复

利用页岩样品开展生排烃模拟实验（表4－3－6），研究各套陆相页岩生烃过程（产油率、产气量、油气组分等），计算研究区泥页岩含油率。

生排烃实验原理：取野外低成熟度样品进行加水热模拟，计量每个温度点排出烃量，再用氯仿沥青“A”测量滞留烃量，得出生排烃演化曲线。

样品生烃演化分为三个阶段：

热催化生油气阶段（Ro＝0.65％～0.73％），烃产率约50mg/gTOC，排出油量约为20％；热裂解阶段（Ro＝1.18％～1.58％），烃产率约100mg/gTOC，增大近一倍，排出油量从70％到95％；高温生气阶段（Ro＝2.49％～2.83％），烃产率降低至约5mg/gTOC，排出油量几乎为0％，产气为主，其原因是在高热演化条件下烃类大部分都变为气态轻烃。样品CQ－1随模拟温度逐渐升高，有机碳减少量小，表明其中的有效碳含量低（图4－3－13）。

表4－3－6　CQ－1井页岩生排烃模拟实验结果

样品编号	井名	岩性	样品量(g)	加水量(ml)	温度(℃)	时间(h)	排出气(ml)	排出油(g)
2018W－2425	CQ－1	灰黑色粉砂质泥岩	40	4	300	48	18	0.0106
2018W－2092	CQ－1	灰黑色粉砂质泥岩	40	4	325	48	34	0.0104
2018W－2093	CQ－1	灰黑色粉砂质泥岩	40	4	350	48	52	0.0629
2018W－2094	CQ－1	灰黑色粉砂质泥岩	40	4	375	48	129	0.079
2018W－2095	CQ－1	灰黑色粉砂质泥岩	40	4	400	48	152	0.0872
2018W－2096	CQ－1	灰黑色粉砂质泥岩	40	4	450	48	186	0.0064
2018W－2097	CQ－1	灰黑色粉砂质泥岩	40	4	500	48	255	0.0056

演化阶段	实验温度	Ro%
热催化生油气	室温	0.65
	300	0.67
	325	0.73
热裂解生凝析气	350	1.18
	375	1.47
	400	1.58
高温生气	450	2.49
	500	2.83

图 4-3-13　生烃演化特征及烃产率曲线

二、页岩油赋存状态定量表征

大多数学者认为，页岩油主要有游离态和吸附－互溶态 2 种赋存形式[9-10]，游离态页岩油主要赋存在裂缝及孔隙中，而吸附—互溶态页岩油主要有矿物表面吸附及干酪根吸附—互溶 2 种类型，其中干酪根吸附—互溶又包括干酪根表面吸附、页岩油与干酪根的非共价键吸附以及有机大分子的包络互溶等形式。由于对页岩油产能起贡献的主要是游离态的油，因此，定量表征页岩层系中不同赋存状态的页岩油、研究不同赋存态页岩油与周缘介质的关系，对页岩油勘探开发具有重要意义（表 4-3-7）。

表 4-3-7　页岩油赋存状态评价技术原理

评价技术	方法原理
分温阶热解法	游离油、吸附油热解温度不同；液氮冷冻能防止轻烃散失，与常温相比可确定游离油、吸附油恢复系数
核磁共振法	饱水测孔隙度、孔径分布；饱锰去除水信号，保留页岩油信号，可区分游离油、吸附油；两者结合判断赋存条件

（一）热模拟联合分温阶热解法确定游离油含量

常温 & 液氮冷冻分温阶热解法结合热模拟实验，定量表征不同成熟阶段页岩油赋存状态，确定不同成熟阶段游离油、吸附油恢复系数，确定出不同成熟度的游离油比例 B_1。

随 Ro 增加，游离油比例从 24%线性增加至 50%（图 4-3-14），建立了游离油比

例 B_1 与 Ro 拟合公式：

$$B_1 = (S_{1-1} + S_{1-2}) / (S_{1-1} + S_{1-2} + S_{2-1})$$

$$B_1 = 17.385 \times R_o + 10.574, \quad R^2 = 0.8106$$

演化阶段	实验温度	Ro (%)
热催化生油气	室温	0.65
	300	0.67
	325	0.73
热裂解生凝析气	350	1.18
	375	1.47
	400	1.58
高温生气	450	0.49
	500	2.83

排烃量, mg/g　液氮下总含油量, mg/g　液氮下游离油比例,%　液氮下吸附油比例,%　常温下游离油比例,%　常温下吸附油比例,%

仅供参考

图 4-3-14　分温阶热解法确定的游离油、吸附油比例随 Ro 变化图

（二）热模拟联合核磁共振法确定游离油含量

核磁共振法页岩油分布结合热模拟实验，定量表征不同成熟阶段页岩油赋存状态，确定游离态、吸附态页岩油赋存条件。核磁法确定页岩油中游离油和吸附油分布原理如图 4-3-15。

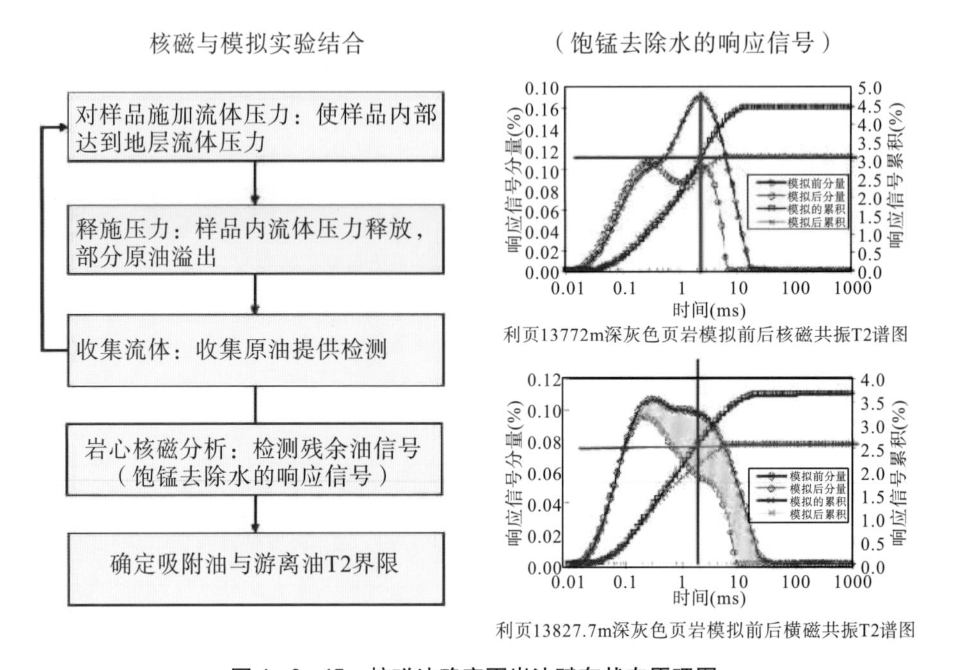

图 4-3-15　核磁法确定页岩油赋存状态原理图

根据实验结果，模拟温度低于 325℃（低温）时，CQ－1 样品中主要为吸附油，游离油为 15％左右。温度升高至 350℃后，游离油比例升高到 30％；成熟度达到 1.3％后，页岩以生气为主（图 4－3－16）。

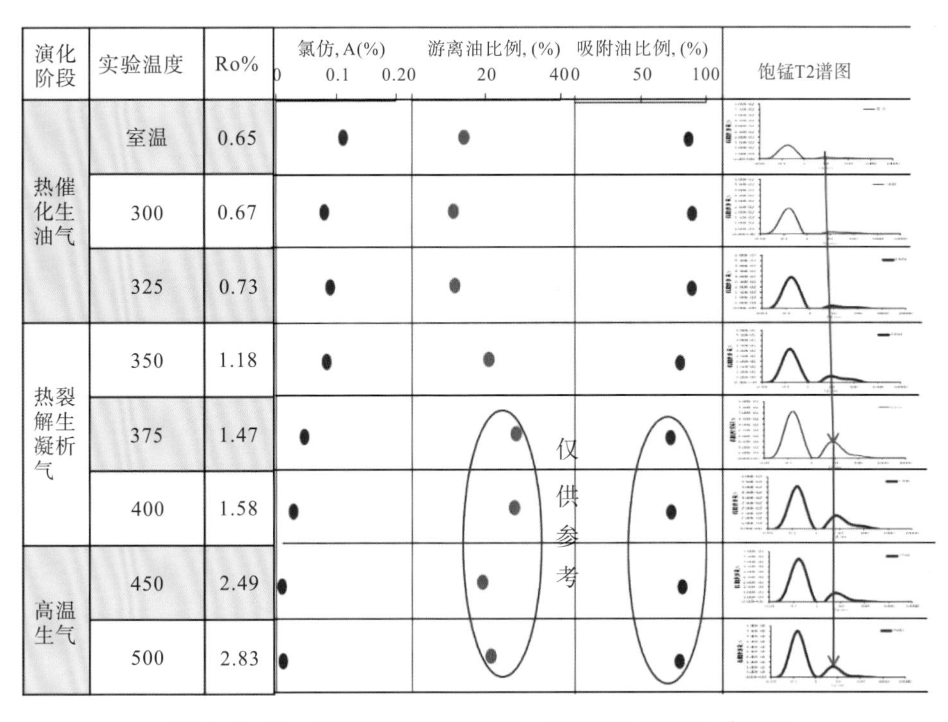

图 4－3－16　核磁法确定的游离油、吸附油比例随 Ro 变化图

分温阶热解法和核磁法表征的游离油比例及演化结果具有一致性，分温阶法值略高于核磁法（表 4－3－8）。

表 4－3－8　游离油、吸附油含量变化统计表

方法	方法原理	游离态/％	吸附态/％
分温阶热解法	游离油、吸附油热解温度不同；液氮冷冻能防止轻烃散失，与常温相比可确定游离油、吸附油恢复系数	25～45	55～75
核磁法	饱水测孔隙度、孔径分布；饱锰去除水信号，保留页岩油信号，可区分游离油、吸附油；两者结合判断赋存条件	18～30	70～82

三、页岩油赋存机理研究

扫描电镜与物性分析，确定不同赋存状态页岩油赋存空间及演化。

（一）页岩储层微孔隙特征

利用扫描电镜对页岩微孔隙进行了识别和统计，川北千佛崖组和大安寨段页岩储层发育微缝、粒间孔、粒内孔、有机孔等（图 4－3－17），主要孔径分别集中在 10nm

和 50μm（表 4—3—9）。

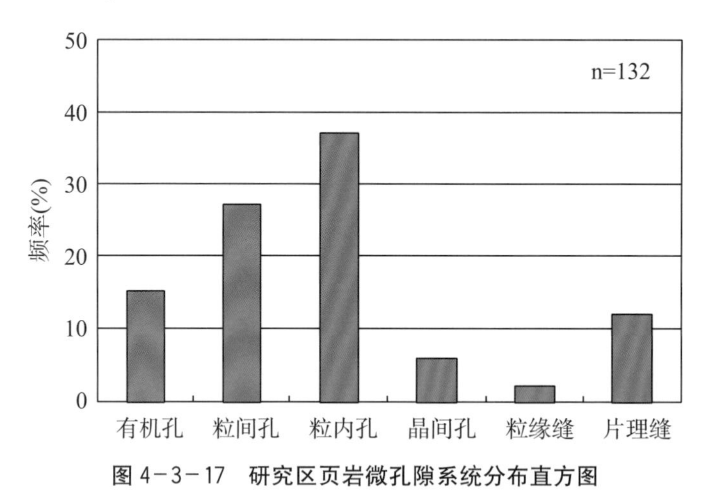

图 4—3—17　研究区页岩微孔隙系统分布直方图

表 4—3—9　研究区页岩微孔隙系统孔径范围统计表

孔隙类型		成因机制	主要孔径范围	几何形态
有机孔		有机质成熟生烃	5nm～3.5μm	椭圆形、片麻状
无机孔	粒内孔	矿物成岩作用	10nm～2μm	多为不规则，或呈似多边形状
	粒间孔	矿物颗粒不规则堆积形成	50nm～5μm	
	矿物晶间孔	晶体不紧密堆积	15nm～1.5μm	
微裂缝	粒缘缝	微构造作用	80nm～2μm	条带状
	片理缝	沉积和应力作用或原有层理发育	50nm～3μm	

有机质成熟度控制了研究区页岩储层有机孔的发育，当 Ro>1.0%，有机孔易形成孔群或连成片，易于页岩油的赋存和游离油的流动（图 4—3—18）。

生烃有机质吸附：根据烃类在烃源岩中的赋存状态，滞留烃可以分为吸附烃和游离烃两大类，且主要为吸附烃类。成熟烃源岩中干酪根有机质孔是滞留烃的主要储集空间。纳米级孔喉聚集：烃源岩中，纳米级孔喉是页岩油主要的储集空间，约占孔隙体积的 90%以上。微裂缝（包括纹层缝）汇聚：干酪根生烃满足自身吸附和有机质孔充填需要后，会优先汇聚到构造微裂缝或纹层缝之中，以游离态存在。

张鹏飞等使用 Wall 法计算了新沟嘴组的页岩油储层最小流动孔喉半径，分别为 5.7～ 9.5nm；姚素平等利用扫描电镜观察得到页岩油溢出点处平均宽度值为13.7 nm，认为 10 nm 可以作为页岩油在泥页岩孔隙中能够实现运移的最小孔径。

统计研究区微孔隙系统孔径分布发现，游离油主要分布于孔径大于 30nm 的粒间孔、粒微缘和片理缝中。

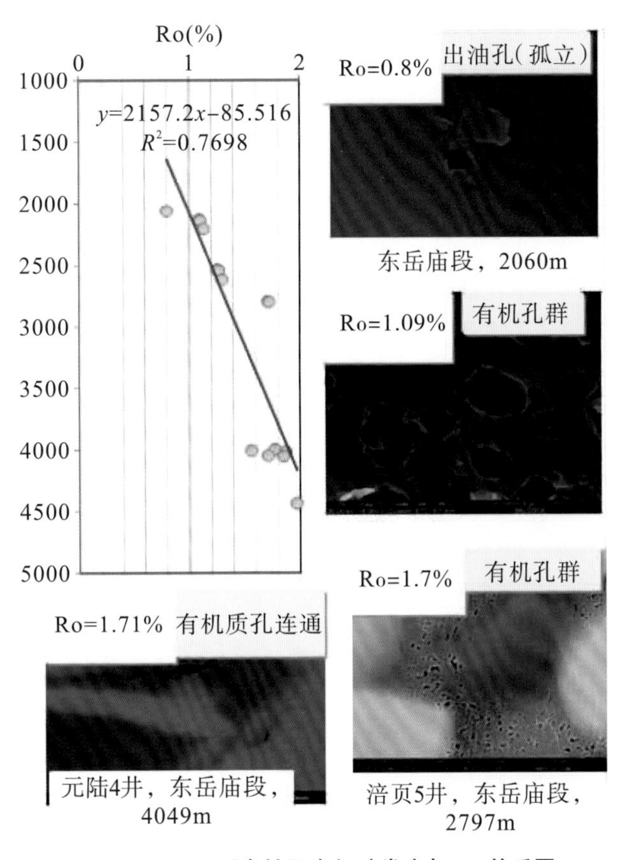

图 4-3-18 页岩储层有机孔发育与 Ro 关系图

（二）热模拟联合核磁共振法确定页岩页岩油在微孔隙中赋存特征

核磁共振法表征孔径分布与页岩油分布结合，确定页岩油赋存机理。根据核磁共振法孔径变化与游离油、吸附油含量变化，明显存在两个阶段：热催化生油气阶段：游离油在15%左右，总含油量和游离油量无明显变化，10nm和30nm以下孔隙从80%降至40%，30nm以上成为优势孔径，大孔径为页岩油流动提供空间。热裂解阶段：游离油线性增加，比例升高至30%，30nm以上孔隙占80%，易于游离油赋存（图4-3-19、图4-3-20）。

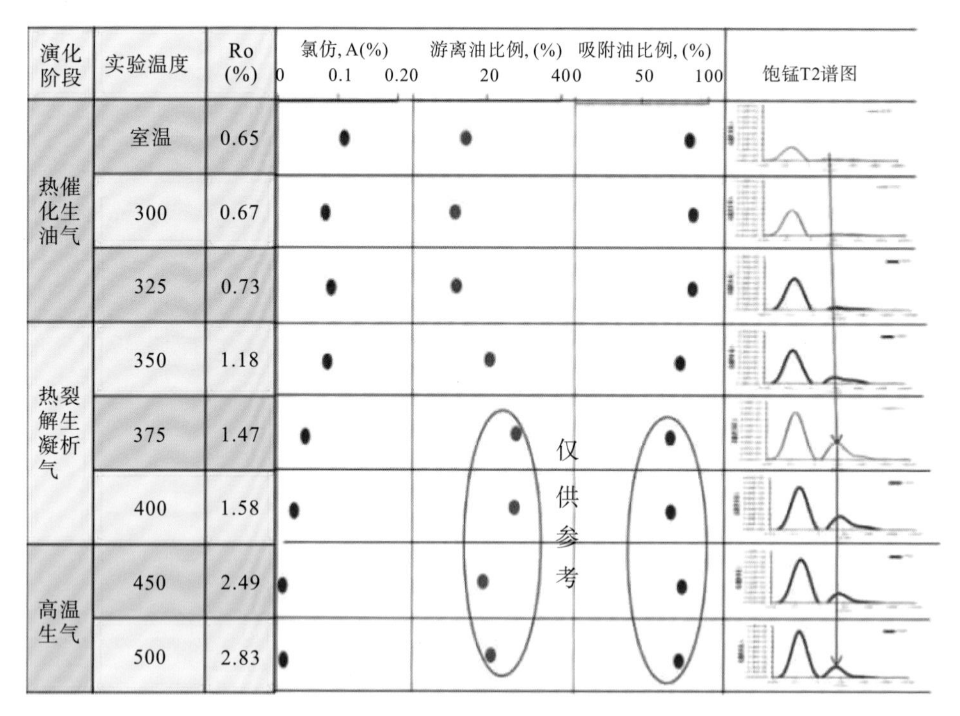

图 4-3-19 饱锰实验确定不同热演化阶段赋存状态变化

演化阶段	实验温度	Ro (%)	总孔隙度, (%) 0 3 60	10nm, (%) 40 800	10~30nm, (%) 10 200	30nm+ 40 80	饱水T2谱图
热催化生油气	室温	0.65					
	300	0.67					
	325	0.73					
热裂解生凝析气	350	1.18					
	375	1.47					
	400	1.58					
高温生气	450	2.49					
	500	2.83					

图 4-3-20 饱水实验确定不同热演化阶段孔径分布特征

核磁共振法联合热模拟实验结果表明：吸附油以被有机孔和矿物吸附形式赋存，孔径大小对吸附油无影响，吸附油可能会占据原生孔隙；游离油以游离形式，赋存在30nm以上的孔隙中。

第五章
川北陆相页岩油储层特征及评价

第一节 储层基本特征

一、页岩储层岩石学特征

四川盆地的成生发展，决定了主要烃源岩演化程度普遍较高，原油产出主要源于侏罗系层系中，并且源控规律明显，基本上属自生自储型油藏，属页岩油范畴的主要是中下侏罗统的千二段及大二亚段。千二段主要是灰色、浅灰色细粒岩屑砂岩与灰黑色、黑色泥页岩薄互层；大二段主要为灰色介屑灰岩与灰黑色、黑色泥页岩薄互层。

泥页岩：富有机质暗色泥页岩，以黏土矿物、石英为主，方解石次之，见少量长石、白云石及黄铁矿等碎屑矿物和自生矿物，石英含量平均33%，长石平均含量5.5%，方解石平均含量20.7%；脆性矿物平均含量59.4%；黏土矿物平均含量40.5%，富含有机质，TOC介于1%~1.8%，局部地区页理发育（图5-1-1）。

图5-1-1 川石44井、川石60井大二亚段黑色泥页岩

残余介屑灰岩：介屑经重结晶作用后仅存残余碎片，多形成于成岩晚期。介屑含量77％（均值），泥质平均值含量1.86％，方解石含量98％～100％，微裂缝、缝合线发育（图5－1－2）。

亮晶介屑灰岩：在水动力较强的环境中形成的。介屑含量85％，方解石含量95％，泥质含量5％，基质为针柱状的方解石。

泥晶介屑灰岩：在水动力相对较弱的环境中形成的。介屑含量80％，方解石含量90％，泥质含量10％～20％，泥质含量增加形成泥质灰岩。

图5－1－2　石龙11井、石龙2井大安寨段灰色介屑灰岩

灰色、浅灰色细粒岩屑砂岩：砂岩成分中石英一般为35％～60％，长石含量较高，一般为8％～20％，主要为斜长石和钾长石，中等风化程度为主，少量呈深度风化。岩屑一般为5％～35％，以变质岩类岩屑为主，约占岩屑总量的40％，其次为沉积岩类岩屑（黏土岩），约占岩屑总量的34％，火成岩岩屑含量相对较少，约占总量的25％。分选好，磨圆度为次圆至次棱角状，硅质胶结为主，少量钙质、泥质胶结，胶结类型为接触式（图5－1－3）。

图5－1－3　元陆4井千佛崖组浅灰色细粒岩屑砂岩

根据矿物成分－粒度－层理－有机质含量“四因素”岩相划分方案，分为4大类，8小类岩相（表5－1－1，图5－1－4、图5－1－5）

表 5-1-1　川北页岩油四因素岩相划分统计表

项目	岩相分类	成分	有机质含量	页理发育情况	粒度
岩相划分	富有机质页岩	灰黑、黑色页岩	富有机质	发育	泥
		灰色页岩		欠发育	
	贫有机质页岩	杂色泥页岩	贫有机质		
		灰色粉砂质页岩		不发育	
		灰色含灰质页岩			
	粉一细砂岩	泥质粉砂岩	有机质含量低		极细
		细粒岩屑砂岩			细粒
	灰岩	介屑灰岩			泥晶一微晶

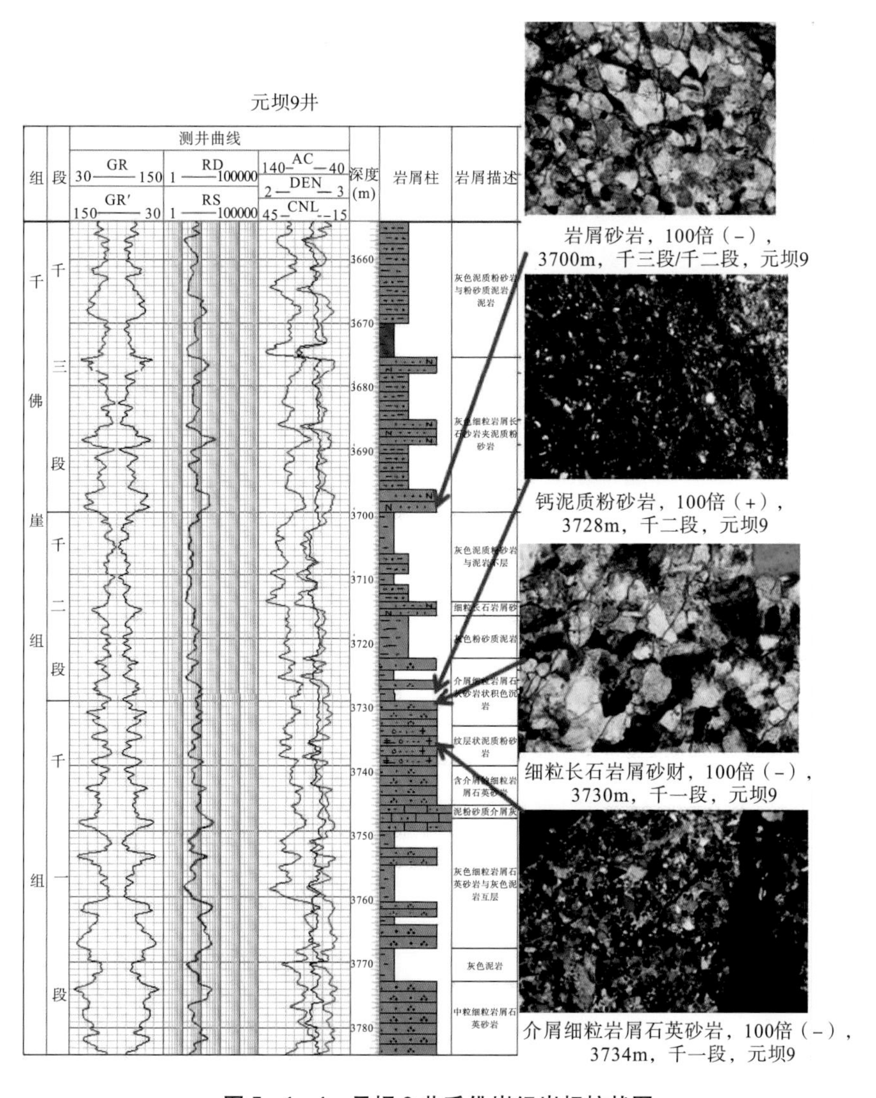

图 5-1-4　元坝 9 井千佛崖组岩相柱状图

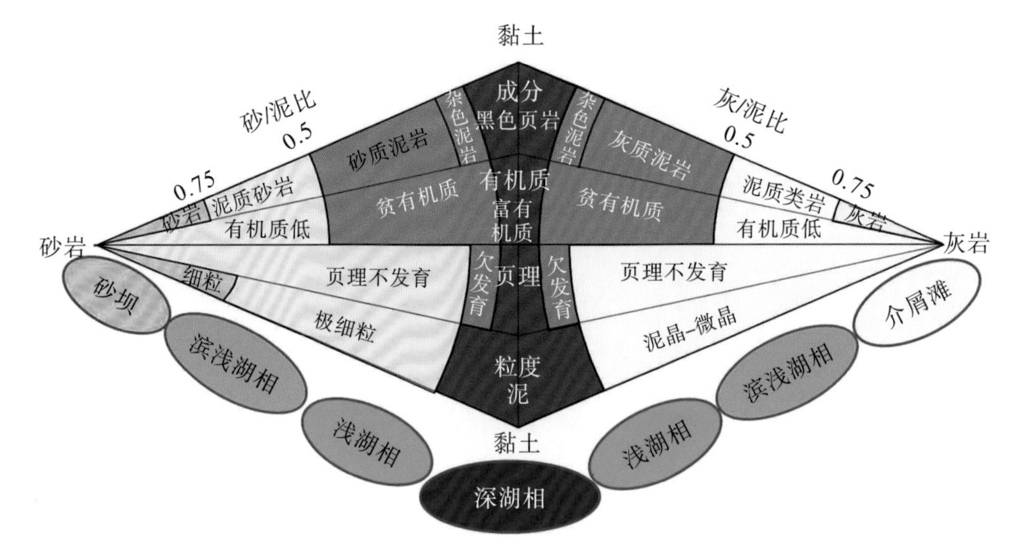

图 5-1-5　川北中下侏罗统页岩层系岩相划分方案图

二、页岩储层孔隙类型及孔喉结构特征

（一）泥页岩储层

泥页岩为极低孔低渗储层，其孔隙孔径相对常规致密储层更低，一般为纳米级至微米级，因而常规储层的孔隙类型分类方案不适合泥页岩储层的孔隙分类。国外最为典型的是以 Loucks 等为代表的泥页岩储层孔隙分类标准，即将页岩孔隙分为粒间孔、粒内孔以及有机质孔三类。国内张金川通过对海相富有机质泥页岩的观察，按孔隙类型进行划分为有机质（沥青）孔、干酪根网络、矿物质孔（晶内孔、晶间孔、溶蚀孔和杂基孔隙等）以及有机质和各种矿物之间的孔隙等 3 类。

通过环境扫描电镜分析，对盆地千佛崖组、自流井组大安寨段富有机质页岩的微孔类型和孔隙结构进行了分析。

结果表明，四川盆地川北地区千佛崖组页岩储层微孔类型主要由有机质内微孔和气孔、虚脱缝、粒间微孔、微裂缝等微孔隙类型组成（图 5-1-6～图 5-1-9）。

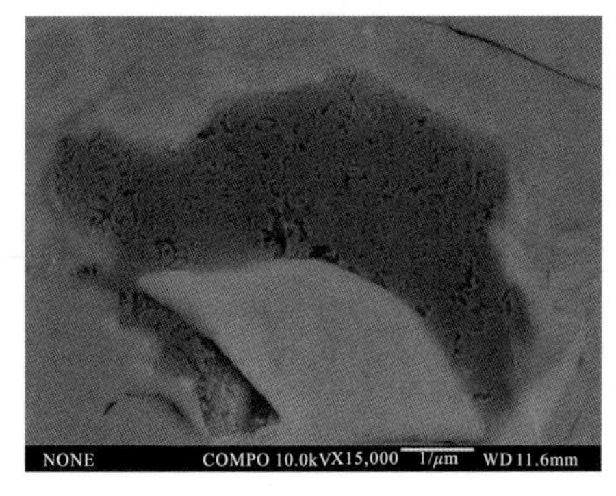

图 5-1-6　元陆 4 井，千佛崖组，3647.18m 黑色泥页岩内有机质内微孔发育

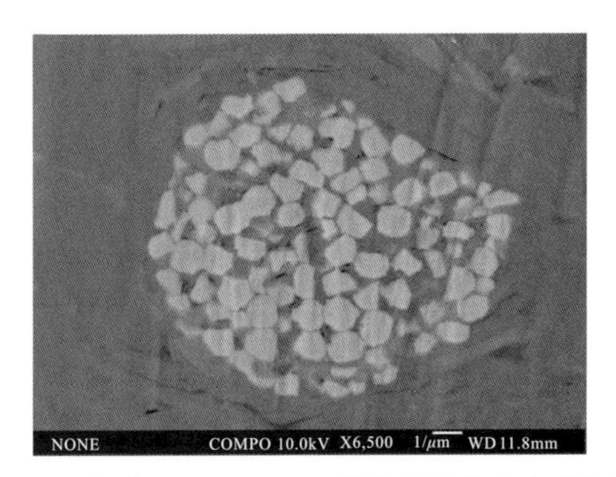

图 5－1－7　元陆 4 井，千佛崖组，3647.14m 黑色泥页岩次生矿物内粒间微孔及虚脱缝

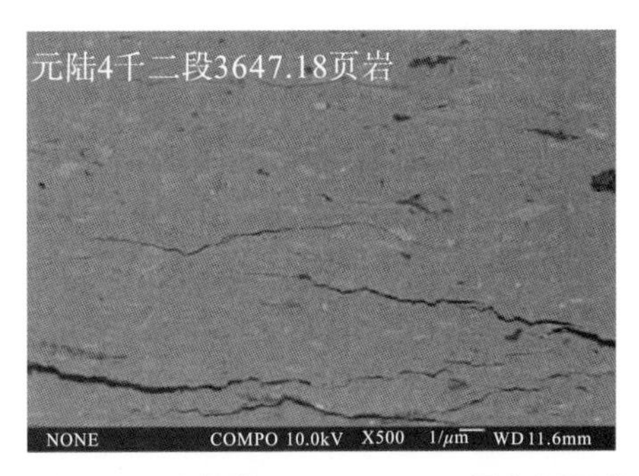

图 5－1－8　元陆 4 井，千佛崖组，3647.18m 黑色泥页岩内微裂缝发育

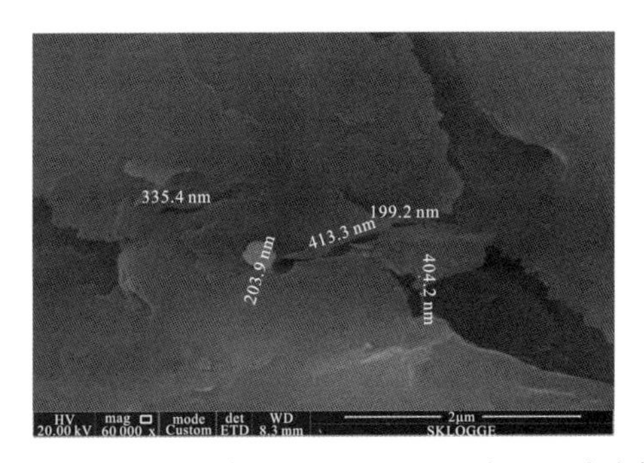

图 5－1－9　元陆 4 井，千佛崖组，3647.23m 黑色泥页岩内粒间微孔发育

按照成因和形态，对陆相页岩气储层的孔隙类型进行了划分，总结出一套适合该地区的孔隙类型分类标准，见表 5－1－2。具体分类如下。

表 5－1－2　陆相泥页岩孔隙类型分类特征表

<table>
<tr><th colspan="2">孔隙类型</th><th>成因机制</th><th>主要孔径范围</th><th>几何形态</th></tr>
<tr><td colspan="2">有机孔</td><td>有机质成熟生烃</td><td>5nm～3.5μm</td><td>椭圆形、片麻状</td></tr>
<tr><td rowspan="3">无机孔</td><td>粒内孔</td><td>矿物成岩作用</td><td>10nm～2μm</td><td rowspan="3">多为不规则，或呈似多边形状</td></tr>
<tr><td>粒间孔</td><td>矿物颗粒不规则堆积形成</td><td>50nm～5μm</td></tr>
<tr><td>矿物晶间孔</td><td>晶体不紧密堆积</td><td>150nm～1.5μm</td></tr>
</table>

续表5－1－2

孔隙类型		成因机制	主要孔径范围	几何形态
微裂缝	粒缘缝	微构造作用	80nm～2μm	条带状
	片理缝	沉积和应力作用或原有层理发育	50nm～3μm	

陆相低成熟页岩储层以基质孔、黏土矿物脱水成因孔、基质溶蚀孔、晶（粒）内孔、晶（粒）间孔为主，其次为有机质孔出油孔。根据分类标准，研究区页岩储层主要发育微微缝、粒间孔、粒内孔、有机孔等，主要孔径分别集中在10nm和50μm，为页岩油赋存提供空间。

（1）有机孔。

有机孔常形成于有机质内或有机质间，呈椭圆形、片麻状分布，为有机质成熟生烃过程中所致，孔隙直径主要分布于5nm～3.5μm之间，多属介孔至大孔范围（图5－1－6、图5－1－11）。有机质含量越高，有机质内气孔也会增多，该类孔隙发育可以大大提高岩石的孔隙度，但统计结果表明，该地区有机孔发育较少。

（2）无机孔。

无机孔包括粒内孔、粒间孔、晶间孔。粒内孔主要形成于矿物颗粒的内部，发育相对较多，成岩作用是该类孔隙的主要成因，孔径大小主要分布于10nm～2μm之间（图5－1－7、图5－1－12）；粒间孔主要是由于矿物颗粒间的不规则堆积而形成，因而其形态也多为不规则的，是该地区最为主要的孔隙类型之一，其孔隙直径多大于100nm（图5－1－8、图5－1－13），孔径分布范围较广；晶间孔主要指矿物晶体间的孔隙，孔径范围主要在150nm～1.5μm之间。由于晶体生长过程易受外界干扰，易在晶体堆积时形成空隙，多呈似多边形状排列（图5－1－9）。

（3）微裂缝。

微裂缝的类型包括粒缘缝和层间缝，多呈弯曲条带状分布。粒缘缝常发育在矿物颗粒接触边缘（图5－1－14），可能因微构造作用所致。片理缝主要是片状矿物间的层面缝和层理缝，受沉积环境和应力等综合作用影响，亦有可能是在原有的层理面基础上发育形成。该类缝孔系统在大安寨段发育较多（图5－1－15），缝宽多分布于50nm～3μm之间。微裂缝的发育对于页岩气的富集成藏有重要作用，有利于气体的富集和渗流。

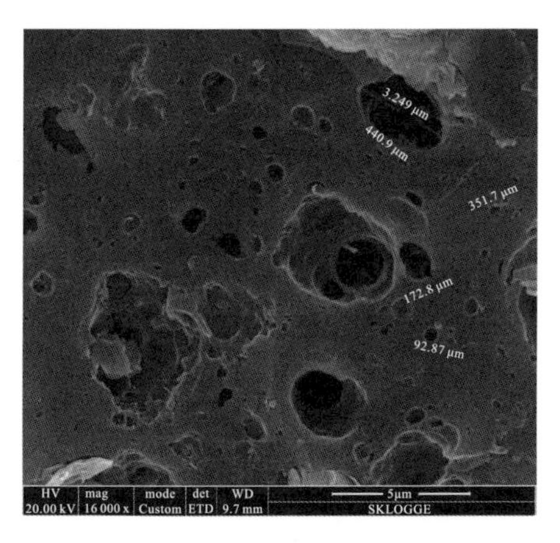

图 5-1-10　有机质内气孔主要形态特征

图 5-1-11　粒内溶孔主要形态特征

图 5-1-12　粒间微孔主要形态特征

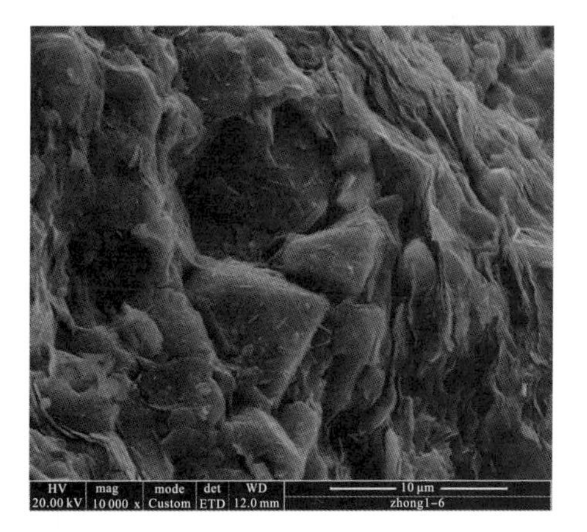

图 5-1-13　矿物晶间孔主要形态特征

图 5-1-14　粒缘缝主要形态特征

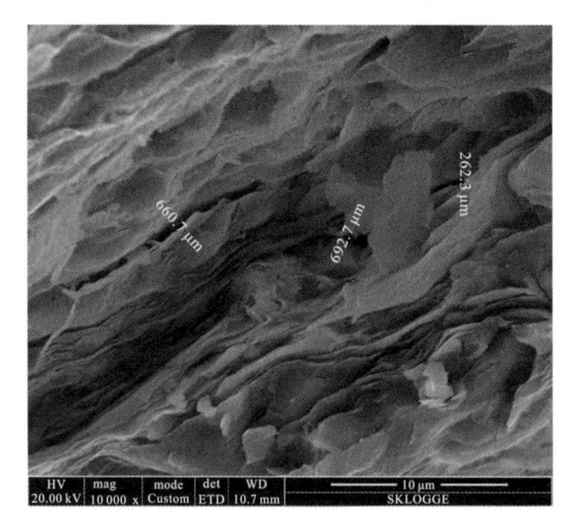

图 5-1-15　片理缝主要形态特征

根据扫描电镜观察，对不同孔隙类型的个数进行统计，得出研究区的孔隙类型分布规律（图 5-1-16）。大安寨段泥页岩扫描电镜样品较少，根据已测样品的镜下观察，其孔隙空间类型以粒内孔为主，其次是为粒间孔，可见少量矿物晶间孔，镜下可见较多片理缝发育，发育的微裂缝常与周围微孔隙形成孔缝组合。

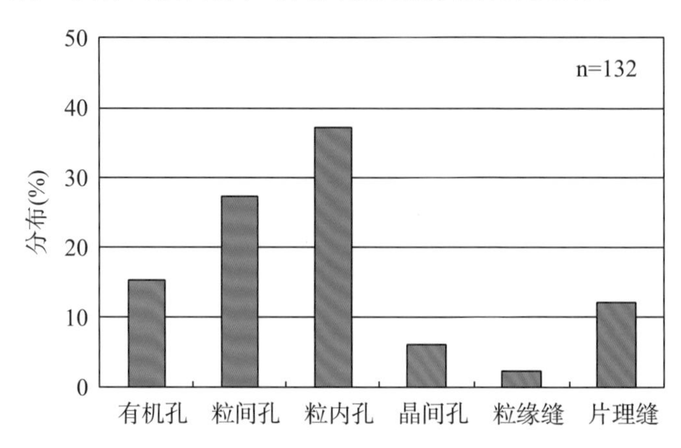

图 5-1-16　元坝地区大安寨段泥页岩孔隙类型分布直方图

（二）灰岩储层

储集层岩性主要为介屑灰岩，储集岩主要储集空间类型为次生孔、洞及缝。其中裂缝控制孔、洞的发育，并以此为基础形成孔、洞、缝网络系统，属裂缝-孔隙（洞）或孔隙（洞）-裂缝型储层；大安寨灰岩的原生孔隙绝大部分已经消失，次生孔隙主要是沿裂缝分布的溶蚀孔、洞，并且多为针孔状溶孔，较大的溶洞少见。这些次生的溶蚀孔、洞虽然数量少，但储集空间相对大，与裂缝的连通性好，并能有效地提高储层的储渗性，是重要的油气储集空间。

（1）孔隙类型。

薄片观察储集空间主要有：溶蚀孔、晶间孔、藻砂屑铸模孔及介屑铸模孔。溶蚀孔为近圆状及不规则状，孔径在 0.01～0.68 mm 之间，面孔率大都小于 1%。多分布于含云及云质残余介屑灰岩中或沿缝合线、微裂缝呈串珠状分布。藻砂屑铸模孔及介屑铸模孔呈椭圆、介屑状，分布于亮晶介屑灰岩中。晶间孔主要位于中－粗晶方解石晶体之间，常呈多边形；晶间溶孔属于晶间孔经后期溶蚀扩大而成的一种孔隙，边缘具明显溶蚀的痕迹。这两种孔隙常被原油半充填。此外，在裂缝或溶洞亮晶方解石填物之间也有少量晶间孔和晶间溶孔的存在。

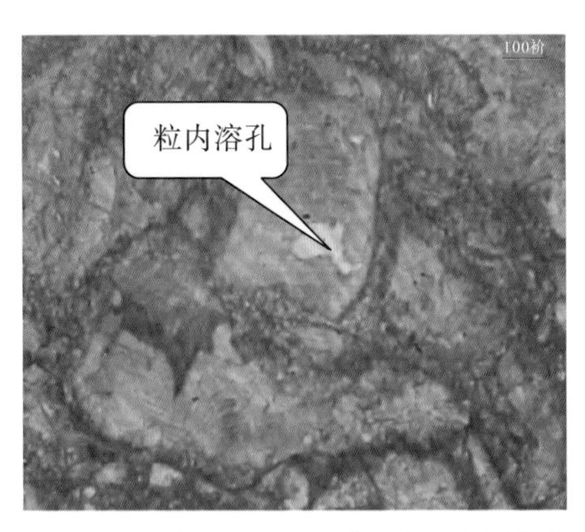

图 5－1－17　川 60 井，大一亚段，2925m，瓣腮生物介屑灰岩，放大倍数 2.5×10

图 5－1－18　石龙 4 井，大一亚段，2842.35～2842.58m，分布稀疏，较孤立的溶孔、洞

（2）溶洞。

1）孔隙性溶洞。孔隙性溶洞是在早期孔隙基础上的进一步溶蚀扩大至 2mm 以上的溶洞。在各层段的各类岩性中均有分布，但数量极少，局部面孔率 1%左右，多被亮晶方解石或沥青等半充填。

2）裂缝性溶洞。由早期裂缝进一步溶蚀扩大而成。质纯、性脆的介壳灰岩在形成裂缝之后，大气淡水和地层水沿裂缝运移并发生溶解。溶解作用一方面将裂缝溶蚀扩大，形成宽窄不一的溶洞、溶沟，其中常被沥青和亮晶胶结物充填－半充填；另一方面，溶解作用也可在裂缝两侧进行，使裂缝两侧形成与裂缝产状基本一致的拉长状、串珠状溶孔、溶洞。这类溶洞较少，仅在研究层段中有少量分布，孔径一般小于 1cm，但属于区内研究层段中一类重要的储集空间。

（3）裂缝类型。

根据裂缝成因可将研究层段的缝分为成岩缝、层理缝、构造缝和方解石解理缝四大类，但以构造缝和方解石解理缝为主。局部裂缝发育井段岩芯呈“蜘蛛网”状；缝宽大多在0.005～0.7mm之间，局部缝宽可达2mm。

1）构造缝。区内研究层段的构造缝一般较狭窄，且以低斜缝为主，高角度缝较少。沿缝壁边缘常见溶蚀现象，缝中可见次生方解石呈半充填状；缝中常见有油浸、油迹。宽度大于0.05mm的构造缝只能在岩心上观察，更大者只能保存于地下，在取心时便断开。这种大裂缝的连通范围大，起着重要的渗滤通道作用。构造微缝宽度一般为0.02mm以下，只能在镜下观察，裂缝平直，有近于统一的延伸方向。可穿过介壳或其他颗粒，其面密度远比大裂缝大，具有一定的储集能力，并起主要的渗透作用，连通其他大量更微细的孔缝空间。

图5-1-19　石龙11井，井深2844.2m，生物介屑结晶灰岩，裂缝中充填黑色沥青，裂缝宽约0.1mm，可见串珠状溶蚀孔

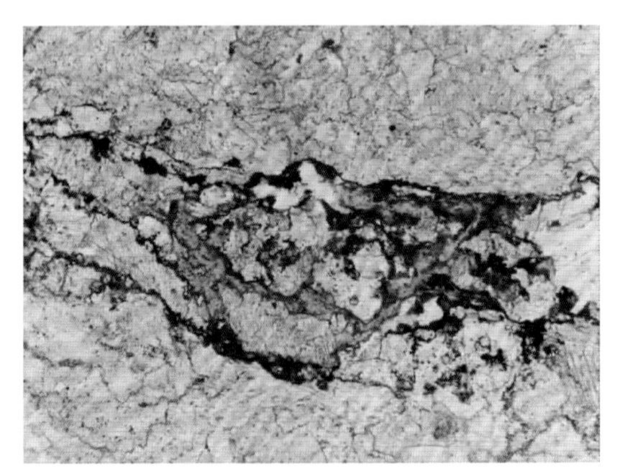

图5-1-20　川石44井，大二亚段，3072.30m，溶孔：缝合线间及本身的孔隙为有机玻璃注入，缝合线呈网状

图 5-1-21　石龙 4 井，大一亚段，井深 2825.51～2825.69m，垂直缝与低角度缝相交

图 5-1-22　石龙 9 井，大一亚段，2873m，低角度缝

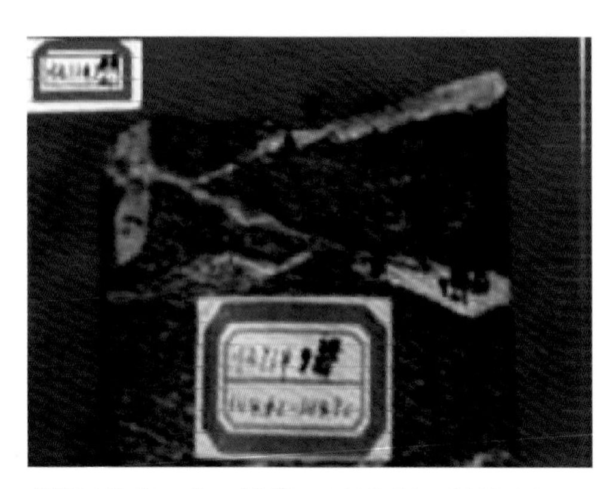

图 5-1-23　川石 73 井，大一亚段，3114.82～3114.90m，二组低斜构造裂缝组成的共轭剪切裂缝，裂缝内充填的乳白色方解石

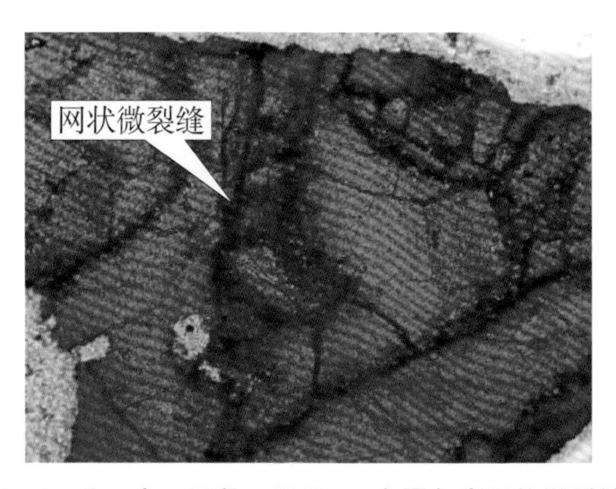

图 5-1-24　石平 2-1H 井，大二亚段，3540m，介屑灰岩网状微裂缝发育，有机质充填

2）方解石解理缝。沿方解石解理方向形成的解理缝，广泛发育于介壳含量高、泥

质含量少的亮晶介壳灰岩和重结晶作用较强的结晶介壳灰岩中。这种缝常沿方解石解理方向分布，其裂缝虽然细小，但缝密度大，连通性好，是较好的储渗空间。

（三）砂岩储层

储集层岩性主要为灰色、浅灰色细粒长石岩屑砂岩和细粒岩屑砂岩，次为浅灰色细粒岩屑石英砂岩，分选较差，磨圆度为次圆至次棱角状，硅质胶结为主，少量泥质、钙质胶结，杂基填隙，线–凹凸接触为主。细粒长石岩屑砂岩，岩石主要由碎屑组分及填隙物组成，其中碎屑颗粒磨圆差，多呈棱角状，粒径主要在0.1～0.25mm之间，碎屑颗粒之间呈线接触。碎屑组分主要是石英（30%～42%），多呈单晶粒状，部分具有波状消光特征；其次为岩屑（约10%～22%），以泥岩、千枚岩及片岩岩屑为主，且多发生挤压变形呈假杂基化；少量长石（约10%），多发生蚀变（高岭石化、绢云母化）。少量云母（约2%），多呈片状分布在粒间，整体具有顺层定向展布特征。胶结物主要是方解石（约2%），多呈亮晶粒状充填在粒间，多交代碎屑组分。少量黄铁矿，呈细小黑色粒状零散分布。少量有机质（约1%），呈黑色团块状分布在粒间。

图5–1–25　元坝104–1H，千佛崖组，细粒长石岩屑砂岩

图5–1–26　元陆175，千佛崖组，细中粒长石岩屑砂岩

储集空间类型为剩余原生粒间孔–裂缝组合，小–微孔居多，面孔率不高。元坝地区千佛崖组中的砂岩储层中，仍然存在少量的剩余原生粒间孔。这些粒间孔受到了胶结物的保护而没有被破坏，部分粒间孔还被晶状粒体石英填充。由于受压实作用的影响，及后期硅质、碳酸盐岩胶结作用充填，孔隙的体积较小，形成了三角形、多边形状，边缘平滑的孔隙。千佛崖组砂岩样品岩石中不难发现各种粒间溶孔，这种孔隙形成的原因是由于填充孔隙的物质受到了溶解作用，这些物质一般为黏土基质、硅质胶结物等，孔隙边缘形状为锯齿状、凹凸状。同时粒内溶孔普遍发育，长石、沉积物岩屑等岩石颗粒由于溶蚀作用后形成的孤立溶孔，这种溶孔一般为蜂窝状，大小各一，孔径在 10μm 到 100μm 之间，整体渗透性不好。千佛崖砂岩储层裂缝、微裂缝发育较差，但发育的裂缝、微裂缝能够使孔隙联通，有助于溶蚀作用进行。因此，对于致密性储层的元坝地区中侏罗统千佛崖组储层来说，裂缝改良储层意义重大。

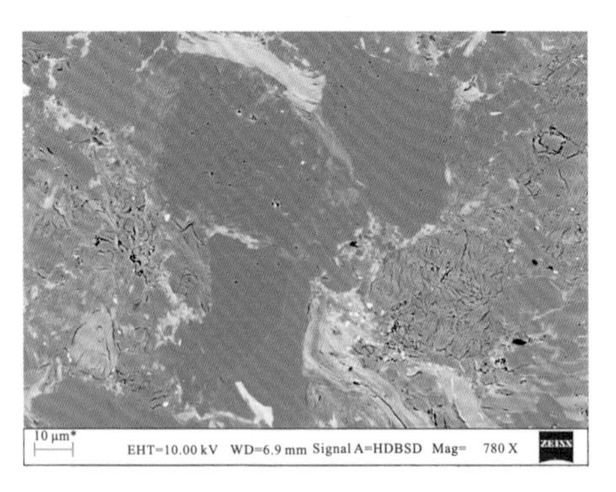

图 5-1-27　元坝 104-1H，千佛崖组，细粒长石岩屑砂岩，扫描电镜，呈线接触的石英碎屑颗粒发育溶蚀孔（×780）

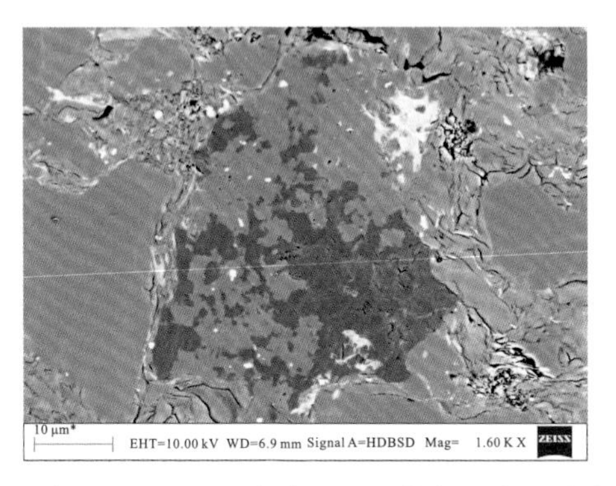

图 5-1-28　元坝 104-1H，千佛崖组，细粒长石岩屑砂岩，扫描电镜，片状伊利石集合体发育层间缝（×1600）

三、页岩储层物性特征

（一）阆中大安寨储层

1. 大一亚段

通过 870 个岩心样品物性分析资料统计，孔隙度介于 0.13%～7.15%，平均 0.97%；渗透率主峰值在 0.01～0.1mD，小于 1.0mD 占 77.4%（图 5-1-29），属于特低孔、低渗致密储层。整体上，介壳灰岩储层孔－渗关系差（图5－1－30），极少样品呈线性关系，绝大部分样品表现为“特低孔、低渗，部分样品为特低孔、中－高渗”的特征，表明裂缝相对发育。

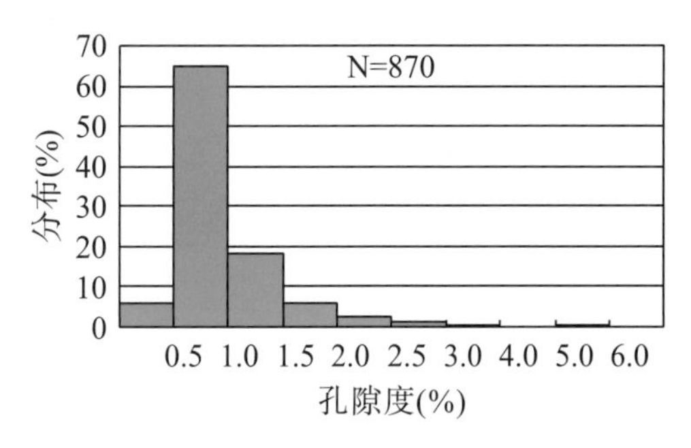

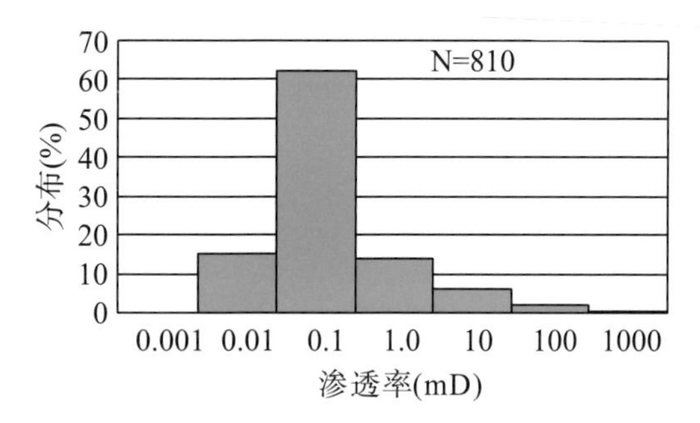

图5－1－29　大一亚段岩心分析储层基质孔隙度、渗透率分布直方图

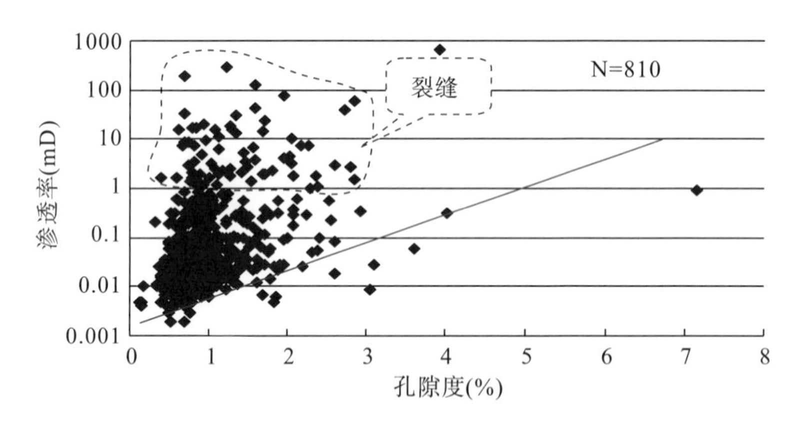

图5－1－30　大一亚段岩心分析储层基质孔－渗关系图

2. 大二亚段

通过85个岩心样品物性分析资料统计，孔隙度为0.3%～7.2%，平均2.02%；渗透率主峰值在0.1～1.0mD，小于1.0mD占74%（图5－1－31），属于特低孔、低渗致密储层。

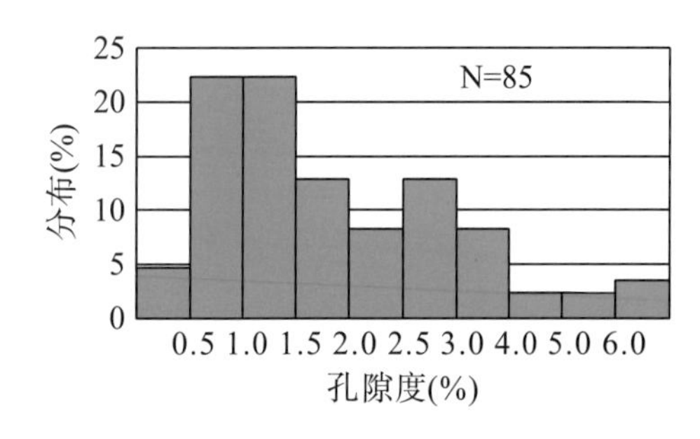

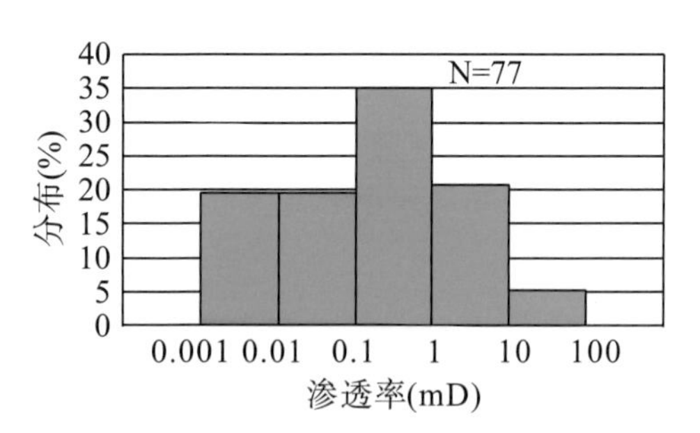

图5－1－31　大二亚段岩心分析储层基质孔隙度、渗透率分布直方图

整体上，储层孔－渗关系较差（图5－1－32），仅有极少数样品呈线性关系，大部分样品为特低孔、低－中渗，微裂缝均发育。

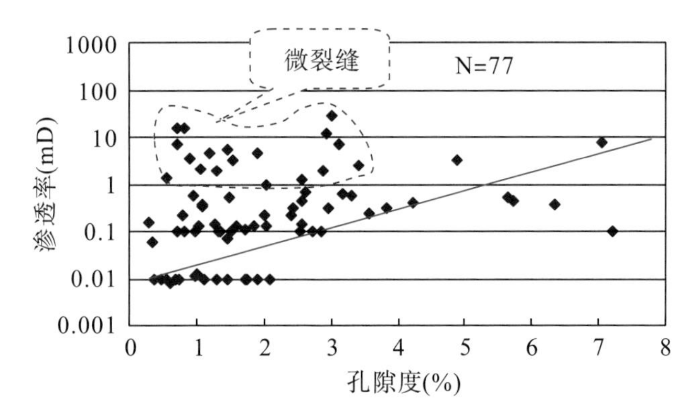

图 5-1-32　大二亚段岩心分析储层基质孔-渗关系图

3. 大三亚段

通过 177 个岩心样品物性分析资料统计，孔隙度为 0.26%~5.15 % ，平均 1.40 %；渗透率主峰值在 0.01~0.1mD ，小于 1.0mD 占 87.9%（图 5-1-33)，属于特低孔、低渗致密储层。

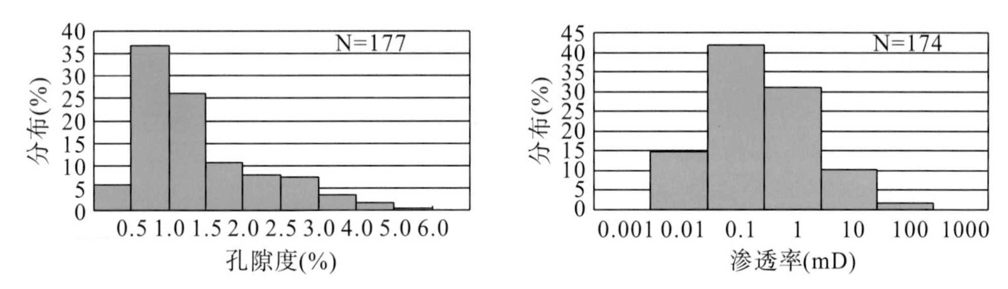

图 5-1-33　大三亚段岩心分析储层基质孔隙度、渗透率分布直方图

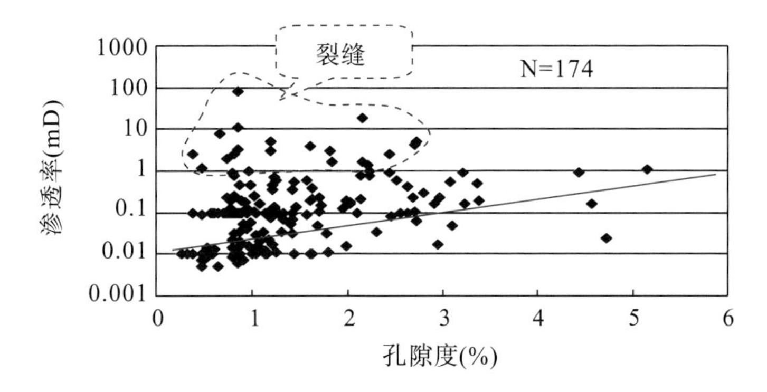

图 5-1-34　大安寨段岩心分析储层基质孔-渗关系图

整体上，介屑灰岩储层孔-渗关系差（图 5-1-34)，部分样品呈线性关系，大部分样品表现为“特低孔、低渗，部分样品为特低孔、中-高渗”的特征，表明微裂缝相对发育。

（二）元坝千佛崖储层

千佛崖组孔隙度变化于 1.07%~17.02%之间，平均值可达 4.017%；渗透率变化

于 $0.001\times10^{-3}\sim1.51\times10^{-3}\mu m^2$，均值 $0.159\times10^{-3}\mu m^2$（图 5－1－35）。在孔隙度频率分布图上，孔隙度分布于 2%～5%之间的样品占 55%，孔隙度分布于 5%～10%之间样品占 15%，孔隙度大于 10%的样品占 5%；同时孔隙度分布介于 1%～2%的样品也占 25%。在渗透率频率分布在 $0.001\times10^{-3}\sim0.01\times10^{-3}\mu m^2$ 之间、频率值为 53%，$0.01\times10^{-3}\sim0.1\times10^{-3}\mu m^2$ 之间、频率值为 18%，$0.1\times10^{-3}\sim1\times10^{-3}\mu m^2$ 之间、频率值为 24%，大于 $1\times10^{-3}\mu m^2$ 的样品频率值为 6%。

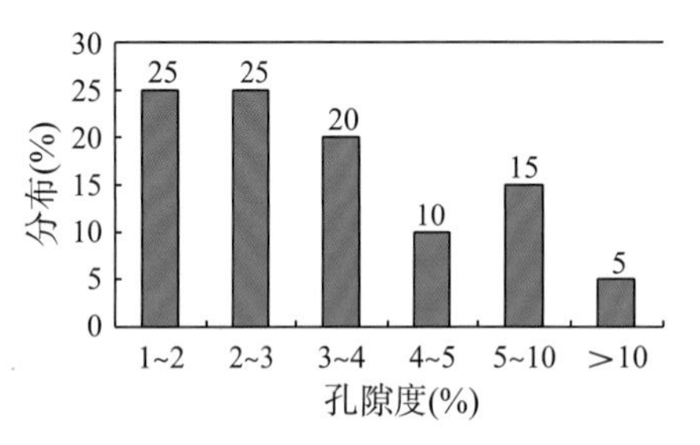

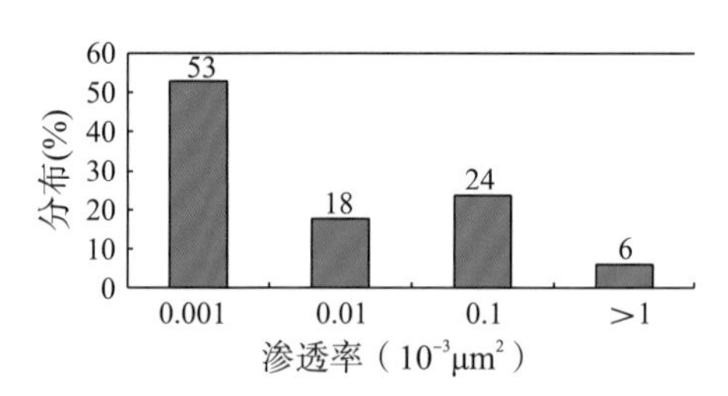

A. 野外样品储层物性直方图

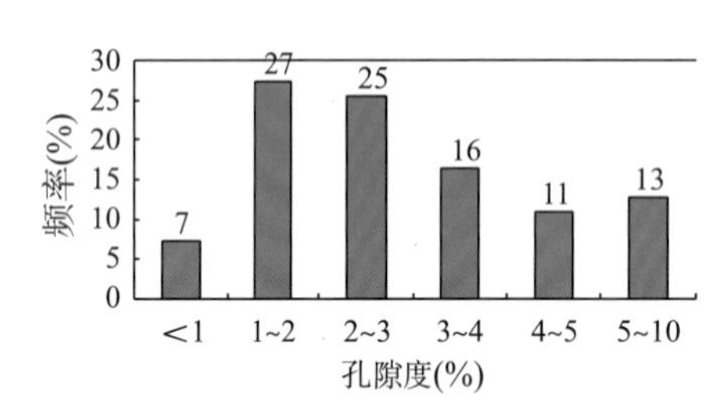

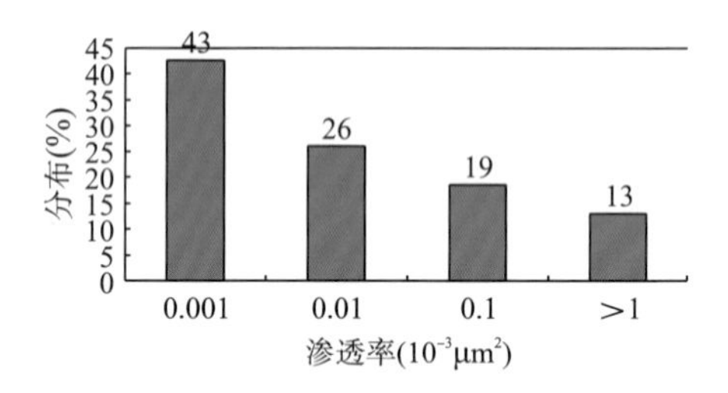

B. 元坝地区钻井岩心储层储层物性直方图

图 5－1－35 川东北地区中侏罗统千佛崖组储层储层物性直方图

岩心样品同样显示元坝地区千佛崖组储层为低孔隙度、低渗透率，孔隙度变化于 0.89%～7.16%之间，平均值可达 2.90%；渗透率变化于 $0.0006\times10^{-3}\sim195.1227\times10^{-3}\mu m^2$，均值 $0.8124\times10^{-3}\times10^{-3}\mu m^2$（表 5－1－3）。孔隙度分布于 2%～5%之间的样品占 52%，孔隙度分布于 5%～10%之间样品占 13%，孔隙度大于 10%的样品无；孔隙度分布小于 2%的样品占 34%。在渗透率频率分布在 $0.001\times10^{-3}\sim0.01\times10^{-3}\times10^{-3}\mu m^2$ 之间频率值为 43%，$0.01\times10^{-3}\sim0.1\times10^{-3}\mu m^2$ 之间频率值为 26%，$0.1\times10^{-3}\sim1\times10^{-3}\mu m^2$ 之间频率值为 19%，大于 $1\times10^{-3}\times10^{-3}\mu m^2$ 的样品频率值为 13%。

二者揭示的特征基本一致，表现为孔隙度以 2%～5%为主，小于 2%次之；渗透率主要集中于 $0.001\times10^{-3}\sim0.01\times10^{-3}\mu m^2$，$0.01\times10^{-3}\sim0.1\times10^{-3}\mu m^2$ 及 $0.1\times10^{-3}\sim1\times10^{-3}\mu m^2$ 次之。

表 5－1－3 元坝地区千佛崖组钻井岩心储层物性特征统计表

层位	孔隙度（%）				渗透率（$\times10^{-3}\mu m^2$）			
	样数	最小值	最大值	平均值	样数	最小值	最大值	平均值
千佛崖组	55	0.89	7.16	2.90	54	0.0006	195.1227	0.8124

尽管元坝地区千佛崖组钻井岩心样品表现出低孔低渗的特征，但其孔渗相关性较好（图 5-1-36）。同时部分样品的渗透率显著高于同等孔隙度情况的样品，这一情况的出现表明了千佛崖组储层中发育有不均匀分布的微、细裂缝，其对储集空间的影响不大，但却可以极大地改善研究区千佛崖组储层的渗透性。根据页岩物性测试结果：研究区页岩孔隙度和渗透率呈正相关关系，渗透随孔隙度增大而增大。综合表明，压实作用对页岩的孔隙度影响较大，渗透率主要取决于喉道大小，由于页岩储层致密，压实作用对其影响不明显，在深度较大的岩层，裂缝的发育仍然可以大大改善页岩储层的储集性和渗透性。页岩中纳米级微孔隙占有重要比例，在页岩储层低孔低渗的背景下，微孔体积是页岩储层储集空间重要的组成部分，页岩储层的这类孔隙结构，决定了页岩样品的低孔隙度低渗透率特征。

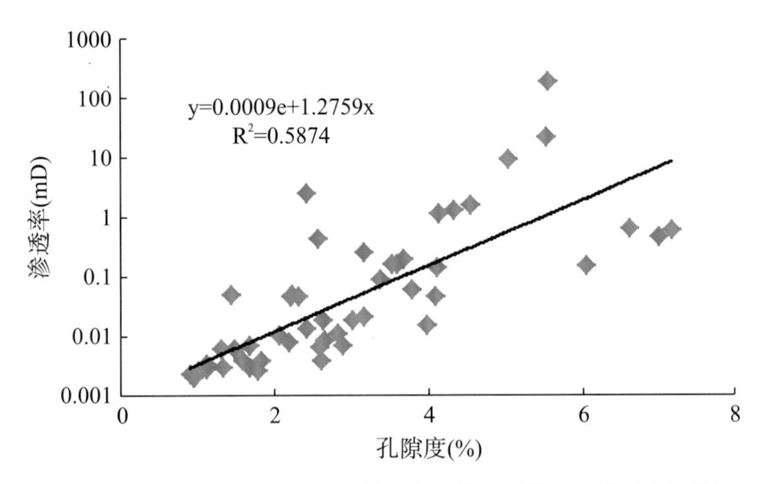

图 5-1-36　元坝地区千佛崖组钻井岩心储层孔隙度和渗透率相关性

四、页岩微孔发育主控因素

从以上研究可知，孔隙直径<1μm 的纳米级微孔隙在富有机质泥页岩中占有重要比例，其孔隙体积平均约占总孔隙体积的 80%以上，因此对纳米级微孔隙的研究具有重要意义。低温低压氮气吸附法采用页岩样品基于氮气吸附实验的数据，对微孔发育的主要控制因素进行分析。

（一）有机碳含量与有机质成熟度

有机质是烃源岩生气的前提，在泥页岩层系中大量存在，大安寨段页岩层段发育大量有机质气孔。因此，有机质与微孔隙的发育有着密切的关系，有机碳含量（TOC）与有机质成熟度是页岩有机质含量的重要指标。

有机质成熟度控制了研究区页岩储层有机孔的发育，当 Ro>1.0%，有机孔易形成孔群或连成片，易于页岩油的赋存。

为了具体研究页岩储层孔隙发育与有机碳含量（TOC）和有机质成熟度之间的关

系，研究选取页岩样品的总孔隙体积、BET比表面积以及平均孔径三个孔隙结构参数，分别与有机碳含量和最大热解峰温进行交汇分析，分别对比其对页岩孔隙各结构参数的影响作用。大安寨段页岩层的有机碳含量从0.73%～1.11%，平均为0.98%，变化范围较小；最大热解峰温从未成熟至高成熟均有分布，平均为448.5℃，整体属于未成熟至成熟。

1. 有机碳含量

页岩样品的比表面积在有机碳含量（TOC）小于0.9%时，相关性差，在TOC>0.9%范围内，样品的孔比表面积随着样品的有机碳含量升高而降低；孔隙体积随有机碳含量（TOC）的升高而增大，呈正相关关系；平均孔径与有机碳含量（TOC）的相关性较好，随有机碳含量的增大而增大，呈明显正相关。

2. 有机质成熟度

烃类的生成不仅要求烃源岩中含有丰富的有机质，而且要求有机质的热演化程度已经达到一定的成熟度。因此，有机质的成熟程度是烃源岩研究的又一重要指标。常用的反映有机质成熟度的实验测试方法有：镜质体反射率（Ro）和烃源岩最大热解峰温（Tmax）值等。最大热解峰温（Tmax）是随着生油岩的埋藏深度的增大和地层时代的变老而增高，是重要的成熟度参数。Tmax与干酪根类型关系密切，Ⅰ型干酪根活化能分布很窄，随着成熟度的增加，其Tmax值变化很小。Ⅲ型干酪根活化能分布很宽，随成熟度的增加，Tmax值增大得很明显。Tmax指标用于标定含Ⅲ型干酪根的沉积岩的成熟度效果比较好（表5-1-4）。

表5-1-4　国内生油岩的成熟度划分标准表

成熟度指标		未成熟	低成熟	成熟	高成熟	过成熟
镜质体反射率		<0.5	0.5～1.3	1.0～1.5	1.3～2	>2
Tmax	Ⅰ类	<437	437～460	450～465	460～490	>490
	Ⅱ类	<435	435～455	447～460	455～490	>490
	Ⅲ类	<432	432～460	445～470	460～505	>505

经过分析对比，发现研究区页岩样品的孔比表面积、孔隙体积与平均孔径与最大热解峰温均呈负相关关系。具体来看，孔隙体积与最大热解峰温的相关性最高，当最大热解峰温最小，当页岩样品的最大热解峰温最低的时候，其孔隙体积反而最大。但在页岩中含有大量有机质，在成岩演化过程中，有机质随着成熟度的升高，会开始生气产生孔隙，增加有机质孔的含量。

（二）矿物成分的影响

泥页岩随着埋深的增加，温度和压力增大，自生黏土矿物和长石、石英碎屑层间水释放和层间阳离子移出，使矿物晶体与结构发生变化，在不同的成岩阶段产生不同的成岩矿物组合。

在早期成岩阶段，泥页岩以高岭石黏土矿物为主，晚期成岩阶段，泥页岩中高岭石黏土矿物会消失；随着成岩阶段的演化，蒙脱石黏土矿物经脱水作用，先转变为蒙脱石-伊利石混层，再转变为伊利石；在成岩早期，由于酸性介质，温度低于80℃，绿泥石会溶解。泥页岩中绿泥石黏土矿物一般存在于成岩作用晚期-浅变质期。总之，成岩演化程度越高，泥页岩中高岭石和蒙脱石越少，而伊利石和绿泥石越高。在黏土矿物成岩演化的过程中，黏土矿物总量也会随之变化。

研究区大安寨段富有机质泥页岩的脆性矿物组合（石英+长石+碳酸盐+黄铁矿+菱铁矿）从54.5%～67%，以石英为主，平均含量为36.75%；其次为碳酸盐矿物（方解石+白云石），平均18.07%；含少量长石、黄铁矿和菱铁矿。可见，黏土矿物含量是影响泥页岩储层孔隙发育不可忽略的重要影响因素之一。

1. 石英含量

石英为脆性碎屑矿物成分，属于刚性矿物。在泥页岩沉积的同时，石英颗粒一般随有机质等碎屑物质同时沉积，泥页岩在沉积埋深以及后期成岩的过程中，石英颗粒之间或石英与其他脆性矿物颗粒之间可构成一个相对刚性的框架，能够起一定的支撑作用，增强页岩对上覆岩层的抗压实能力，有利于保存泥页岩沉积时所保存下来的原生孔隙，石英颗粒的存在同样也对次生孔隙保存有利。

整体上页岩的孔比表面、孔隙体积和平均孔径在石英含量大于30%时才有明显关系，当石英含量大于30%时，孔比表面与石英含量呈负相关，随着石英含量的升高而降低；页岩样品的孔隙体积随石英的含量增大变化不明显，页岩的孔隙体积可大可小；平均孔径与石英含量呈明显正相关关系，随石英含量的升高显著增大。页岩在沉积成岩过程中，石英含量越多的情况下，其构成的支撑结构对沉积时形成的原生孔隙或后期成岩作用形成的较大孔保存有利。石英含量对孔隙的尺度即孔隙直径和孔比表面具有明显控制作用，石英含量越多，有利于保存形成的较大孔隙，页岩中的孔比表面积会随着更大直径的孔隙增多而相应的减少；反之，石英含量越少，在沉积成岩过程中，页岩中的较大孔隙含量会减少，更小尺寸的微孔隙含量会增多，从而提高页岩的孔比表面积。

2. 黏土含量

黏土矿物是呈细粒分散的含水的非晶质硅酸盐矿物与含水的层状硅酸盐的总称，是地层中最为丰富的矿物类型，在地层中广泛分布，其形成机理和物理化学等特有的性质，对石油地质的应用具有重要意义。

黏土矿物的研究可为沉积环境及成岩作用分析提供依据，应用在一些油田的地层划分对比方面也有突出的效果，目前研究显示黏土矿物对储层的孔隙度、渗透率等物性影响巨大，如对与物性相关的密度、电阻率等测井解释影响较大，因此黏土矿物在储层评价应用过程中是一个重要考量。另外黏土矿物对岩石学的研究也有重要理论意义。在成岩演化过程中，黏土矿物间的转化会造成其矿物形态的转化，如：蒙脱石中可交换的钙或钠被有机离子取代后形成有机复合体，使层间距离增大，有些次生孔隙就是在成岩过程中形成，黏土矿物对岩层中的孔隙形成以及孔隙形态的重构都有或多或少的影响。

由页岩的孔比表面积、孔隙体积和平均孔径做交汇图可以看出，大安寨段页岩中的黏土矿物含量与样品的孔比表面积具有相对较明显的相关性，在排除一个异常点的情况下，页岩的孔比表面积呈正相关关系，孔比表面积随黏土矿物含量的增大变化明显，黏土矿物有利于形成纳米级的微孔隙，从而提供更多的孔比表面积；样品的微孔孔隙体积随着黏土含量增加而降低，呈负相关关系；平均孔径与样品的黏土矿物含量总体上呈负相关关系。综上所述，黏土矿物在页岩沉积成岩演化过程中，有利于形成尺度较小的微孔，即孔隙的直径因黏土矿物的存在不断降低；黏土矿物含量越高，其孔隙发育的尺度越小，其孔隙体积有相应的下降，但其形成的孔比表面积越大。

3. 主要矿物影响因素综合分析

页岩矿物的组成类型较多，且影响孔隙的发育是各方面多因素的综合反映，为了研究在矿物组分方面，某一单因素对页岩孔隙的比表面积和孔隙体积的影响，采用三维散点图综合对比，分析某一因素对孔隙发育的影响。该图版的作用是能够尽量限制其他影响因素尽量统一的情况下，主要影响因素与孔隙结构参数的变化关系。

大安寨页岩样品的孔比表面积与石英和黏土含量的关系可以看出，当样品石英含量约为40%时，页岩的孔比表面积随着黏土含量的增大而增大，与前面章节分析的结果一致；当样品黏土含量约为35%左右时，页岩的孔比表面积与石英含量的变化关系不明显。

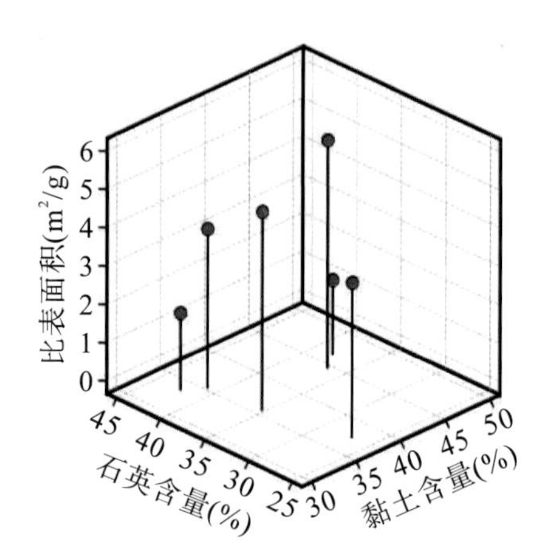

图 5-1-37　大安寨段页岩孔比表面积、石英含量、黏土含量三维关系图

整体来讲，当石英含量不定时，样品的比表面积仍然与黏土含量呈正相关关系，但当黏土含量不定时，样品的孔比表面积能显现出更显著的负相关变化，说明页岩样品中黏土含量对页岩的孔比表面的影响大于石英含量的影响，矿物成分中，黏土含量对页岩的孔比表面积起着最主要的控制作用。

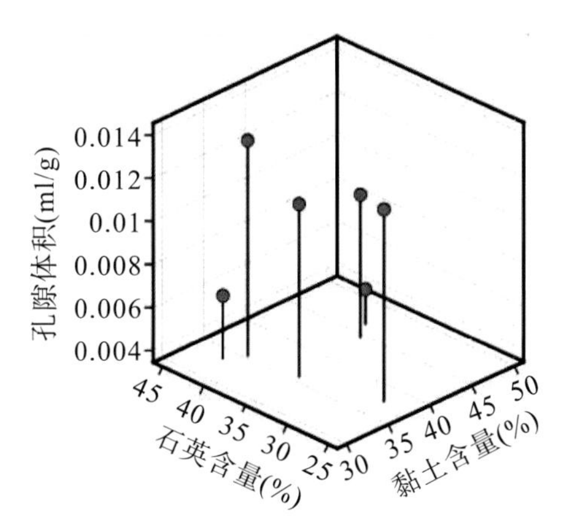

图5-1-38　大安寨段页岩孔隙体积、石英含量、黏土含量三维关系图

从页岩样品的孔隙体积与石英和黏土含量的变化关系可以看出，当黏土含量约为35%时，样品的孔隙体积随石英含量的增大呈微微上升趋势，但变化不明显；当石英含量约为40%时，样品的孔隙体积整体随着黏土含量的增大呈现出下降的趋势，页岩中矿物含量对孔隙体积的控制作用不明显。

（三）埋藏深度的影响

页岩储层埋藏深度的影响其实就是上覆岩层对储层压实作用的影响。一般来讲，常规储层在沉积成岩过程中，随着埋藏深度的增大，储层中所保留的原生孔隙随着压实作用的增强，原生孔隙会逐渐减小，造成孔隙度降低，当储层埋藏足够深时，压溶作用会对经压实作用所剩下的孔隙进行再次改造，使孔隙度再次降低。

从微孔隙孔隙体积随埋藏深度的变化图中可以看出，总体上样品的孔隙体积随着埋藏深度的增大而降低，与常规储层的发育情况一致。随着压实作用的增强，页岩储层的孔隙度是逐渐降低的。若后期成岩作用如溶蚀作用强，页岩中会一定程度发育溶蚀孔隙，页岩储层的孔隙度可能会有所改善。

第二节　页岩储层测井评价

一、页岩油测井技术调研

（一）概况

页岩油是储存于泥页岩孔隙、裂缝，泥页岩层系中的致密碳酸盐岩、碎屑岩邻层和夹层中的石油资源。页岩油赋存方式和储集空间的多样性、岩性复杂性、储层的非均质性导致常规的测井信息采集系列、测井评价方法对页岩油的评价难度大，可靠性较低。目前测井技术领域尚未形成系统、科学、准确的页岩油测井评价技术理论和评价方法。

目前国内外页岩油气测井地层评价主要围绕着三个方面展开：(1) 页岩油气地层的岩性和储集参数评价，包括岩石矿物组成、孔隙度、含油气量（页岩油主要指含油饱和度，页岩气主要包括吸附气与游离气含量）、渗透率等参数；(2) 页岩的生烃潜力评价，主要包括干酪根的识别与类型划分、有机质含量、热成熟度等一系列指标的定性或定量解释；(3) 岩石力学参数和裂缝发育指标的评价。特别是在资源调查和勘探的初期，如何从烃源岩中寻找最有利的页岩油气藏富集，是地球物理测井的首要任务。

（二）页岩油测井地层岩性、储集层参数、完井参数评价

(1) 地层岩性评价。

通过岩心实验数据、ECS测井、常规测井综合分析，开展岩性测井响应特征研究及岩相划分，根据不同的岩相建立精细矿物成分评价模型，精细、准确评价地层矿物含量。

(2) 储集层参数评价。

根据储层地质、储层岩性评价研究成果，建立页岩油测井评价岩石体积模型；根据岩石体积模型，页岩地层测井响应机理研究，以实验分析数据为基础，测井响应特征为核心，建立储集层孔隙度、饱和度评价方程；根据取芯资料，成像测井、常规测井资料，建立裂缝测井响应特征，计算裂缝参数。

(3) 地化参数评价。

1) 有机碳含量评价：以岩石体积模型为基础，元素俘获测井为手段，建立精准的有机碳含量评价方法，开展关键井评价，建立标准井剖面；通过关键井标定常规测井响应特征，建立常规测井有机碳含量评价模型及方法。

2) 游离烃评价：通过岩心实验分析和测井响应敏感参数分析，建立游离烃评价模型。

(4) 岩石力学、地应力参数评价。

以岩石力学实验、地应力实验为基础，利用常规测井资料，偶极横波资料，计算岩石力学参数、脆性指数和地应力。

（三）测井信息采集仪器系列优化

页岩油气的勘探开发与常规油气的勘探手段有相似之处，所采用的地球物理测井方法和仪器基本是相同的。国外在页岩油气勘探开发中，普遍采用了斯仑贝谢、贝克休斯、哈里伯顿等国际测井服务公司的先进技术。近几年，国外在页岩油气地层评价方面大量采用了元素俘获能谱测井、高分辨率阵列感应测井和自然伽马能谱测井、中子—密度孔隙度测井以及声波全波列测井，在一些特别的井也测量电阻率成像测井、核

磁共振测井等。国外针对不同井类型采用不同的采集系列，对于新区，一般而言最经济的测井系列包括自然伽马、自然电位、井径、岩性密度、补偿中子、阵列感应以及自然伽马能谱、元素俘获能谱和声波全波测井。对于开发成熟区，为了降低成本，大量水平井都不采集测井数据，只在个别导眼井采集包括自然伽马、自然电位、井径、岩性密度、补偿中子、阵列感应等常规测井系列。

基于储层地质特征、储层改造工程工艺、测井响应特征研究成果，开展测井信息采集仪器系列优化研究，明确页岩油常规、特殊测井信息采集仪器系列，提高测井评价可靠性，降低测井信息采集成本。

二、储层岩性识别

阆中大安寨段按照分成主要划分为岩性为灰岩、泥质灰岩、灰质泥页岩、泥页岩，千佛崖组按照分成主要划分为砂岩、泥岩、砂质泥岩、泥质砂岩。

（一）不同岩性识别

首先利用岩心分析资料对测井曲线进行标定（图 5—2—1）。

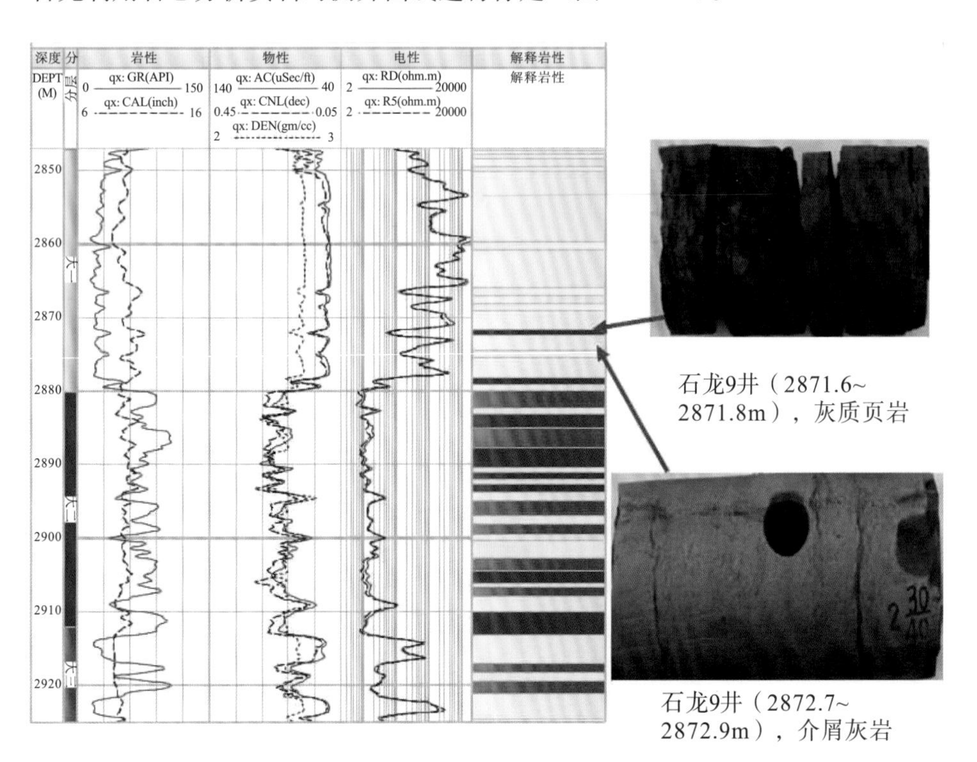

图 5-2-1　石龙 9 井大安寨段测井岩性解释

利用 GR、AC、RD 曲线，采用聚类分析方法进行储层岩性（泥页岩和灰/砂质泥页岩）及夹层（灰/砂岩、泥质灰/砂岩）的快速识别（图 5—2—2、图 5—2—3、图 5—2—4）。

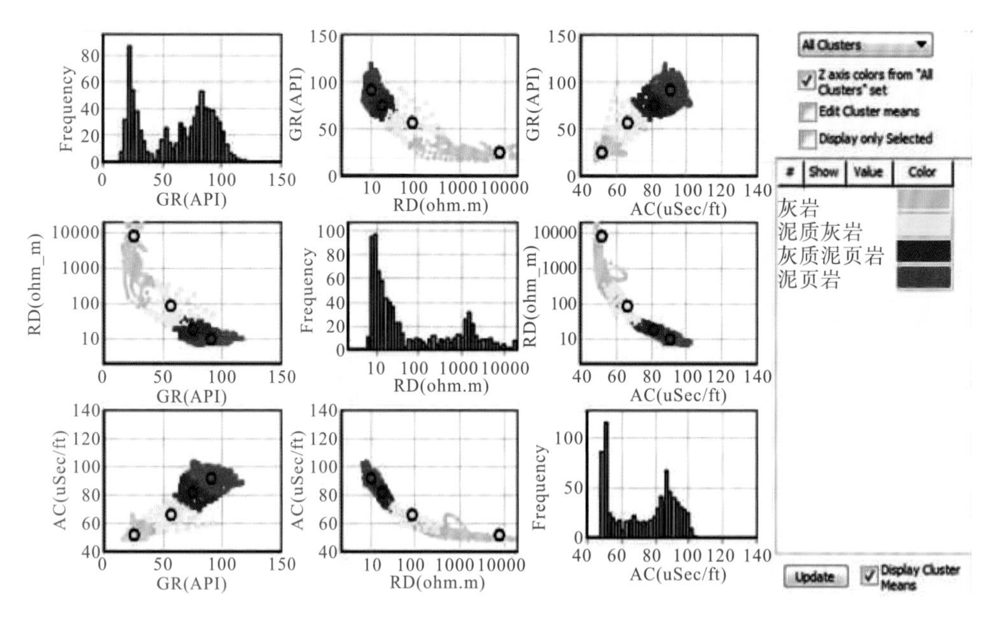

图 5-2-2　交会图识别不同岩性

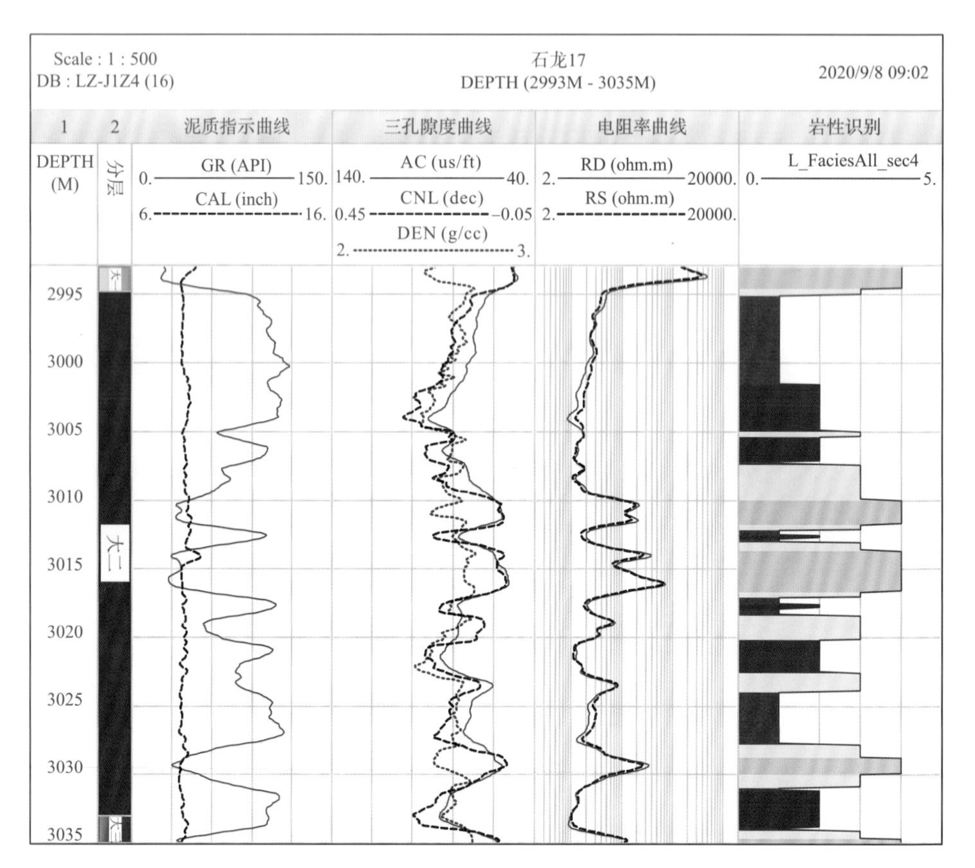

图 5-2-3　石龙 17 井识别不同岩性

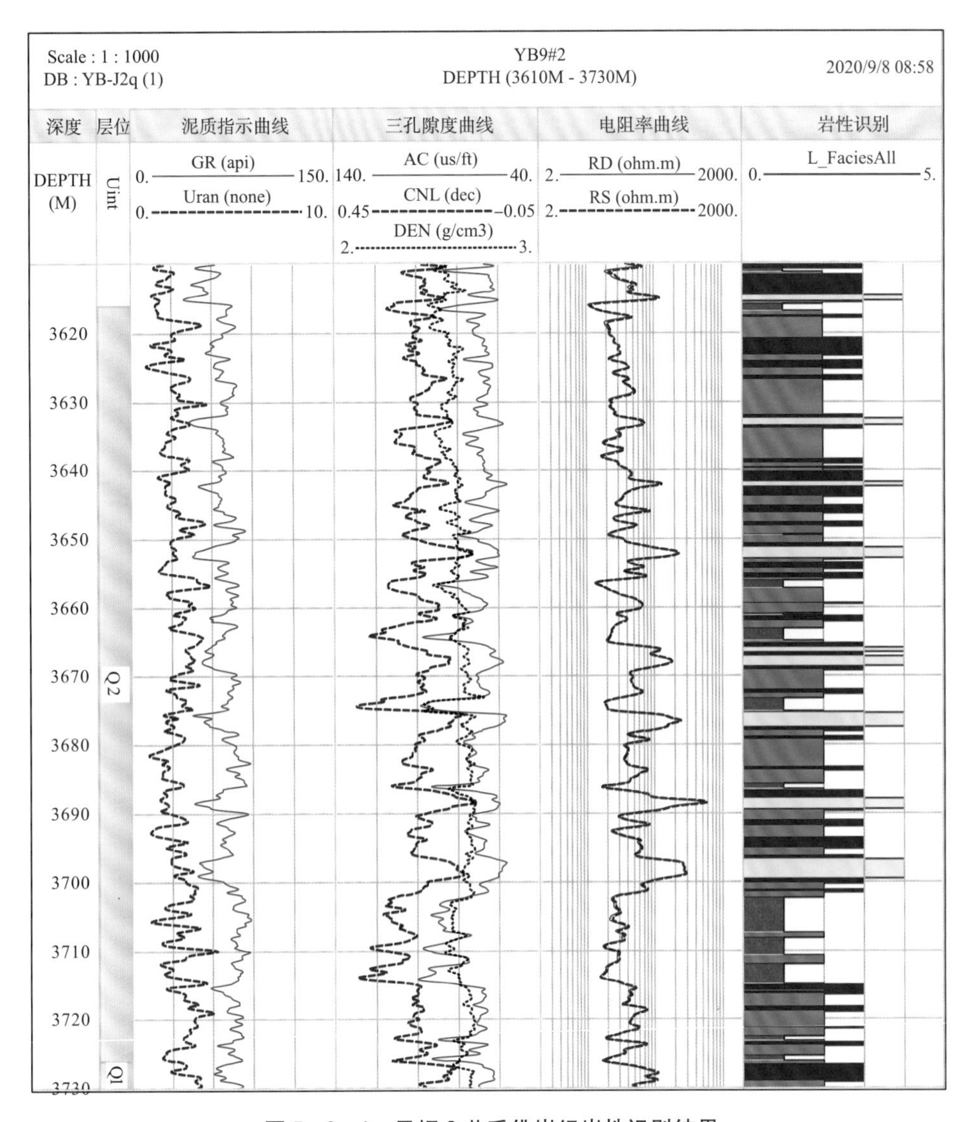

图 5-2-4　元坝 9 井千佛崖组岩性识别结果

（二）有利岩性常规测井响应特征

根据 TOC、生烃潜量、含油量、物性、脆性矿物、页理等综合评价，确定陆相层段有利岩性（有利页岩）为灰黑色页理发育的富含有机质高 TOC、较好物性页岩。

1. 有利岩性常规测井响应特征

有利泥页岩测井响应特征：自然伽马高值、井径测井扩径、声波时差高值、中子测井高值、密度低值、电阻率测井低值。孔隙度-电阻率叠合指示泥页岩油气层段，包络面积大小识别有利层段（图 5-2-5、表 5-2-1）。

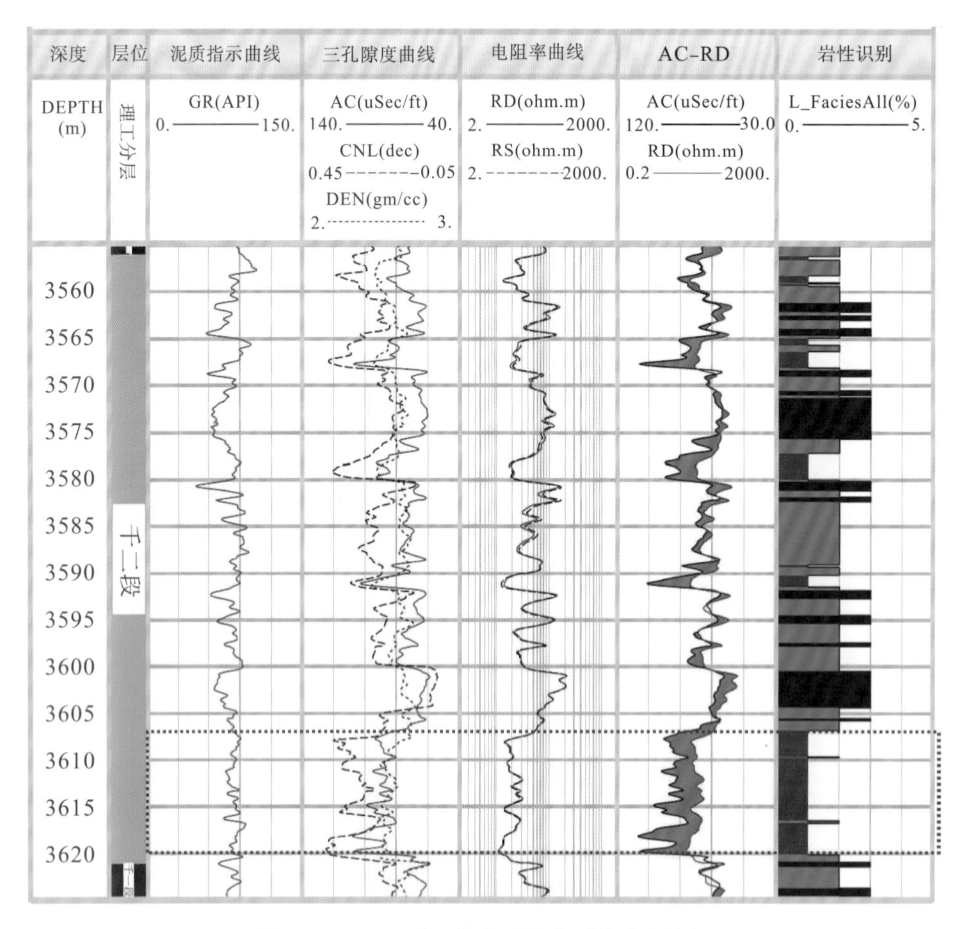

图 5-2-5　元陆 4 井有利页岩测井响应特征

表 5-2-1　元坝千二不同岩性测井响应特征

岩性	GR	RD	CNL	DEN	AC
有利泥页岩	较高	较低	高	低	高
夹层段（砂岩）	低	较高	较低	较高	低
普通泥岩段	较高	较低	较高	较高	中

2. 成像测井识别有利岩性

页岩：自然伽马高、中子高，电阻率总体较低。FMI 静态图像为棕黑色到暗黑色，动态图像显示明显的层状构造（图 5—2—6）。

泥岩：常规曲线特征与页岩相似，FMI 静态图像为棕黑色到暗黑色，动态图像上可见块状特征和层状特征（图 5—2—7）。

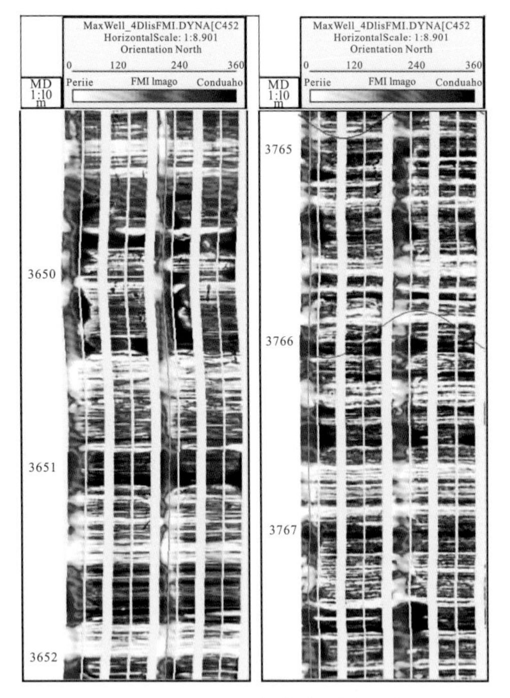

图 5-2-6　页岩成像测井特征图

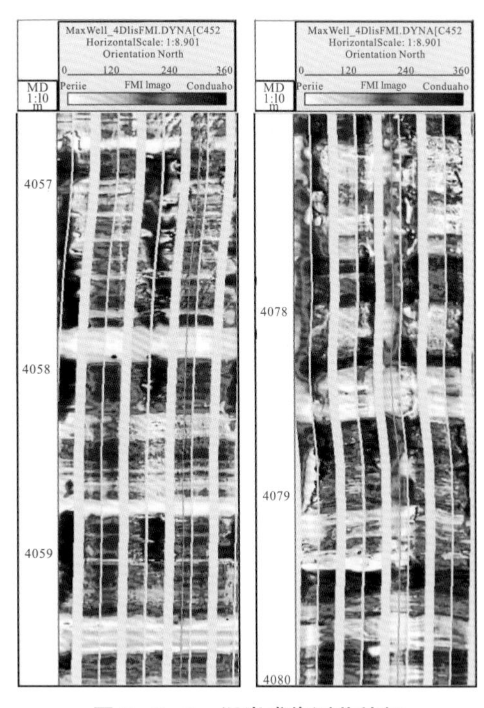

图 5-2-7　泥岩成像测井特征

三、储层参数计算

川北中下侏罗统页岩层系组分复杂（黏土质、硅质、钙质、干酪根、水、气），可以采用基于多元回归法和最优化方法计算矿物含量和孔隙度，总体上解释结果较为准确。

（一）基于多元回归方法计算矿物含量和孔隙度

1. 千佛崖组黏土含量计算

（1）利用 GR 采用 Linear 公式计算黏土矿物含量。

$$Vcl=\frac{Gr-GrClean}{GrClay-GRClean}\ (R^2=0.3196)$$

（2）利用 GR 采用 Old Rock 公式计算黏土矿物含量。

$$Z=\frac{Gr-GrClean}{GrClay-GRClean}\quad Vcl=0.333\ (2^{2*z}-1)\ (R^2=0.3148)$$

（3）多元非线性回归计算黏土矿物含量。

$Vcl=-0.52723288+0.0011328*AC+0.0024593*GR+0.78777593*CNL+0.2145712*DEN$（$R^2=0.6317$）

（4）多元非线性回归计算黏土矿物含量。

$$Vcl=a_0+a_1*GR^k+a_2*AC^k+a_3*DEN^k$$

其中：$a_0=-41.9632$，$a_1=11.854$，$a_2=12.9043$，$a_3=15.0133$，$k=0.021$（$R^2=$

0.5023)

优选多元线性回归计算千佛崖组黏土含量（图 5-2-8）。

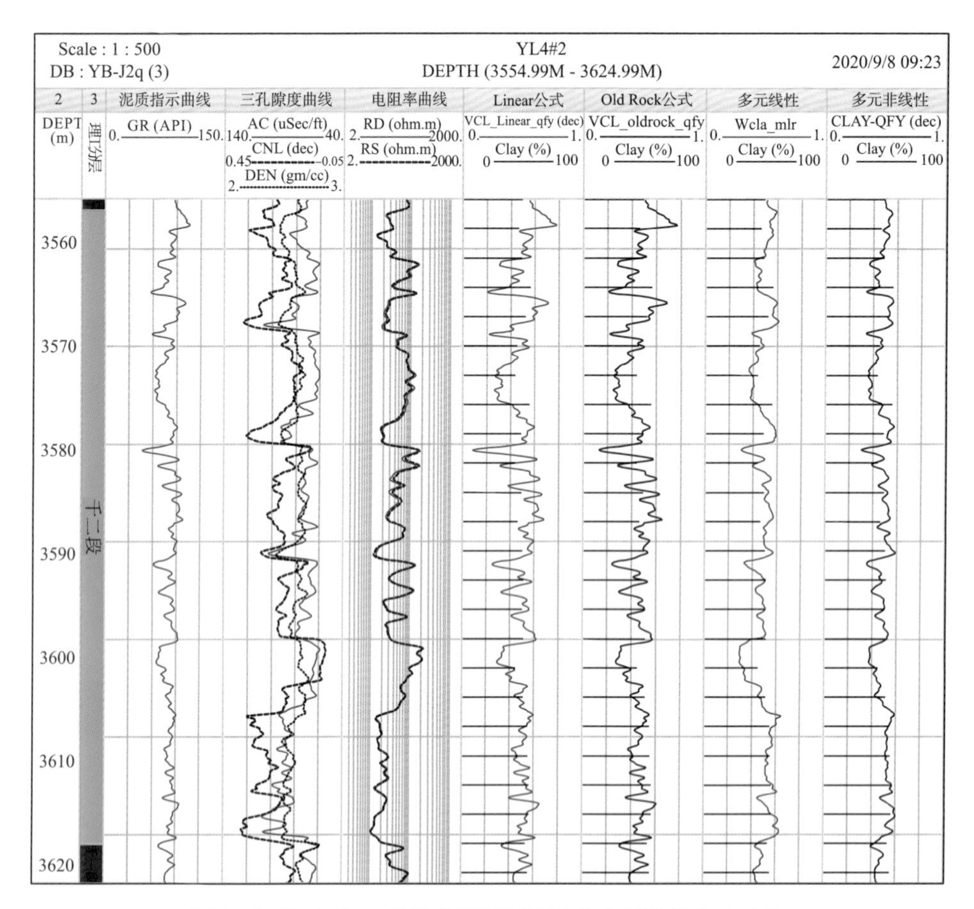

图 5-2-8　元陆 4 井千佛崖组不同黏土含量计算方法对比

2. 大安寨段粘土含量计算

（1）利用 GR 采用 Linear 公式计算黏土矿物含量。

$$Vcl=\frac{Gr-GrClean}{GrClay-GRClean}\quad (R^2=0.5177)$$

（2）利用 GR 采用 Old Rock 公式计算黏土矿物含量。

$$Z=\frac{Gr-GrClean}{GrClay-GRClean}\qquad Vcl=0.333\ (2^{2*z}-1)\ (R^2=0.5848)$$

（3）多元非线性回归计算黏土矿物含量。

$Vcl = 0.5486 - 0.0025 * AC + 0.0032 * GR + 1.1505 * CNL - 0.1363 * DEN$ $(R^2=0.7833)$

（4）多元非线性回归计算黏土矿物含量。

$Vcl=a_0+a_1 * GR^{k_1}+a_2 * AC^{k2}+a_3 * Ln(DEN)$

$a_0=-1.9398$，$a_1=8.898E-05$，$a_2=1.9343$，$a_3=-0.4884$，$k_1=1.86$

$k_2=6.9999E-02$

其中：$a_0=-41.9632$，$a_1=11.854$，$a_2=12.9043$，$a_3=15.0133$，$k=0.021$（$R^2=0.636$）

优选多元线性回归计算大安寨段黏土含量。

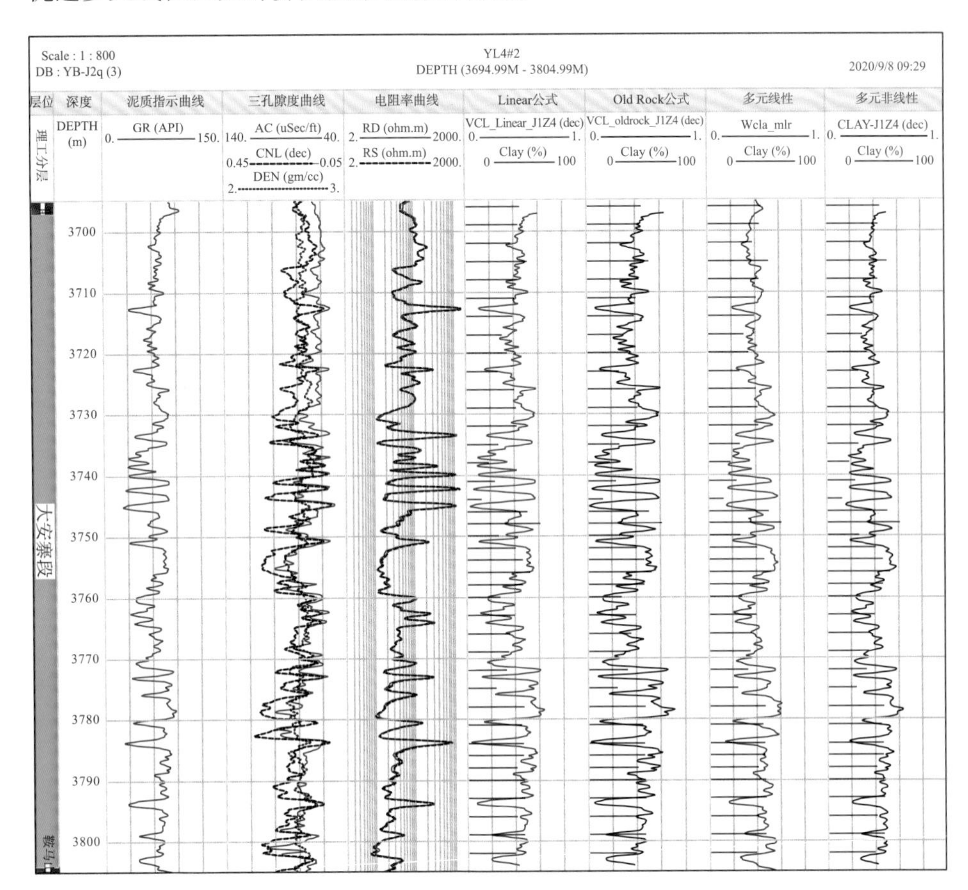

图 5-2-9　元陆 4 井千大安寨段不同黏土含量计算方法对比

3. 硅质、硅质含量计算

（1）千佛崖组硅质含量计算。

Vsi=1.9475−0.3412 * Log（AC）−4.832 * 10−4 * GR−0.5829 * CNL+0.0487 * Log（RD）−0.2749 * DEN（$R^2=0.5585$）

（2）大安寨段硅质含量计算。

Vsi=−1.9775−5.761 * 10−4 * AC+1.1962 * Log（GR）−0.0693 * CNL+0.1243 * Log（RD）+0.108 * DEN−0.01229 * PE（$R^2=0.6201$）

（3）千佛崖组钙质含量计算。

Vca=0.1769+0.143 * Log（AC）−0.2784 * Log（GR）−0.0193 * CNL+3.983 * 10^{-5} * RD+0.0377 * DEN（$R^2=0.1778$）

（4）大安寨段钙质含量计算。

Vca=3.384+0.0029 * AC−1.681 * Log（GR）−1.2263 * CNL−0.2138 * Log（RD）+0.061 * DEN（R^2=0.7344）

元陆 4 硅质、钙质含量计算结果与 ECS、X 衍射分析结果对比见图 5−2−10。

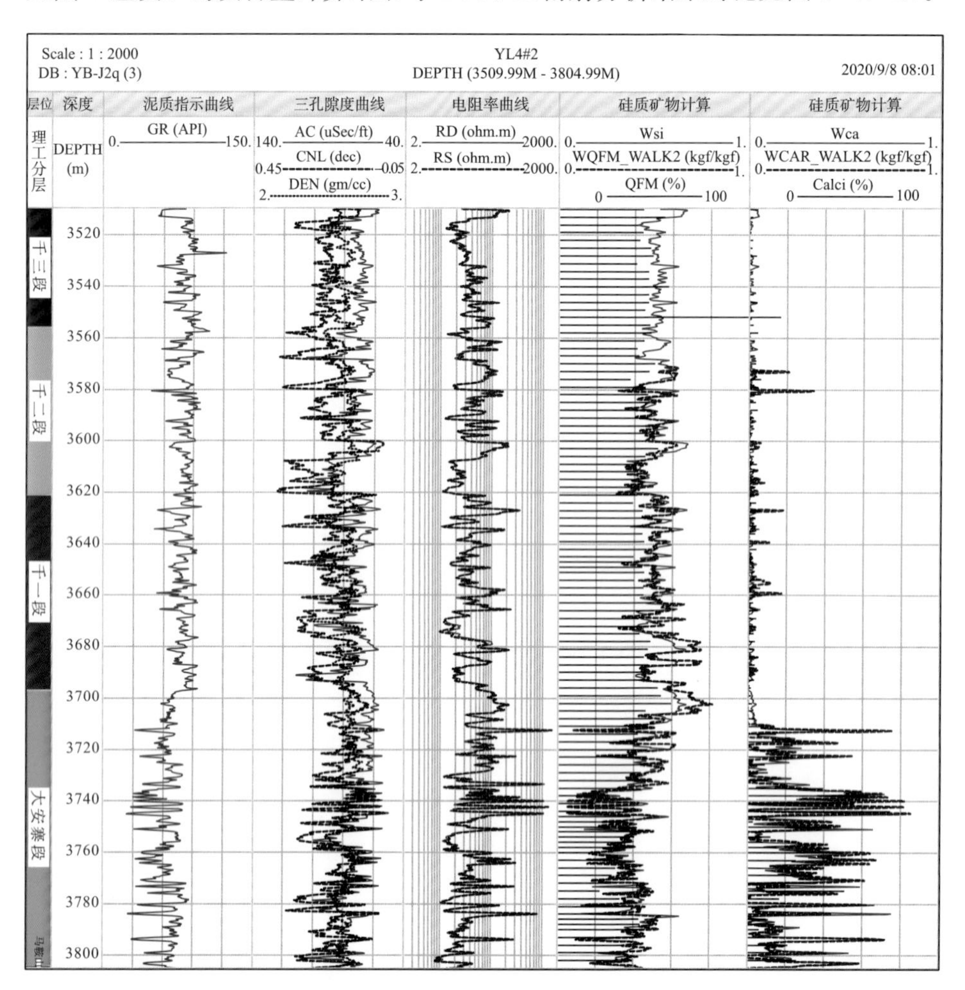

图 5−2−10　元陆 4 硅质、钙质含量计算结果与 ECS、X 衍射分析结果对比

4. 孔隙度计算

（1）千佛崖组 POR 评价模型。

POR=−37.636+14.559 * Log（AC）−2.855 * Log（GR）+30.6417 * CNL+5.4961 * Log（RD）+2.0485 * DEN（R^2=0.6927）

（2）大安寨 POR 评价模型。

POR=1.6982+0.1454 * AC−9.1695 * Log（GR）−1.3797 * CNL−0.0145 * RD+3.6402 * DEN（R^2=0.5469）

元陆 4 测井计算孔隙度与岩芯分析孔隙度对比见图 5−2−11。

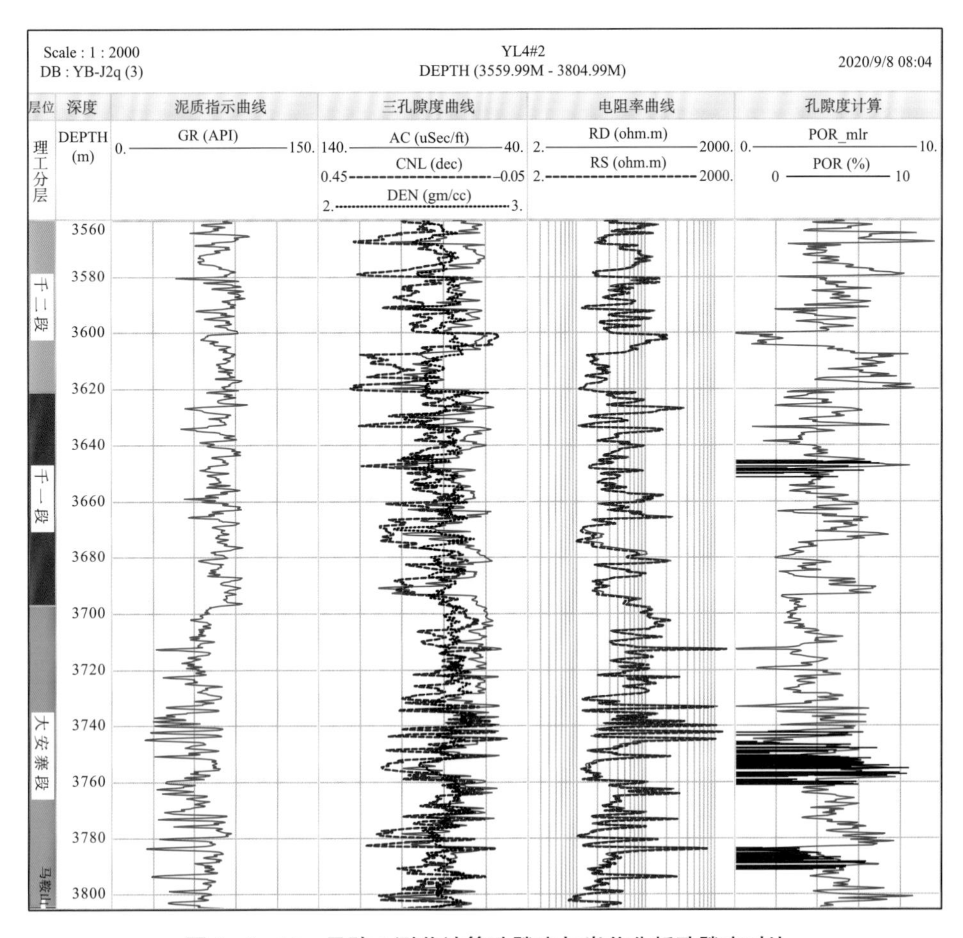

图 5-2-11　元陆 4 测井计算孔隙度与岩芯分析孔隙度对比

（二）基于多矿物模型计算矿物含量和孔隙度

川北陆相页岩储层矿物组分复杂（图 5-2-12），岩性变化快，采用最优化方法（图 5-2-13），利用丰富测井曲线信息来计算矿物剖面，计算结果与 ECS 测井和 X 衍射吻合程度高（图 5-2-14）。

图 5-2-12　页岩岩石物理体积模型

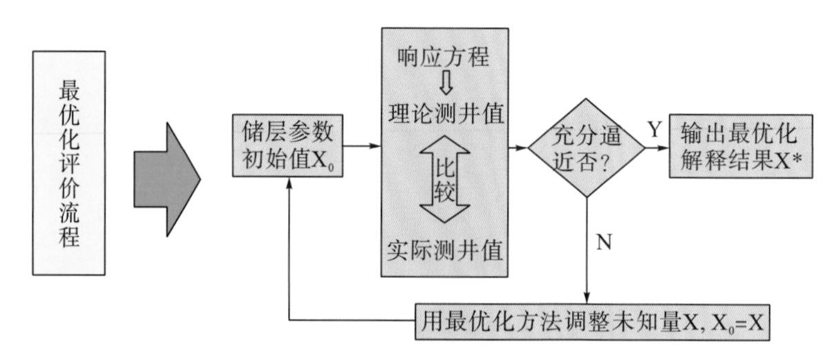

图 5-2-13　页岩岩石物理体积模型

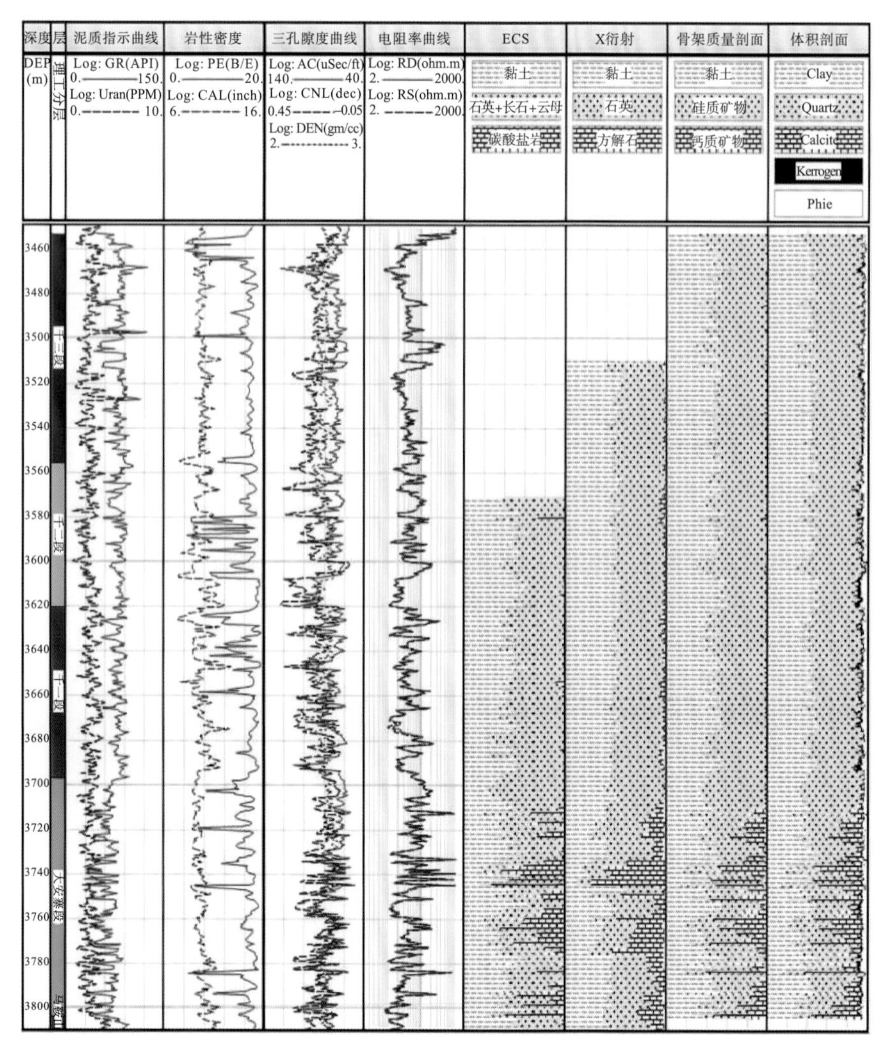

图 5-2-14　元陆 4 井最优化方法计算矿物组分与 ECS、X 衍射分析结果对比

四、储层测井评价

通过测井解释模型建立，实现了矿物组分、夹层、物性参数、地化参数、含气性

等多参数测井综合评价，结合元坝—阆中地区的实际页岩层系和测试产能及含油性，建立页岩层系储层分类测井评价标准。依据标准针对两个地区开展页岩储层评价。

表 5-2-2 页岩储层测井评价标准

储层类型	TOC（%）	POR（%）	S_1+S_2
非储层	<0.5	<1.93	<0.5
一般储层	0.5～1.5	1.93～4	0.5～1.8
优质储层	>1.5	>4	>1.8

典型井元坝 9 井：千二段测井解释平均 TOC 为 1.27%，平均孔隙度为 6.9%，平均 S_1+S_2 为 1.58mg/g，平均 S_1 为 0.41mg/g。平均黏土矿物含量 54.7%，钙质矿物 2.0%，硅质矿物 43.1%（图 5-2-15）。

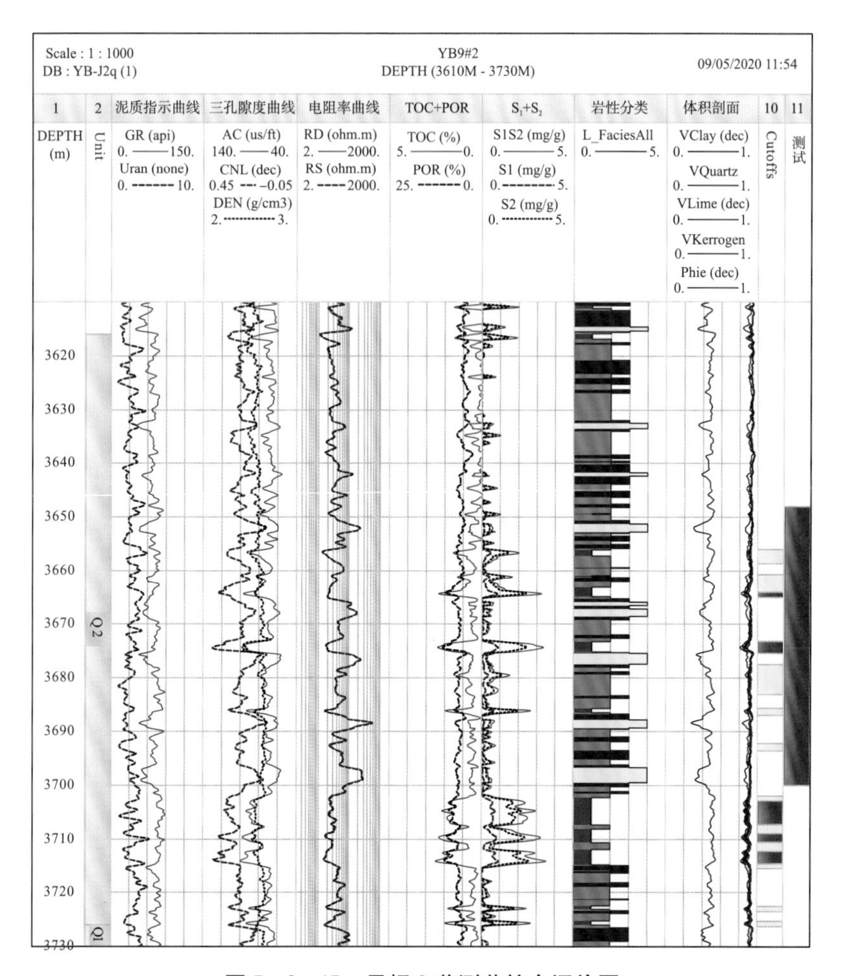

图 5-2-15 元坝 9 井测井综合评价图

整体上储层厚 33.4m，优质储层厚 11.8m，一般储层厚 21.6m，优质储层较厚，针对 3648～3700m 射孔测试，测试油压 0.86MPa，日产气 $1.2\times10^4m^3/d$，日产油

16.6m^3/d。整体上，元坝地区千二段储层厚度10～40m，优质储层4.3～15m，平面上从西北到东南储层变差变薄（图5－2－16）。

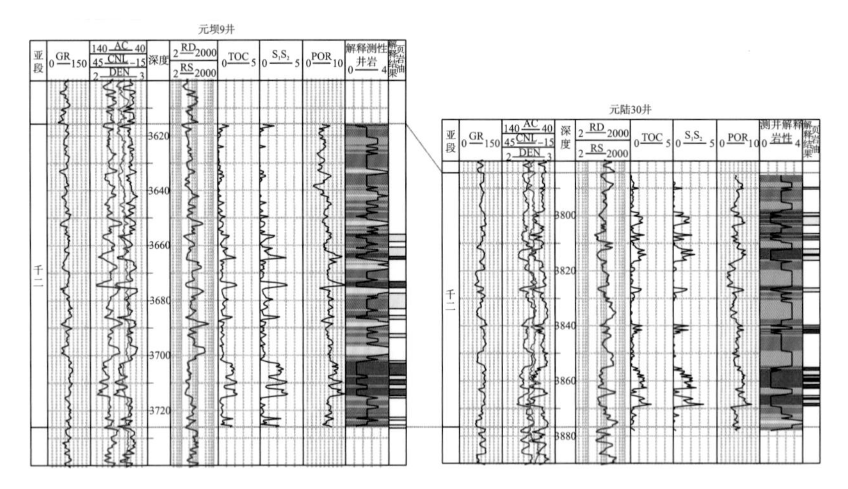

图5－2－16　元坝9－元陆30千二段储层对比

石龙17井大二段测井解释平均TOC为0.911%，平均孔隙度为3.36%，平均S_1+S_2为0.682mg/g。平均黏土矿物含量77.5%，钙质矿物21.3%（图5－2－17），其中储层厚24.9m，均为一般储层。石龙8井储层厚23.5m，平均TOC为0.79%。整体上，阆中大二亚段储层厚度8～30m，优质储层2～10m，平面上从西北到东南储层变差变薄（图5－2－18）。

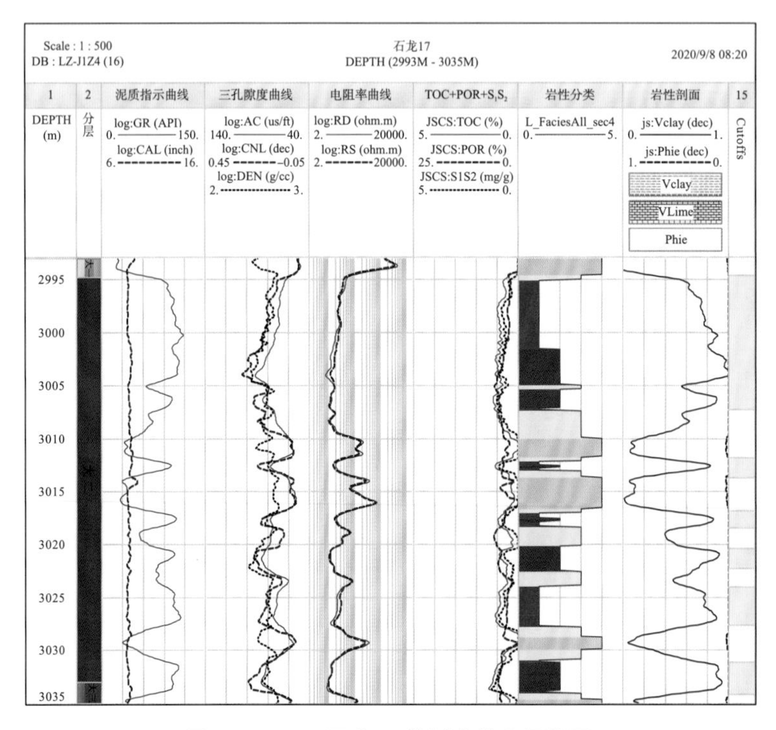

图5－2－17　石龙17井测井综合评价图

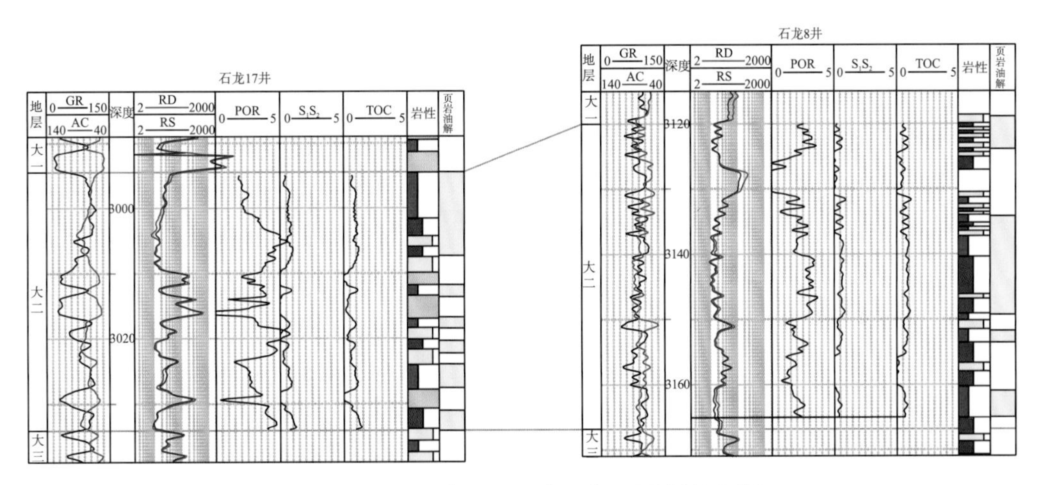

图 5-2-18 石龙 17-石龙 8 大二亚段储层对比

第三节 优质储层形成机制及展布

一、优质页岩的发育规律及主控因素

（一）富有机质页岩发育规律

元坝千佛崖组暗色泥岩纵横向的分布特征明显受控于沉积环境的变迁以及沉积相带的分异。在自流井组大安寨段二亚段水动力相对较弱，水体相对安静且贫氧，有利于富含有机质的暗色泥页岩形成，在三角洲前缘地带，页岩厚度相对较薄。

川北地区中侏罗统千佛崖组在垂向剖面上砂岩与泥页岩互层频繁。对比图显示千二段泥岩及粉砂质泥岩单层厚度薄（0.2～6.6m），总体分布较为稳定，厚度 40～98m，其中泥岩厚度 12～49m，砂质泥岩厚度 10～67m。选取元坝地区 37 口单井，按照元坝地区千佛崖组岩性分类（泥岩、砂质泥岩、泥质砂岩、砂岩等四类岩性），开展单井测井岩性评价，统计千一段、千二段、千三段泥页岩厚度。千一段泥页岩厚度在 4.5～23m，平均厚度 10.6m，平面上表现出中西部较厚、东部较薄。千二段泥页岩厚度在 11～34m ，平均厚度 23m，平面上表现出中西部较薄、东部厚的特征。千三段泥页岩厚度在 1.25～12.87m ，平均厚度 3.8m，平面上表现出中西部较薄、东部较厚的特征。千二段泥页岩厚度较千一段、千三段厚。

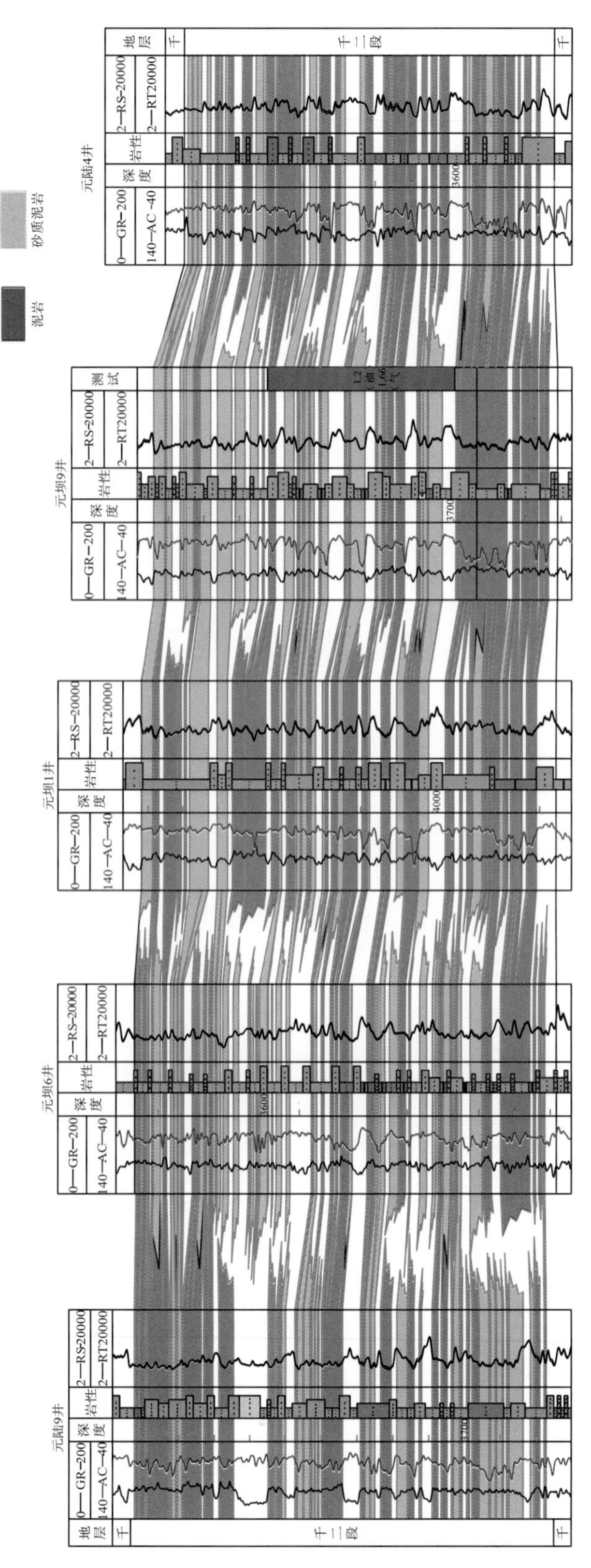

图5-3-1 元坝地区千二段泥岩、粉砂质泥岩对比图

阆中地区大二段垂向剖面上泥页岩与灰质页岩互层频繁，灰质页岩、页岩单层厚度较薄（0.81～17.37m），纵向上与灰岩呈互层状，横向上分布较为稳定。自西向东，页岩＋灰质页岩厚度有逐渐增大的趋势，石龙 17 井仅 20.5m，而石龙 16 井达到 44.8m。选取阆中地区 37 口单井，按照元坝地区千佛崖组岩性分类（页岩、灰质页岩、泥质灰岩、灰岩等四类岩性），开展单井测井岩性评价，统计大一亚段、大二亚段、大三亚段泥岩厚度。

大一亚段泥页岩厚度在 1～12m ，平均厚度 5.25m，平面上表现出西厚东薄特征。大二亚段泥页岩厚度在 20～44m ，平均厚度 27m，平面上表现出西薄东厚的特征。千三段泥页岩厚度在 2～12m ，平均厚度 5m，平面上表现出北部较厚南部较薄的特征。大二亚段泥页岩厚度较大一亚段、大三亚段厚。

元坝地区在陆相专探井钻探过程中，在大安寨段有多口井钻遇良好油气显示。其中位于工区西北部的元陆 9 井，显示最为活跃，大安寨段钻遇显示层 12 层/38 米；从平面分布看，同样位于西北部区块的元陆 6、7、8 井显示情况好于其他位置井，其次为位于中东部位置的元陆 1 井。而从纵向分布看，元坝工区各井大安寨段显示较千佛崖组、东岳庙段差，略好于马鞍山段，仅 9 口井有钻井显示，且显示层数较少，最多的为元陆 9 井 12 层，累厚 38 米。

阆中地区的泥页岩单层厚度较薄（0.81～17.37m），纵向上与灰岩呈互层状，横向上分布较为稳定，自西向东，页岩厚度有逐渐增大的趋势，石龙 17 井仅 20.5m，而石龙 16 井达到 44.8m。其中多口井的大二亚段泥页岩段均钻遇良好显示，尤其是川凤 50 井井区，针对大二亚段泥页岩与灰岩互层段，开展水平井实验，获日产 33 吨产量。

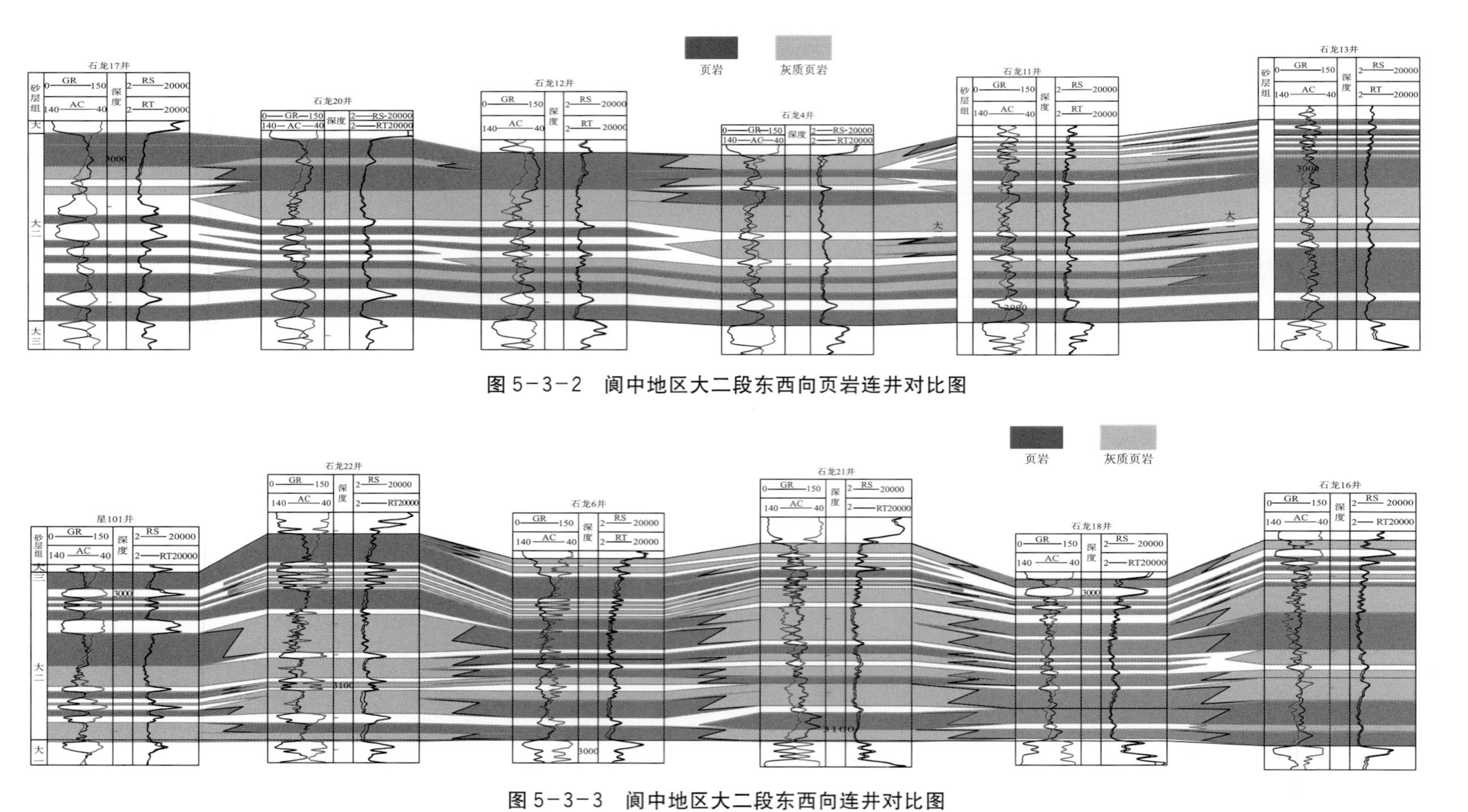

图5-3-2 阆中地区大二段东西向页岩连井对比图

图5-3-3 阆中地区大二段东西向连井对比图

（二）泥页岩储层发育主控因素

（1）沉积相是暗色泥页岩发育的基础。

早侏罗世早期，受印支运动晚幕造山作用影响，四川盆地周围全部被古陆所包围，盆地中心演变为内陆湖泊，开始了湖泊相的沉积。湖相受水深、陆源碎屑物源、古地貌等方面的影响，沉积变化快。沉积相带控制了富有机质泥页岩的空间展布。

元坝地区大安寨段沉积物反映了不同的沉积环境，包含了滨湖、浅湖、半深湖以及湖湾等沉积环境。通过对比分析发现，浅湖、半深湖、湖湾沉积相带是富有机质泥页岩分布的有利相带，富有机质泥页岩具有厚度大、分布稳定、TOC 含量高的特点，TOC 含量大多在 0.5%以上。而滨湖亚相虽然也有一定厚度的泥页岩分布，但普遍厚度较小，且 TOC 含量以小于 0.5%最多。元坝地区浅湖、半深湖相带总体水动力条件相对较弱，处于弱氧化-还原环境，沉积物主要为有机质丰富的暗色泥岩、页岩或粉砂质泥岩、页岩夹薄层或条带状的介壳灰岩和砂岩，该沉积相带富有机质泥页岩分布稳定。

（2）岩相控制了物性特征。

元坝地区大安寨段获工业气流的钻井中，获工业气流井段或油气显示层段主要发育于较厚层的灰岩、介壳灰岩或富有机质的泥页岩中，而在较厚层的细砂岩、粉砂岩中油气显示最差。这种油气显示的差异性主要原因在于这套富有机质泥页岩夹薄层或条带灰岩的岩性组合具有源储共生的特征，而相对厚层的砂岩中的油气主要是二次运移形成的，虽然也相对近源，但仍有一定的差异性。另外岩性组合明显控制了物性特征，其中富有机质泥页岩或富有机质泥页岩夹薄层（条带）灰岩的岩性组合物性较好，而相对厚层的砂岩和灰岩储集性较差，泥页岩组合除了页岩层理以及页岩与薄层灰岩之间的层间缝影响之外，另一个影响因素是有机质含量。通常有机质成分转化为烃类排出后会产生大量的孔隙空间，形成有机质孔，而相对厚层的砂岩或灰岩则比较致密，孔隙度、渗透率明显偏小，微孔、微缝相对不发育。

阆中地区大安寨段灰岩储层平面分布广、连续性好。埋深介于 2820～3060m，单井钻遇介屑灰岩厚度 25～55m 左右，受储层物性、成岩作用及裂缝发育程度等影响，有效储层横向连通性较差。大一亚段：埋深介于 2820～3000m，发育 2～7 套介屑灰岩储层，单层厚度 3.0～14.0m 左右，单井钻遇介屑灰岩厚度 5～35m 左右。大二亚段：埋深介于 2850～3040m，发育 4～8 套介屑灰岩储层，单层厚度 1.0～8.0m 左右，单井钻遇介屑灰岩厚度 5～20m 左右。大三亚段：埋深介于 2820～3060m，发育 3 套介屑灰岩储层，单层厚度 1.0～5.0m 左右，单井钻遇介屑灰岩厚度 2～17m 左右。

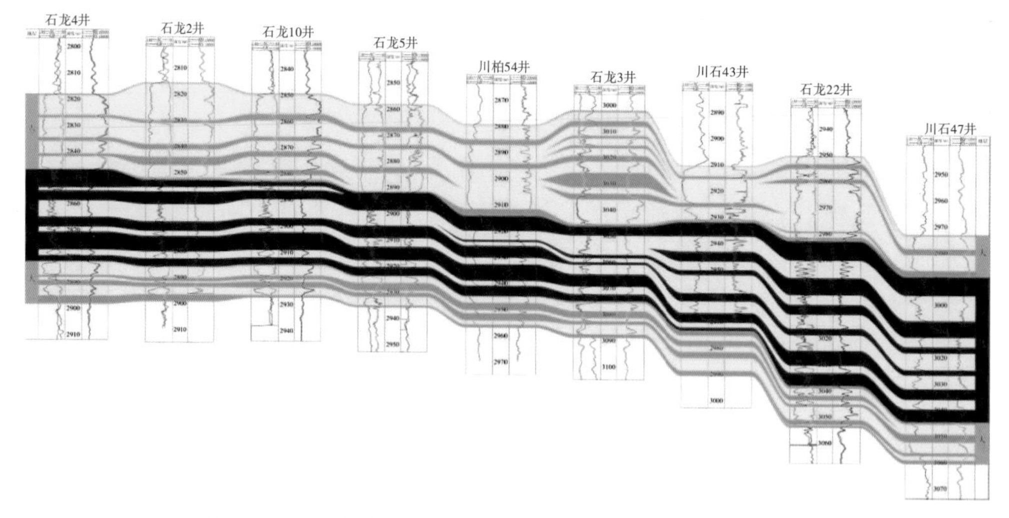

图 5-3-4　阆中地区大安寨各亚段南北向储层对比剖面图

二、优质页岩储层预测

（一）阆中地区大安寨段泥页岩储层

阆中地区大安寨段泥页岩储层具有岩性组合复杂、储层非均质性强、薄层的特征。本次储层预测拟在地震资料解释性目标处理基础上，针对研究区主要评价目标区域，开展目的层岩石物理特征研究及地震响应特征分析，建立不同层段储层的地震预测模式，采用针对性强的地震属性定性预测与地震反演定量描述手段，最终实现研究区优质储层分布综合预测。

1. 层位标定

层位标定是地震资料解释及储层预测工作的前提和基础，也是地震资料和地质资料的桥梁，准确地确定储层与地震反射波之间的对应关系，是储层预测的基础。应用储层的精细标定技术，结合已有的钻井、测井、地质资料来进行标定，可以准确地标定储层的反射波组。

大套的地震反射层位与合成记录对应相关性较佳，波组之间能量强弱对应关系较合理，清楚地反映了钻井地质分层与地震解释层位之间的对应关系，为下一步储层预测打下基础。

2. 地震响应特征

通过单井层位标定及连井标定显示（图 5-3-6、图 5-3-7），大安寨段测井曲线上呈明显的三段式特征：大一亚段 GR 值低，曲线具典型的箱状特征，是一套夹于上部千佛崖底部泥岩与大二亚段顶部泥岩之间的介屑滩灰岩储层，是一个薄夹层结构，反射波极为突出，区域上是一个反射标准波，连续而稳定，灰岩储层顶部形成一个典型的“亮点”反射。大三亚段顶部为大二亚段底部泥岩或介屑灰岩及泥页岩薄互层，两者之间将形成区域上非常稳定的强波峰反射，大三亚段储层顶部具有“亮点”反射特征。大二亚段为泥页岩储层主要发育段，GR曲线为夹持于大一亚段与大三亚段低GR值之间的一个高GR段，总体位于一个强波谷内部。再细分可划分为上下两段，上部岩性以泥页岩为主，高GR，表现为强波谷下缘、低阻抗响应特征；下部岩性为介屑灰岩与泥页岩薄互层，部分区域以泥页岩为主，对应为强波形下的空白反射，部分区域介屑灰岩较发育，当含量达到某个值或者单层介屑灰岩厚度达到某个值时，在大二底部“亮点”反射之上的波谷内部将形成一个较强的复合反射，灰岩对应于弱波峰下缘反射，泥页岩对应于复合波的波谷反射。

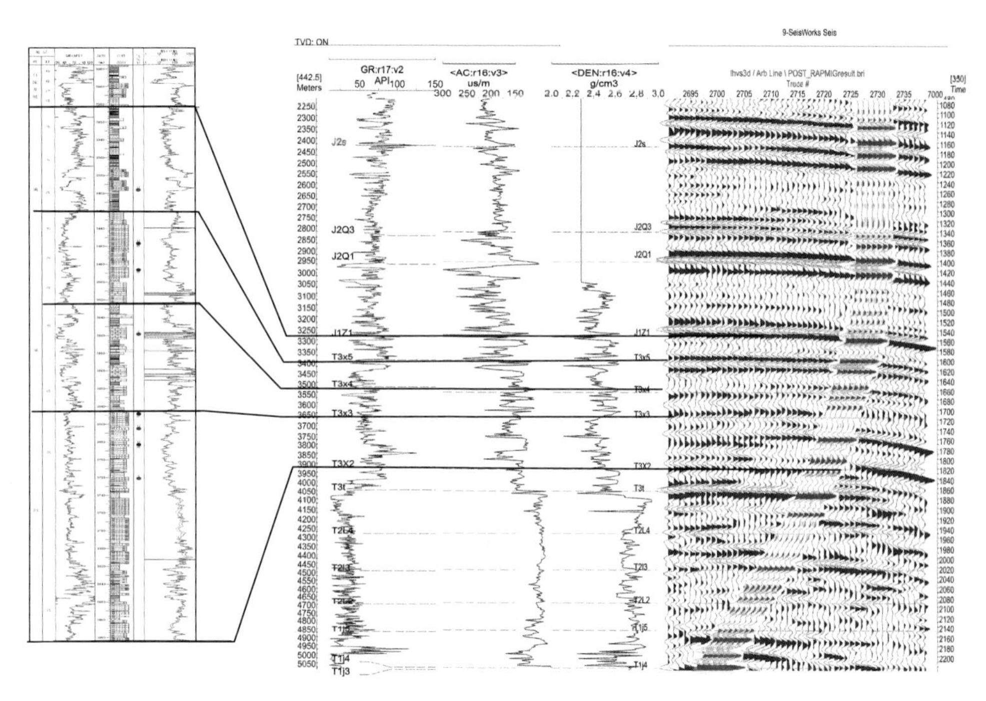

图 5-3-5　石深 1 井岩性剖面及地震合成记录

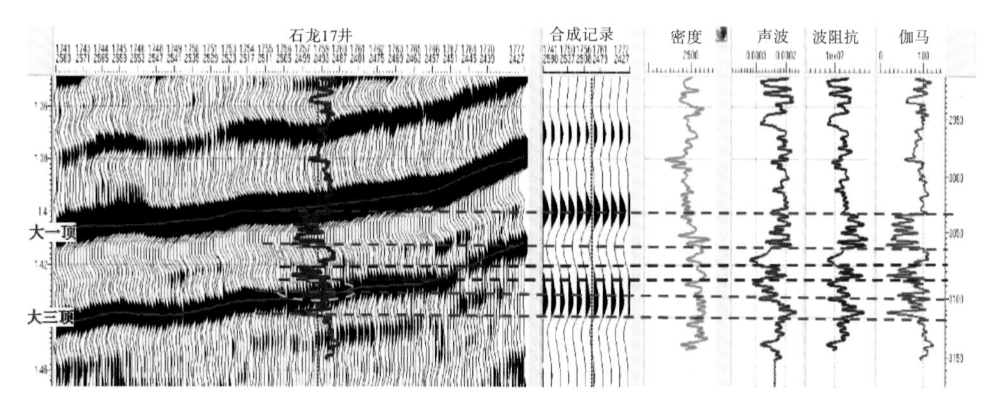

图 5-3-6　石龙 17 井大安寨段储层标定

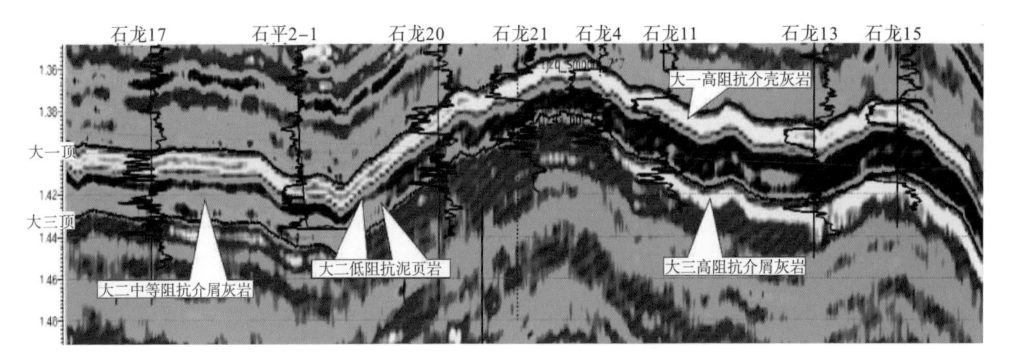

图 5-3-7 阆中地区大安寨段连井标定图

整体上，泥页岩储层位于大二亚段，表现为强波谷（复合波谷）下缘，具有低阻抗特征。

3. 储层整体预测思路

通过对目的层开展稀疏脉冲反演，结合地震反射特征，进行地震属性、地震相研究等分析。针对阆中大二亚段泥页岩薄互层预测难度大，采用了常规反演与地质统计学高分辨率反演相结合的技术方法，开展了储层展布预测。

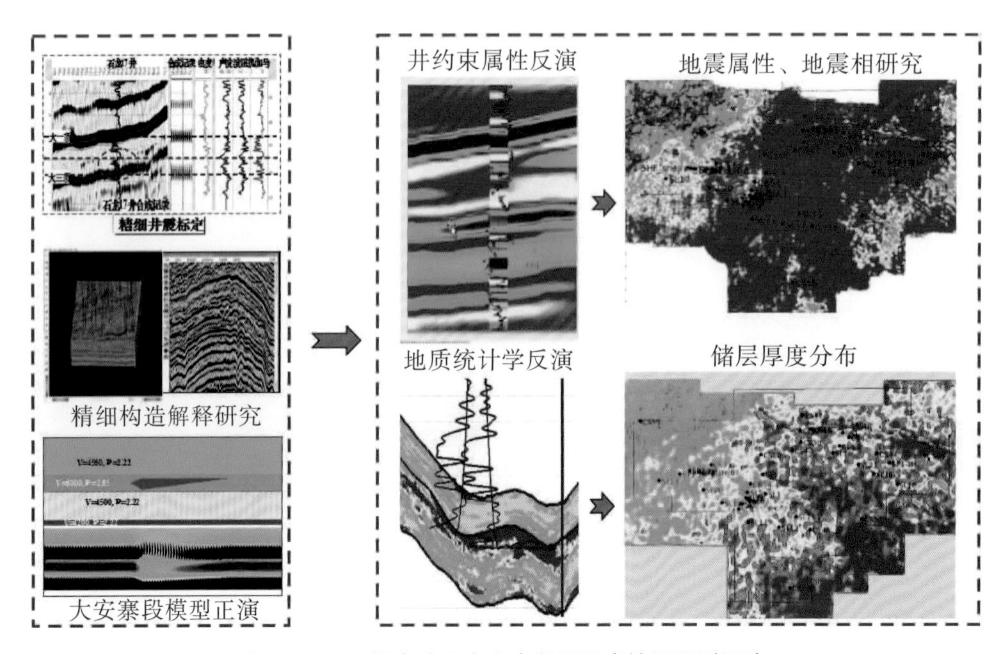

图 5-3-8 阆中地区大安寨段泥页岩储层预测思路

4. 地震相分析

通过波形分类等地震属性分析方法可以进行地震相与沉积相预测。地震道形是地震相（振幅、相位、频率等）的综合反应，波形分类进行地震相分析是在地震道的波形特征分类和识别的基础上进行。一般地，同类型的地质体或储层，常常可以有相似的波形；相似的波形往往可能有同类型的地质体或储层。

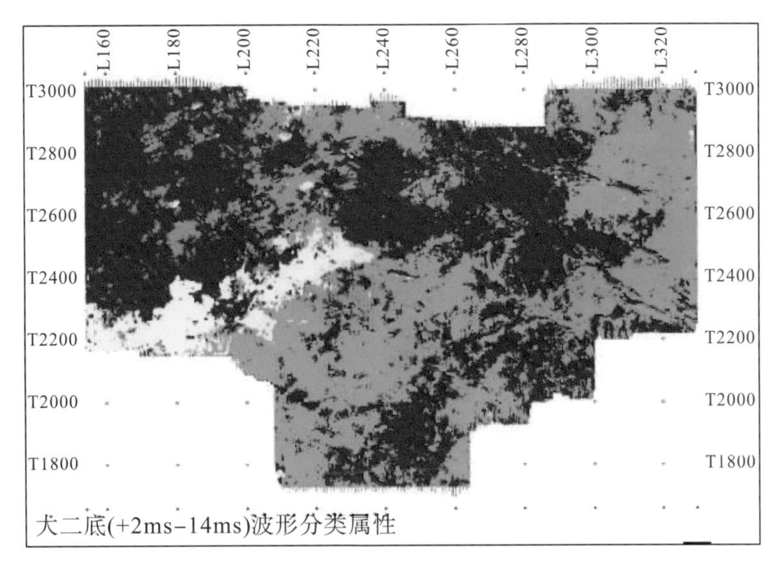

图 5-3-9 阆中地区大二亚段地震相平面预测分布图

预测结果表明，大二亚段为湖泊沉积，工区中部为低能沉积环境，沉积物以泥页岩为主，工区东西部为高能沉积环境，沉积以灰岩为主。

5. 储层预测

(1) 振幅属性分析。

由大安寨段模型正演结果表明，随着页岩的厚度加大，地震振幅响应变弱（图 5-3-10），在此模式下，振幅越弱，表明泥页岩的厚度越大。但实际地层结构较上述模型复杂得多，泥页岩与灰岩夹层的层数、厚度、位置不尽相同，用一个简单的褶积模型来描述薄层也有欠精确，但可利用振幅参数定性地预测大安寨段泥页岩的分布。

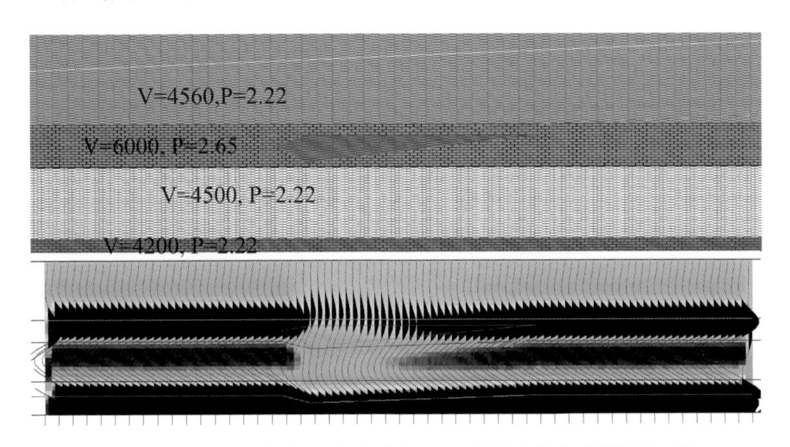

图 5-3-10 阆中地区大安寨段泥页岩厚度与振幅模型正演

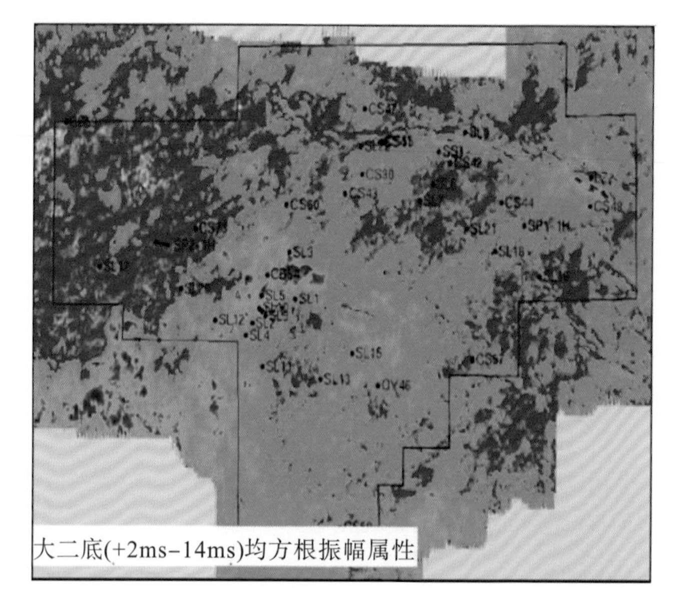

图 5-3-11　阆中地区大二亚段下部均方根振幅属性图

由阆中地区大二亚段下部均方根振幅属性图可以看出，工区中部振幅弱，沉积物以泥页岩为主，东西部振幅强，沉积以灰岩为主，预测结果与地震相预测结果匹配性较好。

（2）叠后确定性反演。

开展储层定量预测最常使用的方法主要是通过波阻抗反演，利用阻抗值值域门槛，进行定量预测。地震反演根据所用资料分为叠前反演和叠后反演两大类。叠前反演主要包括弹性阻抗反演、叠前 P 波阻抗和 S 波阻抗联合反演、叠前地震波形反演、叠前地质统计学反演等。叠后反演按测井资料在其中所起的作用又可分为 4 类：无井或少井的递归反演；少井或多井约束的稀疏脉冲反演；多井的测井加地震联合随机反演和随机模拟；多井的地震约束测井反演。叠前、叠后反演的主要差异在于：叠后地震反演的数据量小，反演速度快，反演成本低，反演结果得到的储层信息少；而叠前地震反演的数据量大，耗时费力，反演成本高但反演结果得到的储层信息多，储层描述的精度高，更有利于岩性油气藏的勘探与开发。本项目主要是以叠后反演方法，主要算法为稀疏脉冲反演算法（图 5-3-12）来展开研究的。

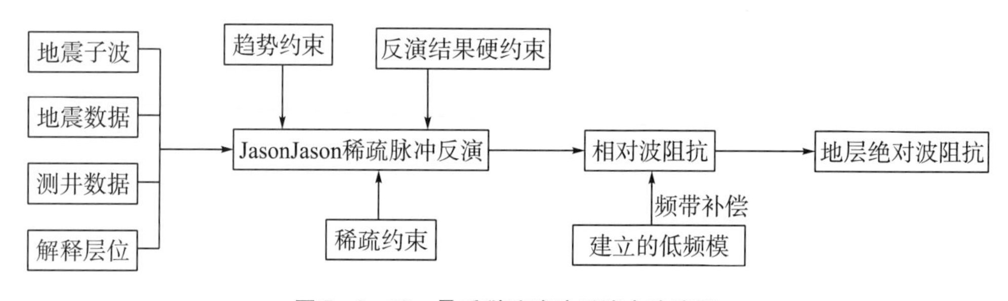

图 5-3-12　叠后稀疏脉冲反演方法流程

稀疏脉冲波阻抗反演由递归反演发展而来，其基本假设是地层的强反射系数是稀疏的，即由起主导作用的强反射系数序列与具高斯背景的弱反射系数序列叠合组成。据此迭代估算地下稀疏反射系数和地震子波，逐步筛选、优化求得稀疏脉冲模型所代表的地下波阻抗模型。其实现步骤如下：

通过最大似然反褶积求得一个具有系数特性的反射系数序列；

通过最大似然反演导出宽带波阻抗；

通过道合并得到一个全频带的绝对波阻抗。

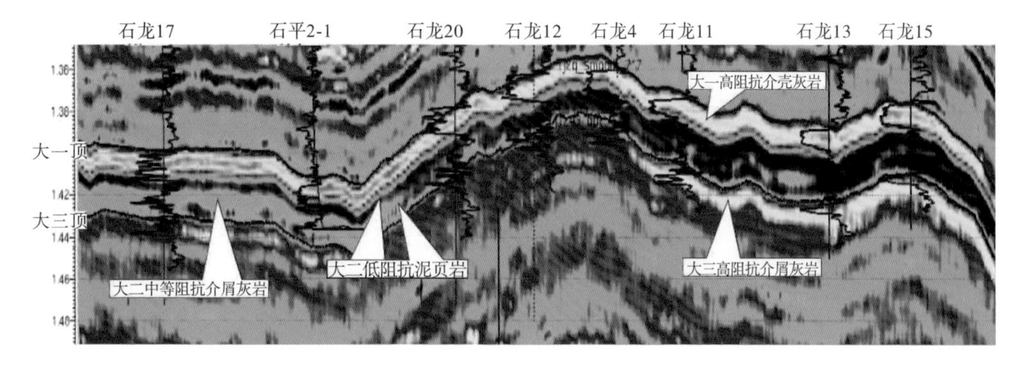

图 5-3-13　阆中地区大安寨段叠后确定性反演连井剖面

从叠后确定性反演剖面上可以看出，大二亚段泥页岩与介屑灰岩薄互层呈低－中等阻抗特征；大一亚段与大三亚段薄层介壳灰岩呈高－中高阻抗特征。

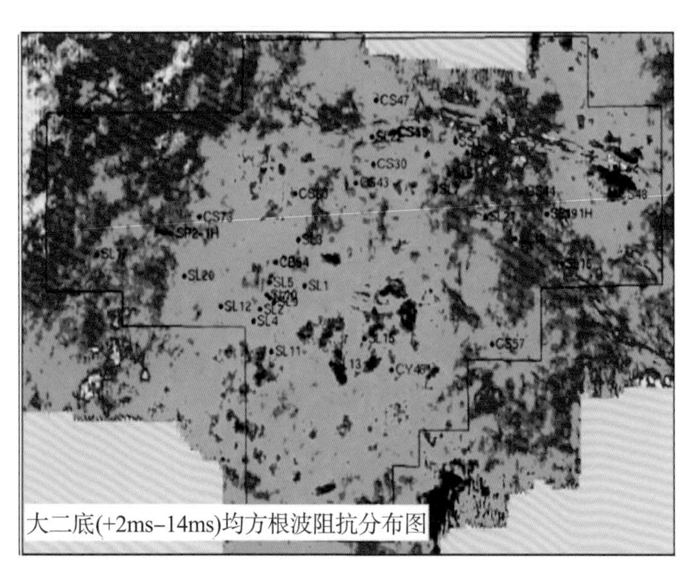

图 5-3-14　阆中地区大二亚段下部均方根波阻抗属性图

由阆中地区大二亚段下部均方根波阻抗属性图可以看出，工区中部阻抗值低，沉积物以泥页岩为主，东西部阻抗值强高，沉积以灰岩为主，预测结果与振幅属性预测结果相似。

由于大二泥页岩储层单层厚度较薄，低于地震常规极限分辨率，介于调谐厚度范围内，地震反射响应以及阻抗特征均是储层与非储层的综合响应的结果，因此利用常规的卡阻抗值值域门槛的方法多解性大，预测厚度误差大，因此需要寻找其他储层预测方法进行。

（3）叠后地质统计学反演。

叠后地质统计学反演是由模型驱动，通过地震资料、测井数据作为约束，引入随机模拟理论，进行随机模拟的一种反演方法。

地质统计学模拟最重要的环节是变差函数及各种属性、岩性 PDF 函数分析，变差函数是地质统计学方法中最常用的衡量储层空间关系的手段，是地质统计学中描述区域化变量空间结构性和随机性的基本工具。它综合了各种不同来源的数据，研究待模拟曲线变差函数的计算及理论拟合，分析结果直接关系到建立储层模型的可靠性。变差函数的数学表达式为：

$$r(h)=\frac{1}{2N(h)}\sum_{i=1}^{N(h)}[Z(x_i)-Z(x_i+h)]^2$$

式中：h 为滞后距；Z 为观测值；r 为变差函数值；N（h）表示距离为 h 的个数。

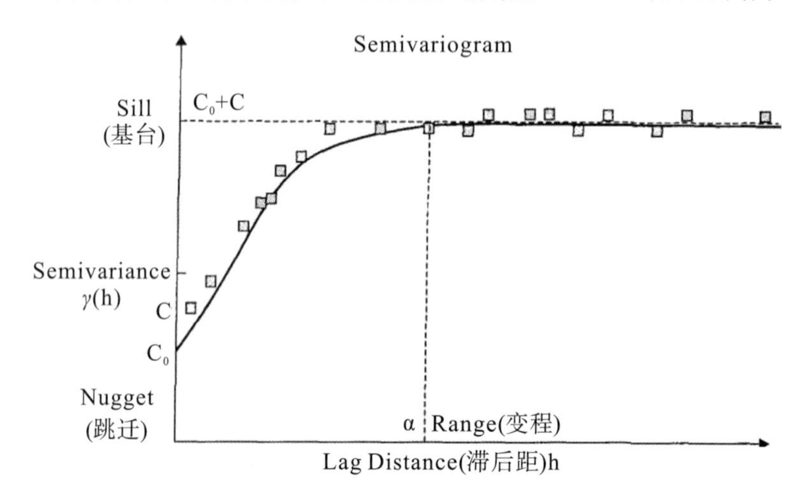

图 5-3-15　变差函数参数示意图

上图中，α 为 r（h）达到平稳值时的滞后距值，称为变程，它表示空间上的最大相关距离。C_0 为跳迁值即块金常数，它代表区域化变量随机性变化；C 为拱高，代表区域化变量结构性变化的部分；C_0+C 为基台值，反映区域化变量在数值大小上的最大变化幅度。当基台值一定时，C_0 越大，C 越小，这说明区域化变量的空间分布随机性越强，结构性越差；反之 C_0 越小，C 越大，这说明区域化变量的空间分布结构性越强，随机性越弱。变程代表了区域化变量存在空间相关性的平均尺度，α 越小，反映区域化变量空间分布的相关性尺度越小，变化速度越快，随机性越强，相关性越弱；反之亦然。常用的分析方法是在地质模型定义的模拟单元内，分别对各套地层使用的测井阻抗数据或岩性数据进行统计和转换，使数据符合正态分布特征，并确定在空间上某一特定出现不同值的可能性然后进行最优的变异函数拟合，得到变程、基台值和块金常数等表征地质量在空间上的影响范围，分布连续性以及各向异性等特征的重要参数。

PDF 函数即概率密度函数，它是不同岩性不同属性在不同值域段分布的概率体现，基本是都是根据井上数据统计和运算得到的，下图为研究区的大二亚段两种岩性 PDF 函数，由下图可知阻抗属性 PDF 函数有叠置，但是阻抗主体值域基本上是分开的，因此从阻抗属性上，不同岩性基本上是可分的。

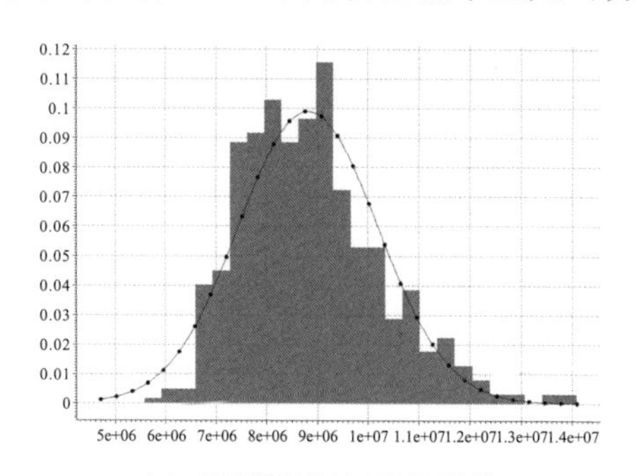

(a) 泥页岩阻抗 PDF 函数

(b) 介屑灰岩阻抗 PDF 函数

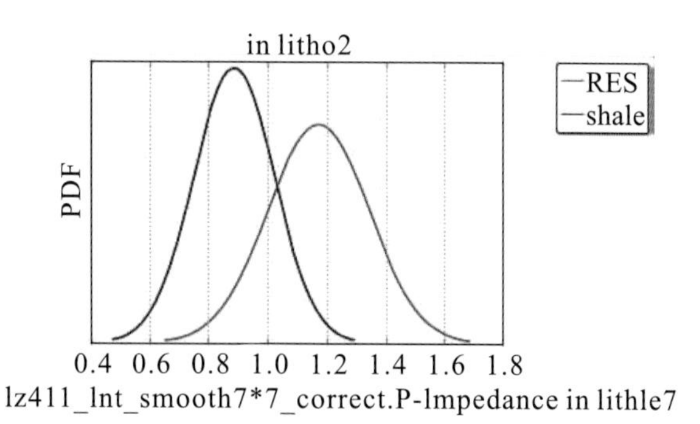

(c) 两种岩性 PDF 函数

图 5-3-16　阆中地区大二亚段两种岩性阻抗 PDF 函数分析

通过正演模型揭示，当储层厚度小于 1/4 地震波长时，地震反射波会出现调谐效应，反射波振幅幅值与薄层厚度成正比关系。虽然通过常规波阻抗反演无法得到薄层泥页岩的厚度，但是可利用地质统计学反演的方法计算出泥页岩分布概率以及泥页岩分布概率体与地震反射振幅强弱的关系，从而间接制定大二亚段薄层泥页岩的解释量版，进而得到大二亚段泥页岩的厚度。

图 5-3-18 与图 5-3-19 为阆中地区大二亚段叠合地质统计学反演结果剖面，剖面中红色为泥页岩，由图可知，地质统计学反演结果较常规反演分辨率得到了大的提升。

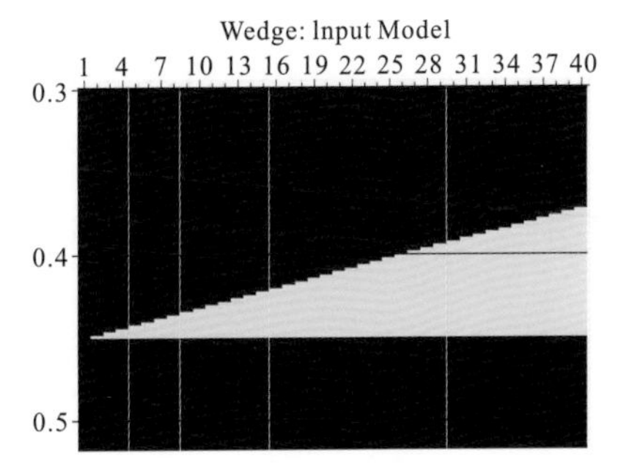

楔状模型正演

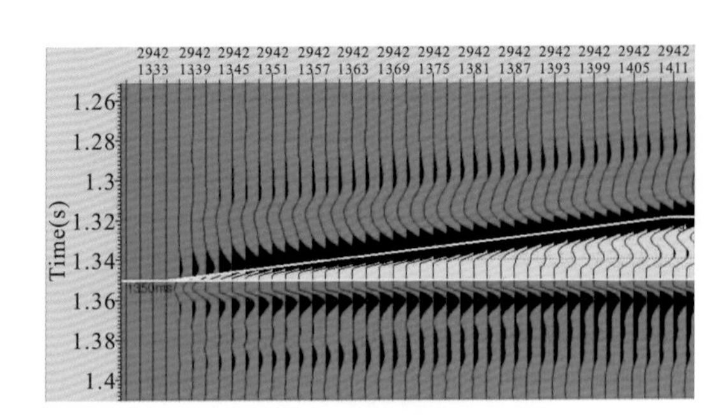

正演地震剖面

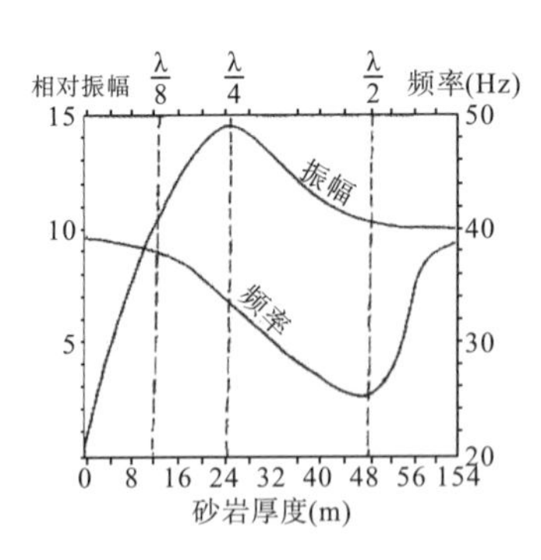

振幅幅值与薄层厚度增加关系图

图 5-3-17　模型正演振幅属性分析图

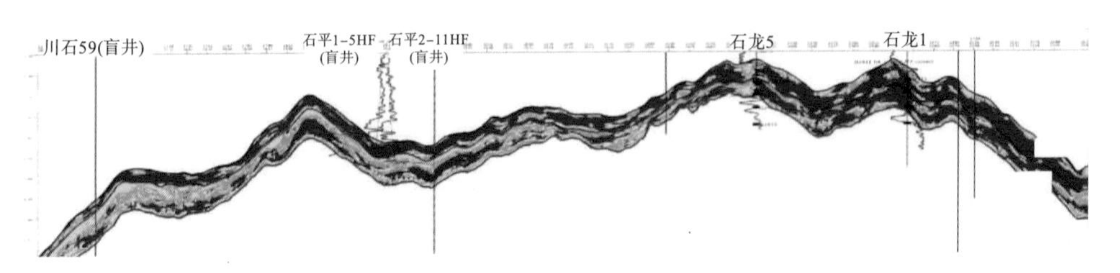

图 5-3-18　阆中地区大二亚段泥页岩分布概率剖面图

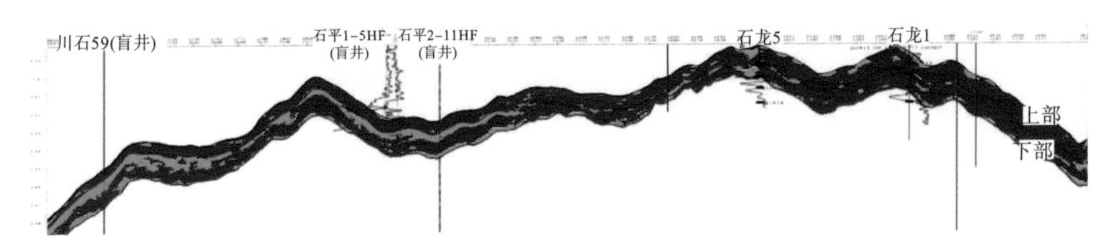

图 5-3-19　阆中地区大二亚段岩性剖面图

表 5-3-1　阆中地区大二亚段上部泥页岩地震预测厚度与实钻厚度对比表

井位	测井解释泥页岩厚度（m）	地震预测泥页岩厚度（m）	厚度误差（m）	误差率（%）
石龙 17	11.3	11.8	0.46	0.96
石龙 20	16.8	16.1	−0.65	0.96
石龙 13	16.2	13.1	−3.05	0.81

续表5-3-1

井位	测井解释泥页岩厚度（m）	地震预测泥页岩厚度（m）	厚度误差（m）	误差率（%）
石龙 7	18.0	18.4	0.37	0.98
石龙 8	20.8	22.8	2.00	0.91
石龙 16	25.6.	24.1	−1.49	0.94
阆中 2	16.5	18.3	1.80	0.90

表 5-3-2　阆中地区大二亚段下部泥页岩地震预测厚度与实钻厚度对比表

井位	测井解释泥页岩厚度（m）	地震预测泥页岩厚度（m）	厚度误差（m）	误差率（%）
石龙 17	11.6	11.7	0.09	0.99
石龙 20	12.5	11.4	−1.05	0.92
石龙 13	16.8	19.7	2.89	0.85
石龙 7	15.7	17.4	1.71	0.90
石龙 8	21.8	19.6	−2.24	0.90
石龙 16	20.4	20.0	−0.38	0.98
阆中 2	20.6	15.1	−5.50	0.73

由阆中地区大二亚段泥页岩厚度预测结果（图 5-3-20 与图 5-3-21）可以看出，大二亚段整体为湖侵期沉积，泥页岩较为发育。其中上部泥页岩较下部泥页岩更为发育，厚度大、展布面积大，主要位于工区中部-东部；下部泥页岩主要发育在工区中部，东西部发育稍差。

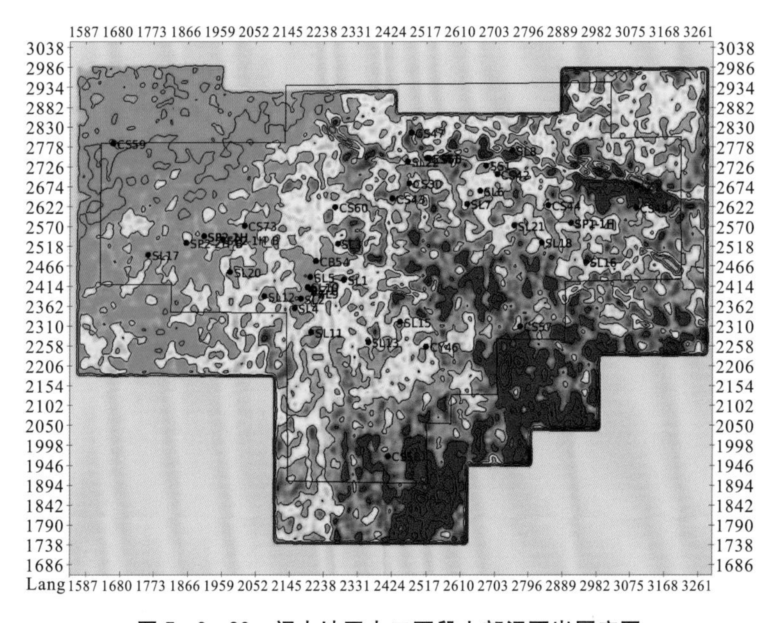

图 5-3-20　阆中地区大二亚段上部泥页岩厚度图

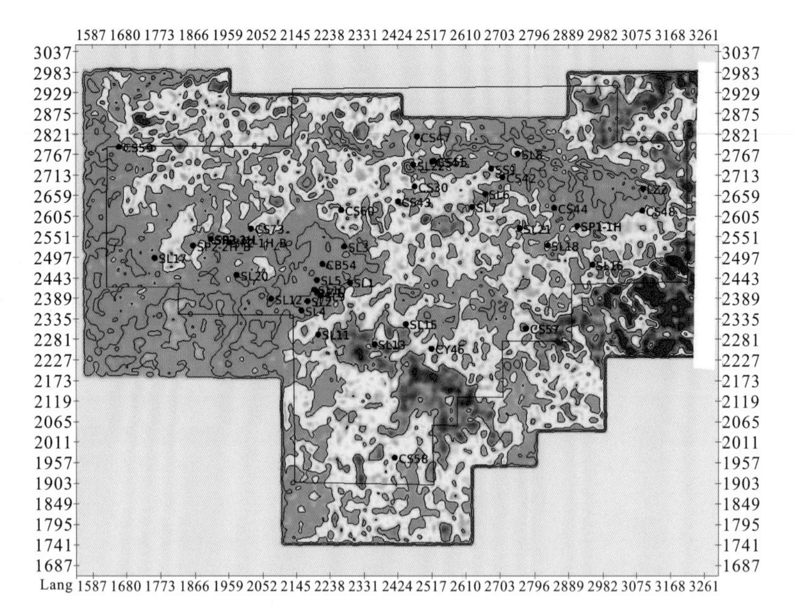

图 5-3-21　阆中地区大二亚段下部泥页岩厚度图

对比地震预测的泥页岩厚度与实钻厚度可知，二者符合率基本大于 80%，吻合程度较高，分析反演结果较为可靠。

（二）元坝地区千佛崖组泥页岩储层预测

元坝地区千佛崖组泥页岩储层主要发育在千二段，细分可分为上下两段。千二上部岩性以泥砂薄互层为主，单层厚度薄；千二下部以泥页岩为主夹薄砂质泥岩。

1. 层位标定

由单井地震合成记录可以看出，千二段顶和底在地震剖面上对应于强波峰反射，在元坝工区反射特征稳定。在千二段内部，由于千二岩性以泥页岩及砂岩薄互层为主，地震响应反射特征不明显，只能以优势岩性发育段——如泥页岩段、砂岩段等作为岩性单元进行整体特征刻画。千二上下段的分界位于较厚大砂岩段底（下泥页岩顶），合成记录显示对应于波谷反射，且该反射在元坝工区稳定分布。据此开展了元坝地区千佛崖底和千二砂岩底两个层位的地震层位解释工作。

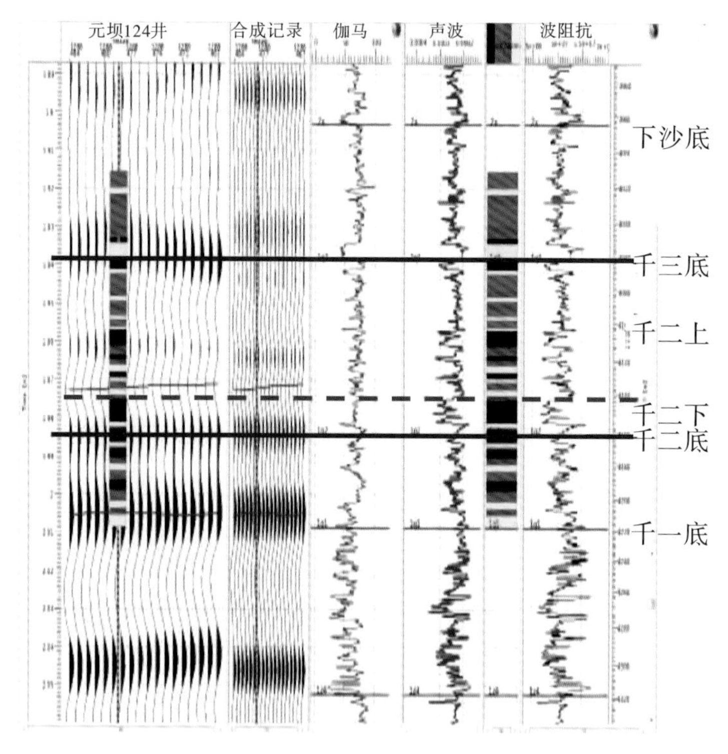

图 5-3-22 元坝 124 井地震合成记录

2. 地震响应特征

通过单井层位标定及连井标定显示，千二下部泥页岩对应于波谷下缘反射，泥页岩单层厚度较厚，地震响应振幅为中—强振幅；上部泥页岩略对应于之上层波谷的下缘反射，泥页岩单层厚度较薄，地震响应振幅为中—强振幅。

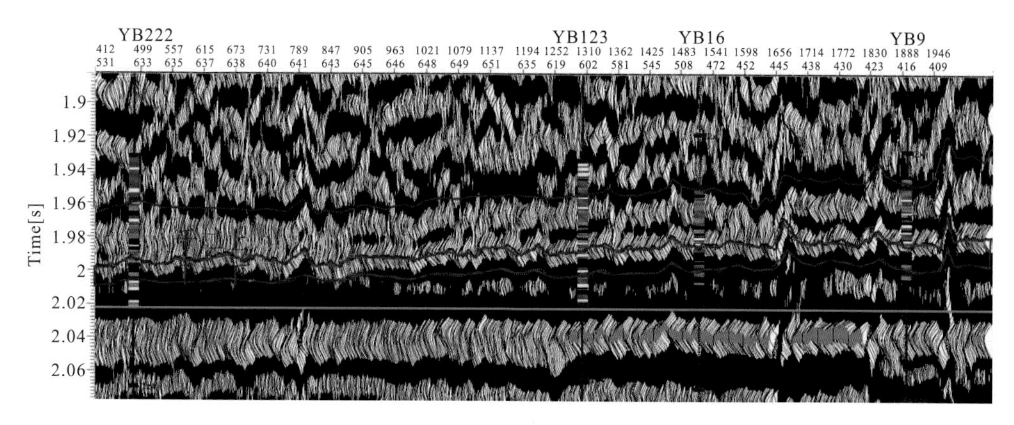

图 5-3-23 元坝地区千二段连井标定图

千二段的岩性粗化后主要分为四类：泥页岩、砂质泥岩、泥质砂岩和砂岩，不同岩性的阻抗值域峰值不同，泥页岩和砂质泥岩的阻抗值总体低于泥质砂岩和砂岩。

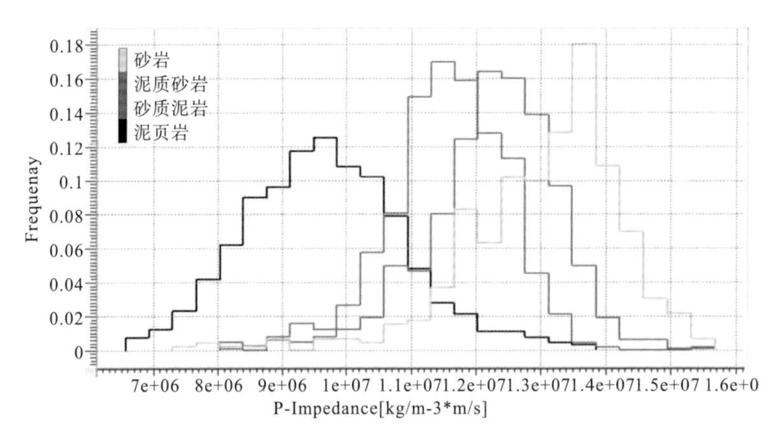

图 5-3-24 元坝地区千二段各类岩性阻抗域分布图

3. 储层预测

（1）振幅属性分析。

通过测井、地震典型井解剖，储层发育千二上以泥页岩、细砂岩互层发育，千二下以泥页岩为主夹薄层砂。裂缝发育部位油气显示较好。通过对千二上及千二下均方根振幅属性分析，泥页岩主要发育在元坝工区中部。

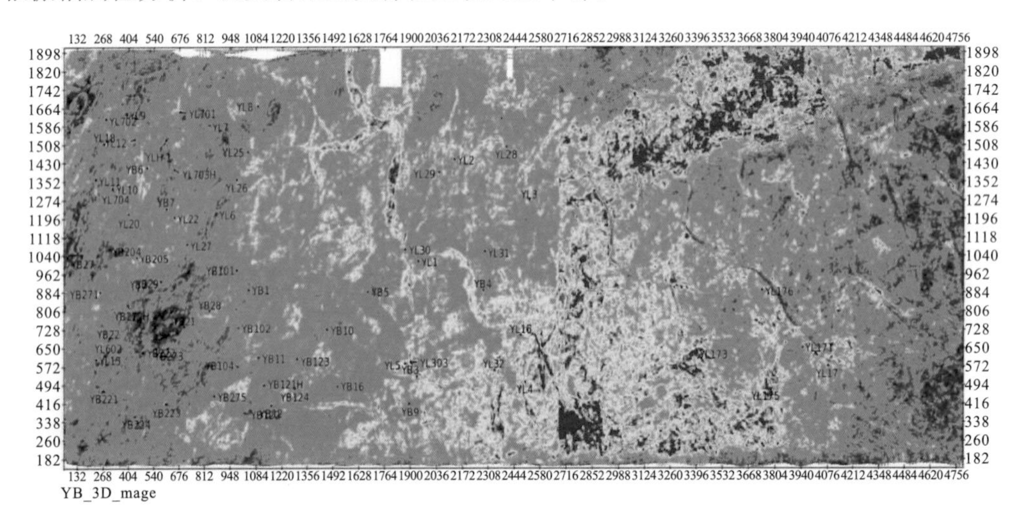

图 5-3-25 元坝地区千二上均方根振幅属性图

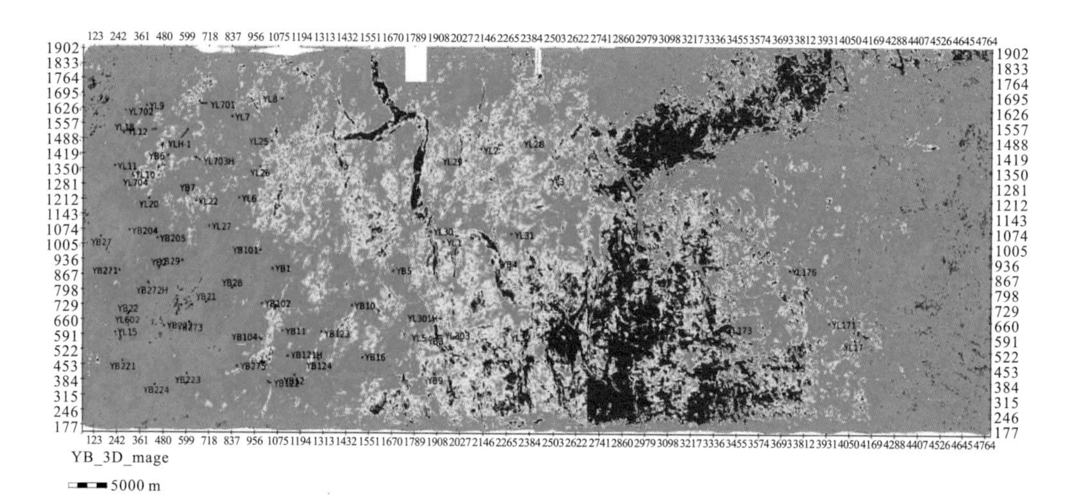

图 5-3-26　元坝地区千二下均方根振幅属性图

（2）叠后确定性反演。

由元坝地区千二段岩性阻抗域分布图可以看出，泥页岩类与砂岩类波阻抗值差异较明显，利用波阻抗值可以进行泥页岩的识别。本项目通过对工区钻井开展井震标定、优选井提取子波、建立低频模型，开展了千二段约束稀疏脉冲反演。图 5-3-27 为元坝地区千佛崖组过井阻抗剖面图，图中蓝色区域为阻抗低值区，大体对应于泥页岩发育区，绿色-浅黄色为中等低-中等高值区，大体对应砂质泥岩-泥质砂岩发育区，深黄-红色为阻抗高值区，大体对应于砂岩发育区。通过砂泥岩波阻抗约束转化的岩性剖面能更清楚地识别砂岩、泥岩在纵向上分布情况，如图 5-3-28 所示，图中深蓝色表示岩性以泥页岩为主，绿色表示岩性为泥页岩为主夹薄层细砂岩，橙色表示以细砂岩为主夹薄层泥岩，红色表示岩性主要为砂岩。

根据千二段不同岩性阻抗值域分布情况分析，通过泥页岩波阻抗门槛值+层位约束，计算出千二泥页岩厚度和千二下泥页岩厚度（图 5-3-29、图 5-3-30），由预测结果可以看出，千二下的泥页岩在工区内普遍发育，泥页岩平均厚度约 13m。泥页岩主要发育在元坝工区中部、中南部厚度最大，与振幅属性图预测结果匹配。

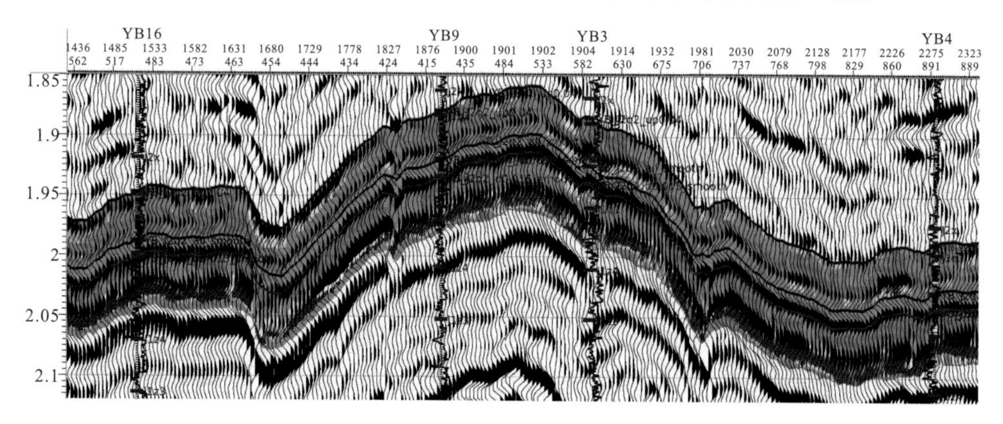

图 5-3-27　元坝地区千佛崖组过井地震（波形+阻抗）剖面图

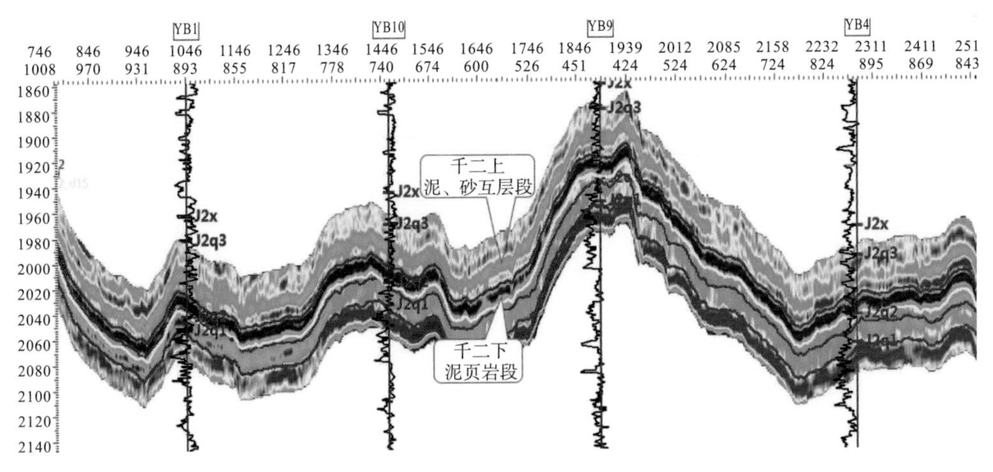

图 5-3-28　元坝地区千佛崖组岩性剖面图

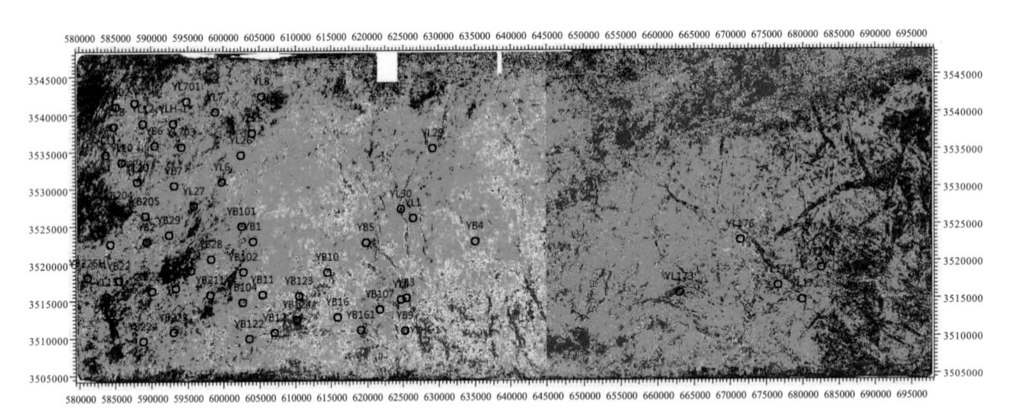

图 5-3-29　元坝地区千二段泥页岩厚度预测图

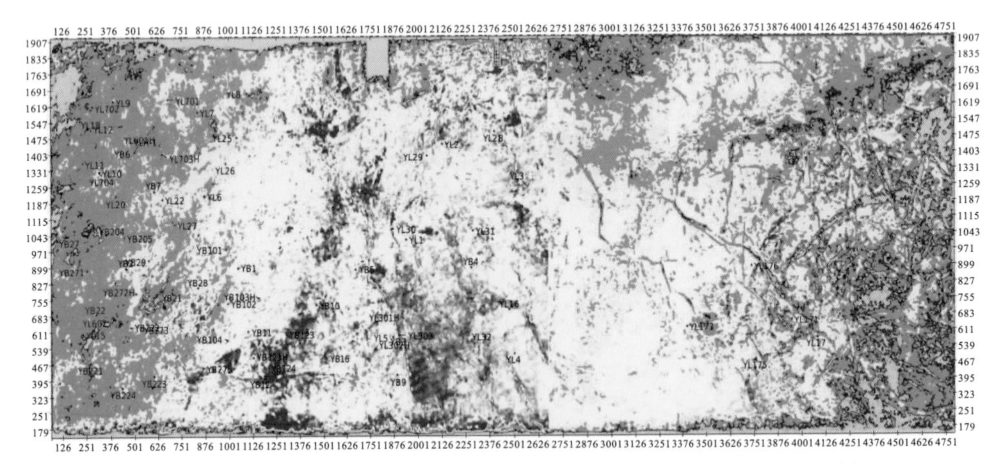

图 5-3-30　元坝地区千二下泥页岩厚度预测图

表 5-3-3　元坝地区千二段下部泥页岩地震预测厚度与实钻厚度对比表

井位	测井解释泥页岩厚度（m）	地震预测泥页岩厚度（m）	厚度误差（m）
YB3	10.1	16.2	5.6
YB4	11.76	13.6	1.8
YB5	10.6	14.0	3.4
YB6	11.63	8.5	−3.1
YB9	16.63	12.8	−3.8
YB10	9.5	16.2	5.7
YB11	12.5	12.7	0.2
YB12	11	17.4	5.6
YB16	15	16.2	1.2
YB22	13.75	8.5	−5.3
YB27	12.75	7.7	−5.1
YB101	11.75	10.2	−1.6
YB102	17.26	12.3	−5.0
YB104	12.63	11.5	−1.1
YL4	15.12	12.8	−2.3
YL28	13.5	13.6	0.1
YL171	11.9	9.19	−2.7
YL173	17.13	11.7	−5.4

（3）泥页岩 TOC。

通过对元坝地区多井千二段泥页岩 TOC 与波阻抗进行回归分析，TOC −波阻抗呈负相关。利用一次相关关系式，开展了元坝地区千二段 TOC 值预测。剖面图中橙红色为 TOC 高值，黄色为中值，绿色为低值。从剖面图可以看出，TOC 高值有利区主要位于千二下泥页岩段，千二上泥页岩段 TOC 值相对略低。平面上预测结果显示，TOC 高值区域位于元坝工区中南部。

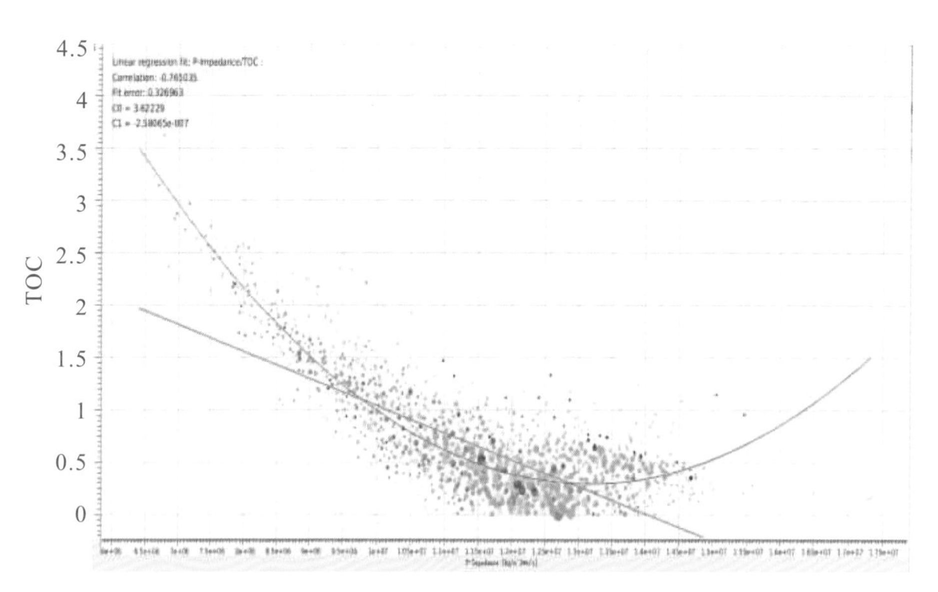

图 5-3-31　元坝地区千二段波阻抗-TOC 交会分析图

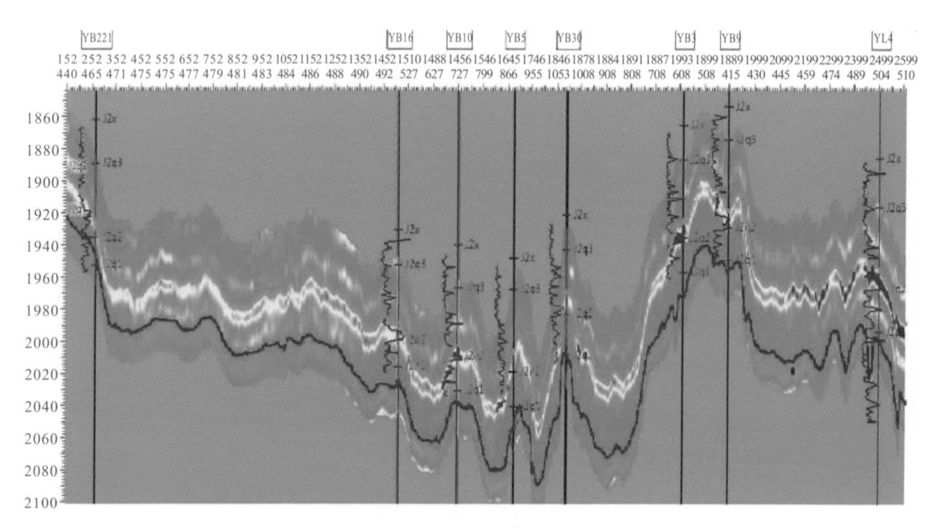

图 5-3-32　元坝地区千二段线性回归法预测 TOC 剖面图

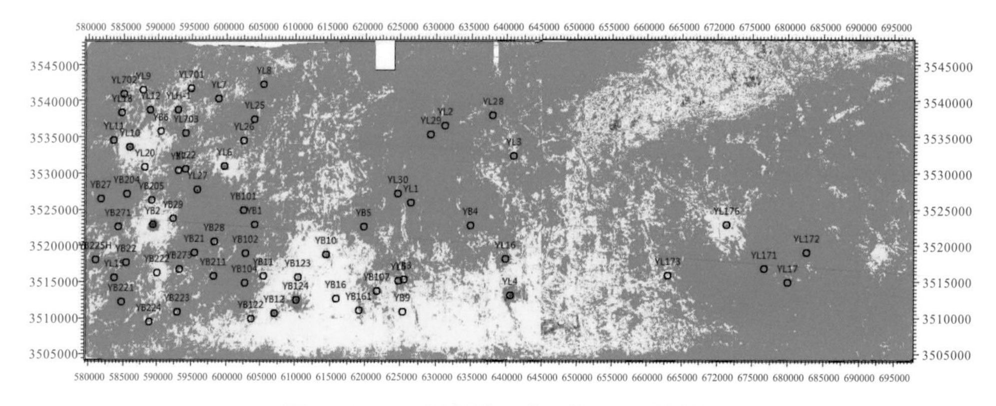

图 5-3-33　元坝地区千二段 TOC 预测图

三、裂缝预测

（一）阆中地区大二段裂缝预测

阆中区块位于川中古隆起北斜坡，断层欠发育，整体裂缝发育程度低，仅在局部微断裂附近发育裂缝。

本项目针对大二亚段利用相干属性和曲率属性开展了裂缝预测，预测结果显示，裂缝主要发育在断层附近，与断层发育区匹配，局部发育小的挠曲带。

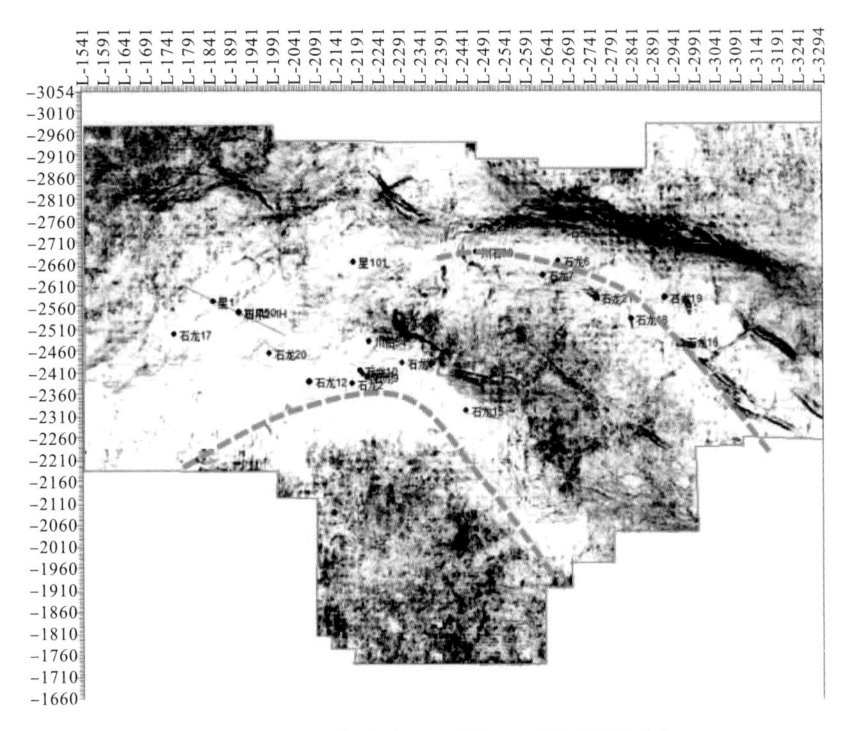

图 5-3-34　阆中大二亚段相干属性裂缝预测

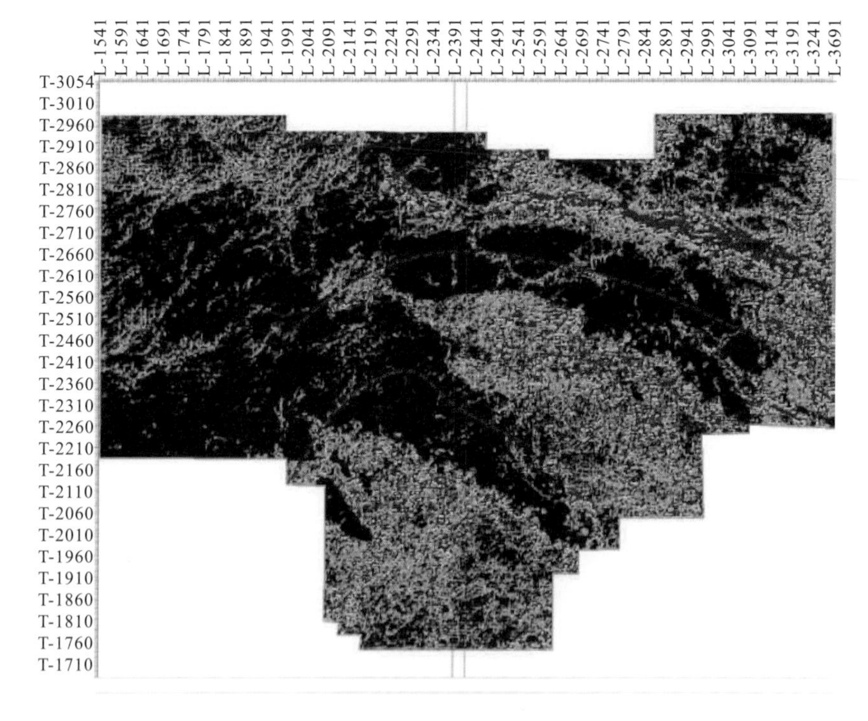

图 5-3-35　阆中大二亚段曲率属性裂缝预测图

（二）元坝地区千二段裂缝预测

本项目优选多种方法（相干、曲率、倾角等）进行裂缝预测，预测结果显示，裂缝主要发育于断裂比较发育地区。断裂及裂缝主要发育在工区中部及东部，西部主要为 NE 向展布，中部呈 NS 向，东部主要为 NW 向展布。

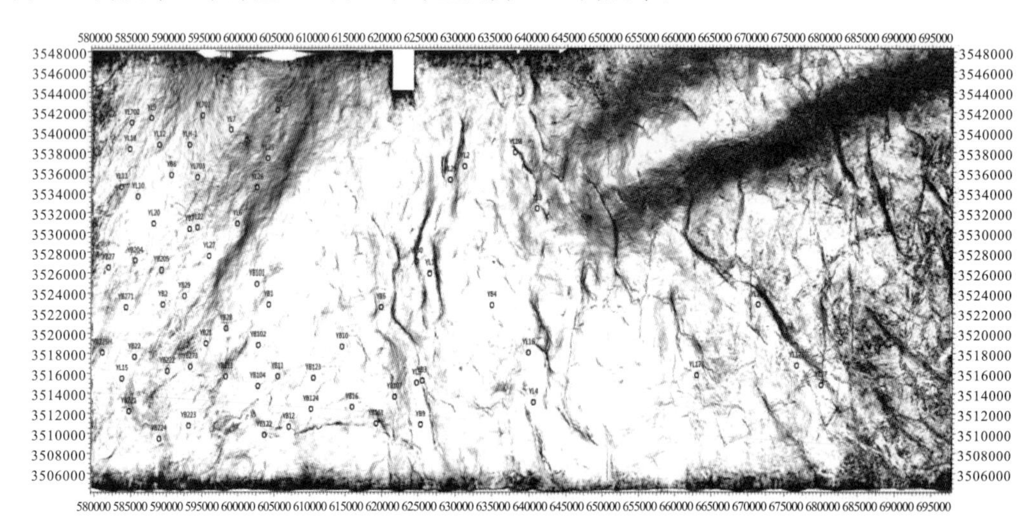

图 5-3-36　元坝地区千二段相干属性图

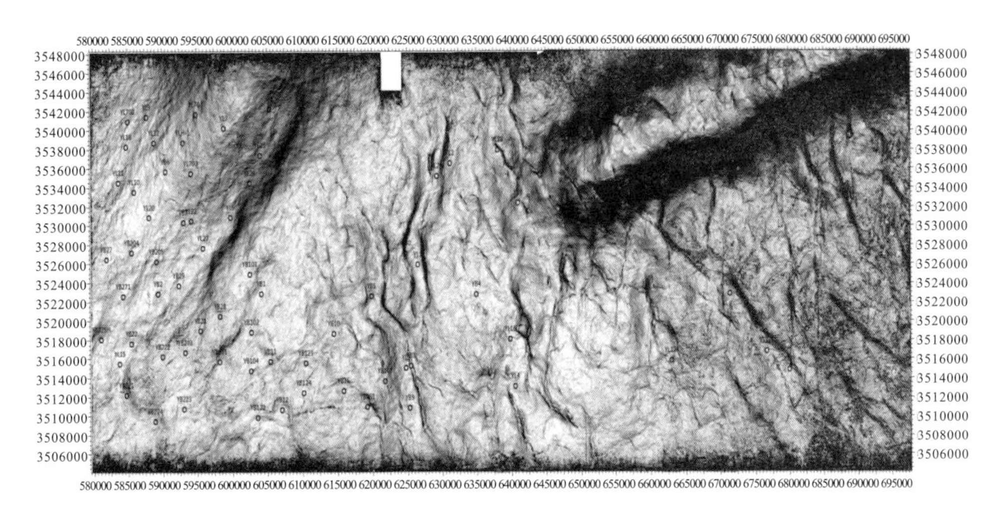

图 5-3-37 元坝地区千二段倾角属性图

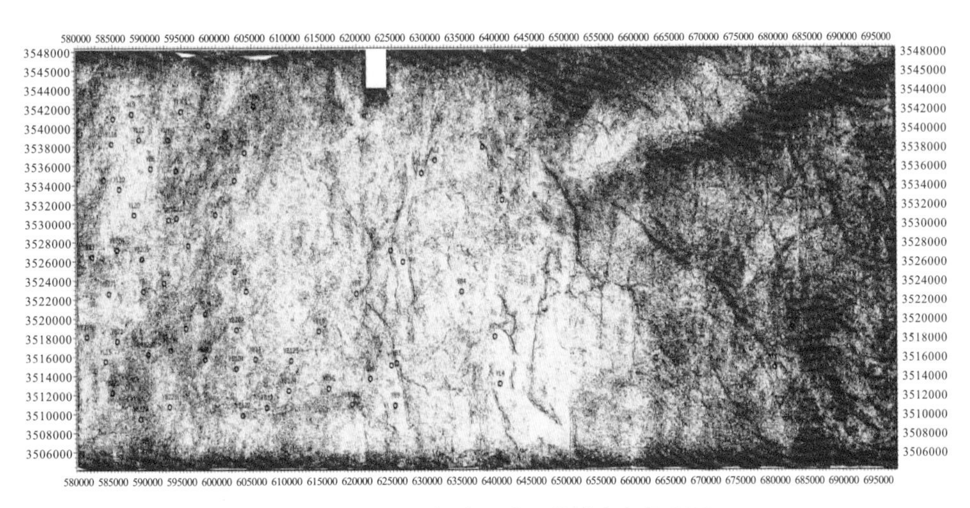

图 5-3-38 元坝地区千二段最大负曲率图

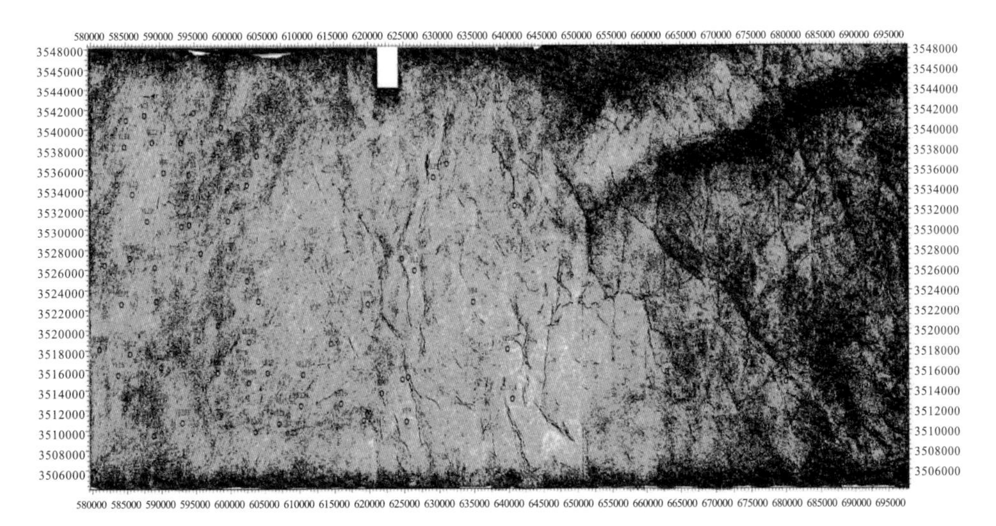

图 5-3-39 元坝地区千二段最大负曲率图

四、优质页岩储层展布特征

综合物性、储集空间、基质含油性、裂缝发育程度等储层特征研究成果，富有机质页岩基质孔隙发育，且页理发育为有利储层；夹层灰岩受构造应力有利于裂缝形成。根据储层沉积模式，纵向上富有机质页岩主要呈薄层状与灰岩或砂岩呈互层发育，平面上综合考虑TOC、泥页岩厚度、含油性及裂缝平面分布明确优质页岩储层展布特征。

（一）阆中大二段页岩油储层

阆中大二亚段为最大湖泛面，泥页岩较为发育。富有机质泥页岩累厚23.5～44.1m、页岩单层厚度2.5～8.5m，主要位于工区的老鸦场及宝马场；富有机质泥页岩由东南向西北逐渐减薄。

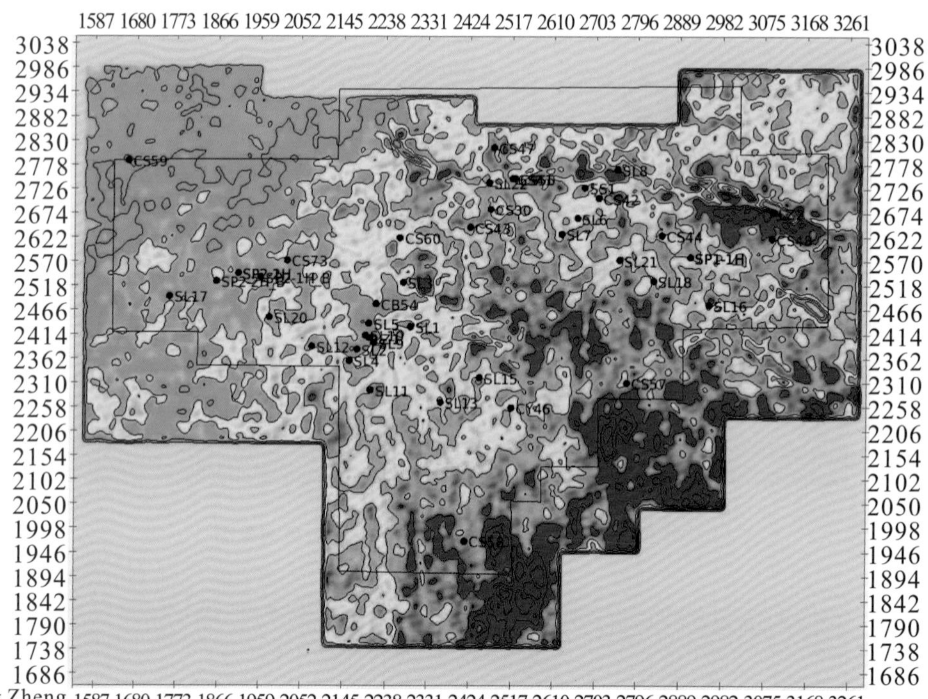

图5-3-40　阆中地区大二亚段页岩油储层厚度图

（二）元坝千二亚段页岩油储层

元坝千二段为三角洲前缘沉积，泥页岩主要发育在浅湖及分流间湾亚相，千二段泥页岩厚度在11～34m，平均厚度23m，页岩单层厚度0.4～6.5m，泥页岩主要发育在元坝工区中部、中南部，元坝12井区及元坝9井区最为发育。

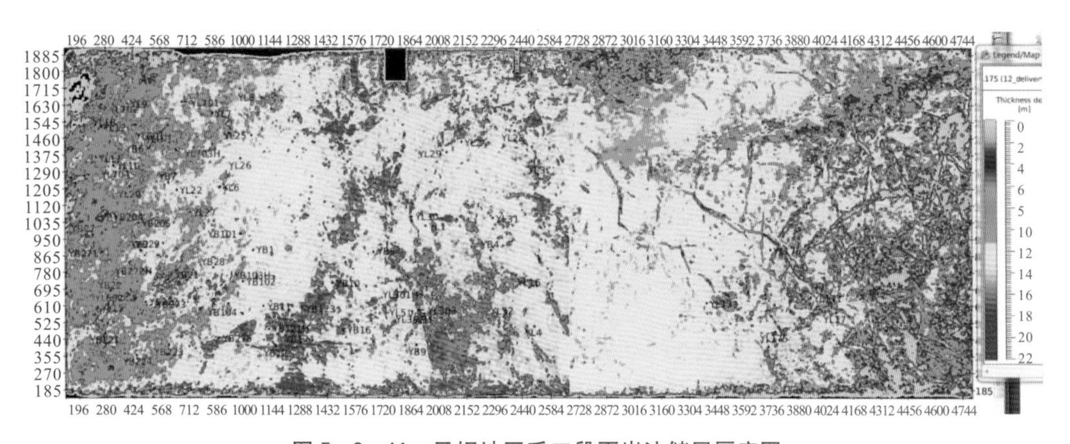

图 5-3-41　元坝地区千二段页岩油储层厚度图

第六章
川北陆相页岩油生产特征及产能评价

油井产能评价是油井采油设计、预测油井产能、分析油井动态、确定油井生产能力的基础，在油田的开发和生产中具有重要的指导意义。精确评价油井产能，是油田开发方案设计优化的基础，对实现油田高效开发具有重要作用。

常规油井产能评价方法包括回压试井法、解析公式法、经验公式法、数值模拟法等。针对川北陆相页岩油储层具有低孔低渗、非均质性强等特点，给准确评价页岩油井产能造成很大困难。针对川北陆相页岩油产能评价问题，在系统分析陆相页岩油井生产动态特征基础上，对试采井产能进行综合评价和预测。

第一节　生产特征分析

一、川北陆相页岩油区块总体生产特征

自 1979 年 6 月区块投产以来，川北陆相页岩油区块有 25 口井投产，1991 年年产油最高达到 1.25×10^4t，2003 年年产气量最高，达到 $3101.6\times10^4m^3$，生产井基本不产水或产水量低，2016 年 10 月以后因能量不足油气井全部停产，累计产油 14.71×10^4t，累计产气 $6.66\times10^8m^3$，累计产水 $527.22m^3$（图 6－1－1、图 6－1－2）。

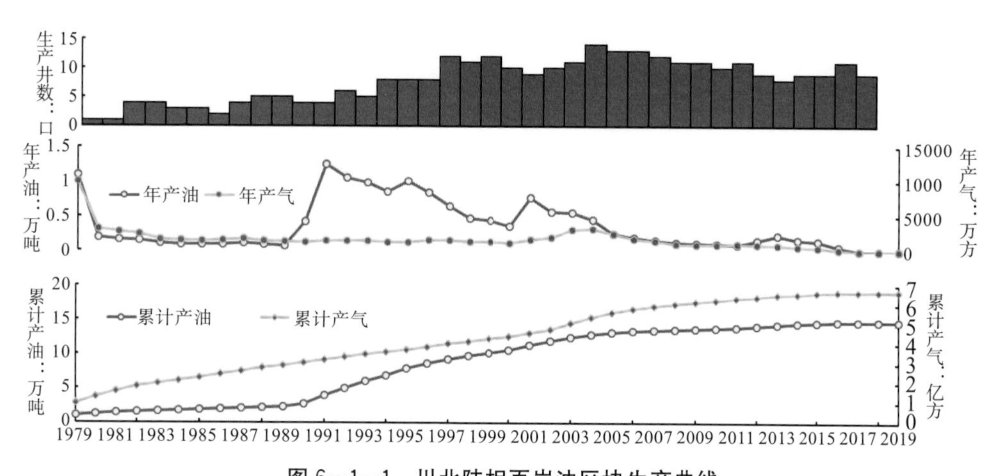

图 6-1-1　川北陆相页岩油区块生产曲线

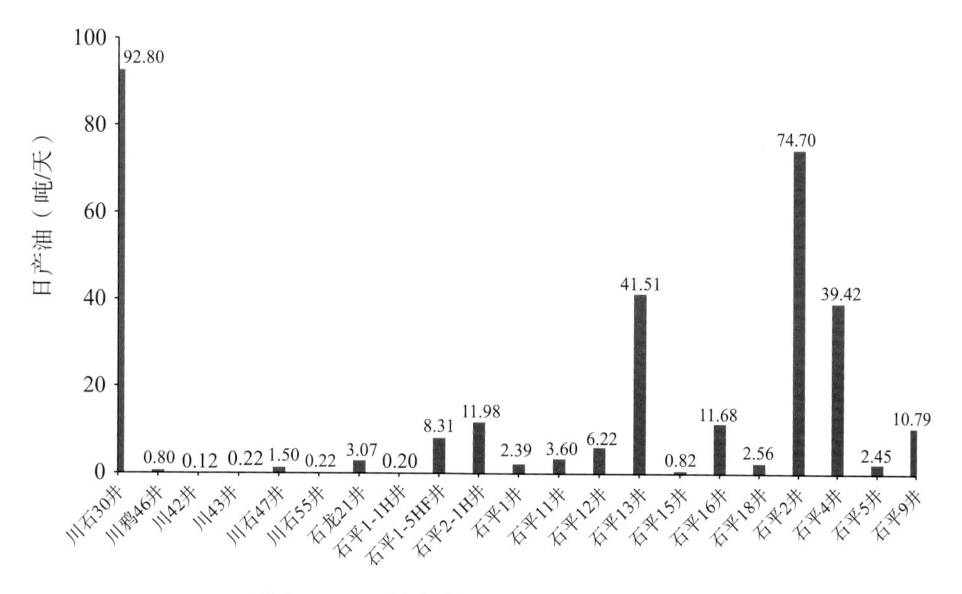

图 6-1-2　川北陆相页岩油单井日产柱状图

生产井基本位于阆中的柏垭油气田和石龙场油气田，25 口生产井的生产情况见表 6-1-1。

表 6-1-1　川北陆相页岩油井生产情况表

井号	投产初期				关井前				
	投产时间	油压	日产油	日产气	油压	日产油	日产气	累计产油	累计产气
		MPa	t	m^3	MPa	t	m^3	10^4t	10^8m^3
川石 30 井	1979/6/20	15.5	92.8	72.14	17.4	0.38	0.92	1.33	1.37
川鸦 46 井	1981/12/31	24.5	0.803	0.179	6.08	/	0.0071	0.11	0.11
川 42 井	1983/1/1	16.9	0.12	0.6711	1.36	/	0.082	0.11	0.44
川 43 井	1981/2/26	18.35	0.22	1.07	0.25	/	0.3	1.48	2.44
川石 47 井	1981/12/29	12.86	1.5	0.2	5.2	/	0.1657	0.26	0.07

续表6－1－1

井号	投产时间	投产初期			关井前				
		油压	日产油	日产气	油压	日产油	日产气	累计产油	累计产气
		MPa	t	m^3	MPa	t	m^3	10^4t	10^8m^3
川石55井	1985/8/1	19.15	0.22	0.2	1	/	0.09	0	0
石龙21井	2005/1/28	10.6	3.07	0.43	3.8	/	0.07	0.1	0.03
石平1－1H井	2013/1/26	/	0.2	0.57	/	/	0.09	0.02	0.04
石平1－5HF井	2013/10/24	/	8.31	/	/	2.58	/	0	0
石平2－1H井	2012/10/18	20.07	11.98	0.35	/	0.94	0.02	0.3	0.01
川仪71井	1987/9/30	4.02	/	0.4	1.2	/	0.01	0.03	0
石龙1井	1991/11/8	13.17	2.39	0.25	10.8	/	0.2	0.1	0.02
石龙11井	1999/6/30	0.36	3.6	0.17	1.1	1.09	0.1	0.58	0.09
石龙12井	1998/1/27	7.9	6.22	1.1	/	/	0.5	0.07	0.08
石龙13井	2001/2/11	9.9	41.51	1.7851	2.3	/	0.01	0.94	0.22
石龙15井	2002/5/28	7.39	0.82	2.4	0.02	/	0.02	0.54	0.17
石龙16井	2003/1/1	17.5	11.68	1.99	1.1	/	0.09	0.84	0.47
石龙18井	2003/4/25	37.7	2.56	2.06	3.55	/	0.05	0.03	0.14
石龙2井	1990/11/17	22.98	74.7	1.64	0.15	/	0.15	7.34	0.76
石龙3井	1992/11/13	13.2	/	0.19	3.15	/	0.01	0	0
石龙4井	1993/6/23	7.64	39.42	0.38	/	/	/	0.17	0
石龙5井	1993/1/15	17.9	2.45	0.02	/	0	/	0.13	0.03
石龙6井	1993/12/11	10.5	/	/	/	2.39	/	0.05	0
石龙7井	2013/6/22	/	/	0.5	/	/	0.06	0.01	0.15
石龙9井	1996/3/11	10.9	10.79	0.23	1.4	/	0.1	0.17	0.01

二、典型井生产动态特征

（一）石平2－1H井

该井在2012年9月开展试油、10月17日投入试采，2013年7月30日关井清蜡通井作业，直到2013年10月13日开始机抽采油，截至2013年底累计产油1726.42t、天然气$67.68\times10^4m^3$（见图6－1－3）。

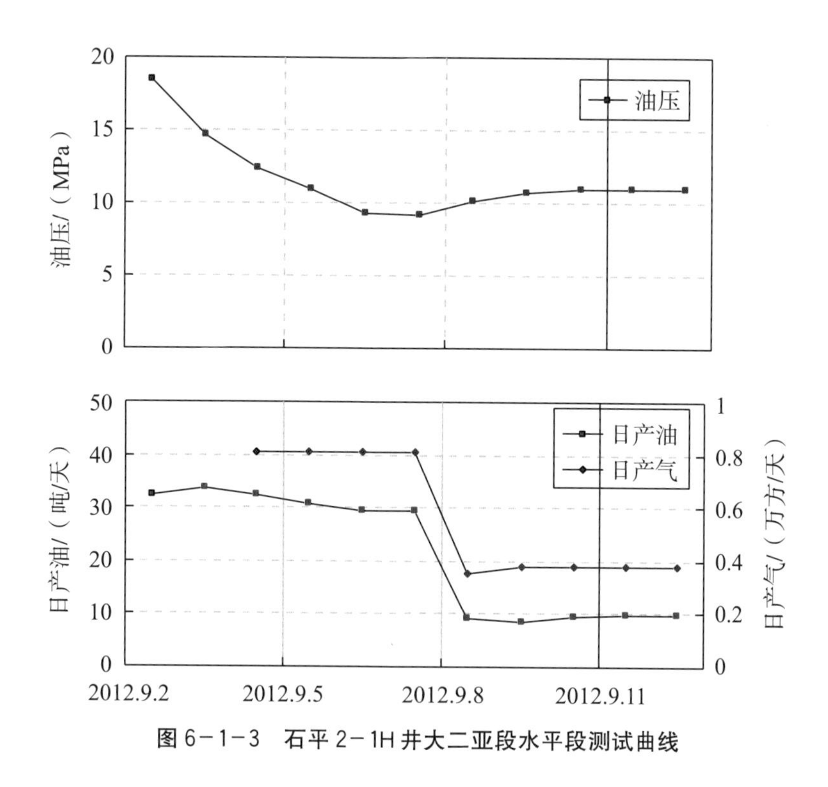

图 6-1-3　石平 2-1H 井大二亚段水平段测试曲线

1. 产能测试

测试井段 3123～3865m，对水平段分五段酸压，累计入地酸量 730 方，2012 年 9 月 2 日～9 月 12 日测试求产，油压 22.0～9.2MPa，折算日产油 33.79～8.5 吨、日产气 0.4～0.8 万方，阶段产油 202 吨（见表 6-1-2）。

表 6-1-2　石平 2-1H 井大二亚段水平段测试情况表

测试日期	工作制度		折算日产量		油压（MPa）	日排液（m³）	累计排液（m³）
	油嘴直径（mm）	孔板直径（mm）	产油（t）	产气（万方）			
2012/9/1	6	/	32.25	/	21↑21.7↓18.4	36	489
2012/9/2	4	/	33.79	/	17.1↓14.6	52.8	541.8
2012/9/3	4	/	32.5	0.81	14.6↓12.4	50.4	592.2
2012/9/4	4	8	30.72	0.81	12.4↓11	48	640.2
2012/9/5	4	8	29.38	0.81	11↓9.3	43.2	683.4
2012/9/6	4	8	29.38	0.81	9.3↓9.2	3.6	687
2012/9/7	2	8	9.2	0.35	9.2↑10.1	12	710
2012/9/8	2	8	8.5	0.38	10.1↑10.7	11	722
2012/9/9	2	8	9.4	0.38	10.7↑11	12.5	734.5
2012/9/10	2	8	9.9	0.38	10.7～11	13	747.5

续表6－1－2

测试日期	工作制度		折算日产量		油压（MPa）	日排液（m^3）	累计排液（m^3）
	油嘴直径（mm）	孔板直径（mm）	产油（t）	产气（万方）			
2012/9/11	2	8	9.8	0.38	10.7～11	7.5	755

本井目的层段经酸化改造后，截止到2012年9月11日累计排液755m^3（入地液量774m^3，返排残酸501m^3），返排率64.7％，返排率低。

根据测试数据（如表6－1－3），利用Vogel方程预测无阻流量：

$$\frac{q_o}{q_{max}}=1-0.2\left(\frac{p_{wf}}{p_R}\right)-0.8\left(\frac{p_{wf}}{p_R}\right)^2$$

表6－1－3　石平2－1H井产能计算表

地层压力（MPa）	稳定油压（MPa）	计算井底流压（MPa）	日产油量（t/d）	预测无阻流量（t/d）
44.6（邻井预测）	11	29.86	9.9	23.1

采用沃其尔Vogel方程计算该井最大产量为23.1 t/d。

2. 试采动态特征

从生产情况可以看出，该井进行了多次工作制度的调整，但总体上分五个阶段（见图6－1－4、表6－1－4）；阶段①因流程蜡堵和更换油嘴等原因关井频繁，油压下降较快，从20.1MPa下降到12.7MPa，压降速率为0.8MPa/d，单位压降产油量仅12.8t/MPa；表现出地层供给能力不足的特点；阶段②连续生产，日产油稳定，平均每天7.21吨，油压压降速率0.09MPa/天，单位压降产油量75.53t/MPa；阶段③工作制度为间歇自喷生产，油压下降速率变缓，下降率为0.06MPa/天，单位压降产油量92.64t/MPa；阶段④为关井恢压间歇生产；油压缓慢下降，压降速率0.024MPa/d；阶段⑤转变为机抽生产，平均日产油3.7t。

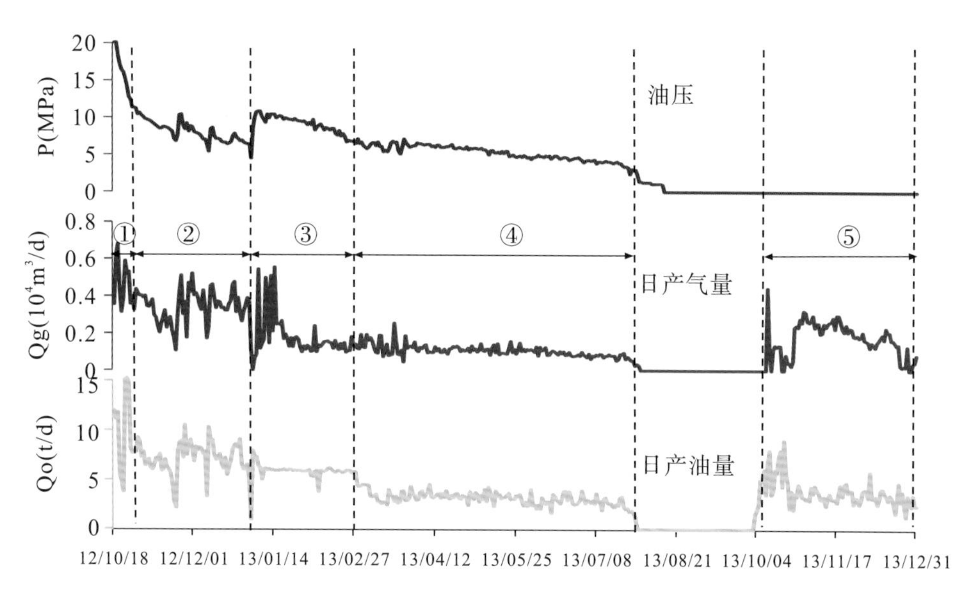

图 6-1-4　石平 2-1H 井大二亚段水平段试采曲线图

表 6-1-4　石平 2-1H 井试采各阶段情况统计表

生产阶段	生产阶段	有效开井时间（天）	平均生产时间（小时）	平均日产油（吨/天）	平均日产气（万方/天）	平均生产气油比（方/吨）	压降速率（MPa/天）	单位压降产油量（吨/Mpa）	备注
①	2012.10.17～2012.10.25	7.7	20.52	10.47	0.49	551.41	0.8	12.8	频繁关井
②	2012.10.26～2012.12.30	66.3	23.76	7.21	0.34	403	0.09	75.53	连续自喷
③	2012.12.31～2013.02.26	13.47	6.26	5.87	0.18	311.2	0.06	92.64	定产 6 吨/天
④	2013.02.27～2013.07.30	32.87	5.1	3.11	0.1	345	0.024	115.34	定产 3.5 吨/天
⑤	2013.10.03～2013.12.31	/	22.2	3.7	0.17	459	/	/	机抽采油

从试采情况可以看出，自喷生产时日产油 3～6 吨左右时，油压相对稳定，油井生产气油比相对较低，单位压降产油量相对较高。

采用 Blasingame 曲线分析法、AG Rate vs time 曲线分析法及产量递减曲线分析等多种方法进行预测，计算单井原油地质储量约 1.52～1.68 万吨，可采储量 0.23～0.25 万吨（见表 6-1-5）。

表 6-1-5　石平 2-1H 井动态储量预测表

预测方法	地质储量（万吨）	废弃条件	可采储量（万吨）
Blasingame	1.52	采收率 15%	0.23
AG Rate vs time	1.68	采收率 15%	0.25

续表6－1－5

预测方法	地质储量（万吨）	废弃条件	可采储量（万吨）
产量指数递减曲线	/	废弃产量0.2吨	0.17

（二）石平1－1H井

1. 产能测试

2012年6月3日～9月14日对石平1－1H井井 J_1z^{4-1}（3195～3251m、3251～3365m、3365～3510m、3510～3595m、3595～3795m、3795～3912m、3912～4200m）气层分七段（从下至上）分别进行了185m^3、173m^3、103.9m^3、155.7m^3、100.4m^3、101.1m^3、186.4m^3 酸化压裂改造，用10mm油嘴控制排液14.2m^3 后地层无自排能力，后经气举排出液体8m^3、抽汲排液4.6m^3、敞井排液126m^3、机抽排液75m^3，累计排液227.8m^3，入地酸量1005.5m^3，返液率22.7%，由于地层能量有限，产量无法评价。

2. 试采动态分析

石平1－1H井于2013年1月26日投产，机抽24小时生产，1～5月日产油日产油0.2～1.47t（日均产油0.77t），日均产气0.5×10^4m^3，日排液为1～4m^3/d，pH=5～6，6月2日起机抽不出油，从该井1～5月泵效看，泵效持续降低，由1月的15.23%下降至5月的3.86%（见图6－1－5），采取坐泵、诱喷等措施均无效，分析可能为泵酸蚀严重（pH=5～6）或地层液面不足等原因造成，目前只产天然气，每天产气0.3万方左右。至2013年底累计产油100吨，累计产气137万方。

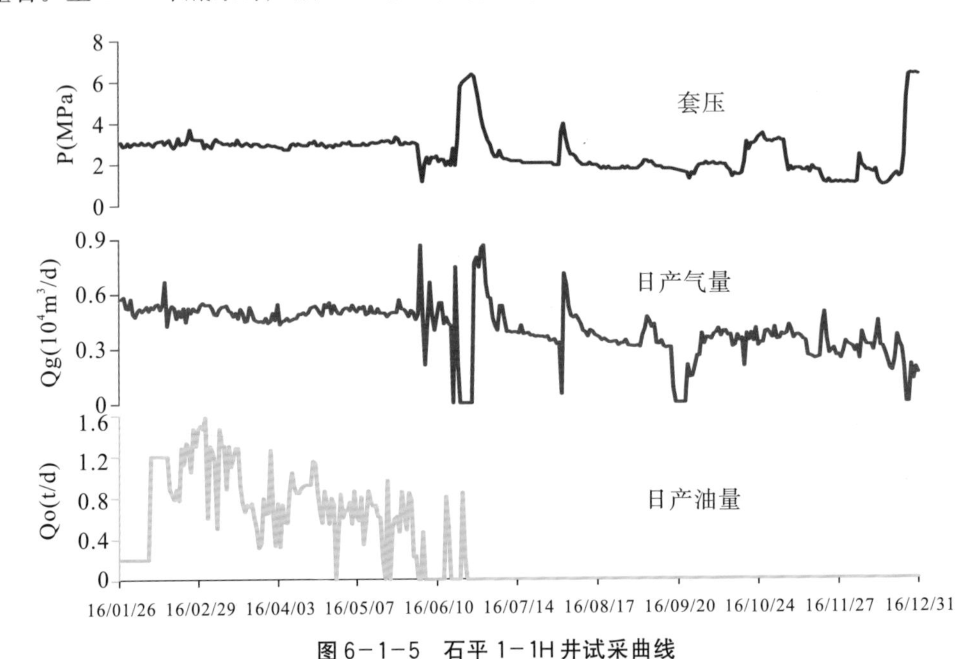

图6－1－5　石平1－1H井试采曲线

第二节　产能评价

相关学者给出了很多常规油藏直井或水平井的产能指数计算模型，这些公式综合考虑了油层和流体的性质，比如Joshi水平井产能指数计算模型等；与常规油藏不同的是，由于页岩油储层的孔隙度和渗透率很低，在开采中往往需要采用水平井及压裂技术才能实现有价值的商业开采。

一、产能评价方法研究

（一）直井产能模型

主要根据页岩油储层体积压裂井生产时流体的流动特征，考虑页岩油储层非线性渗流特征，建立页岩油体积压裂改造储层直井产能预测模型（见图6－2－1）。

模型的基本假设包括：（1）页岩油储层为上下封闭且无限大地层；（2）对直井进行体积压裂，储层体积压裂改造后形成椭圆形的缝网，椭圆形体积改造区域短半轴长为b，焦距为主裂缝半长（见图6－2－1）；（3）油藏和裂缝内流体为单相流体，不可压缩，渗流为等温稳定渗流，不考虑重力影响；（4）渗流过程中考虑启动压力梯度的影响。

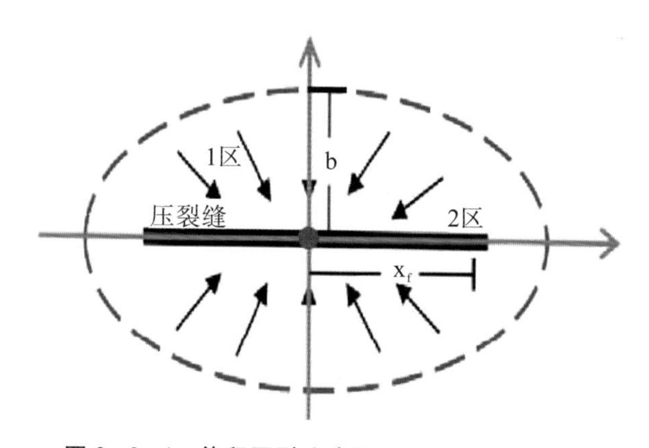

图6－2－1　体积压裂改造储层流体流动区域划分

基于对页岩油储层纳微米孔喉渗流规律的研究，建立了页岩油体积压裂直井二区耦合产能方程。

$$p_e - p_w = \frac{\mu BQ}{2\pi K_e h}(\xi_i - \xi_w) + \frac{2x_f G}{\pi}(\sinh\xi_i - \sinh\xi_w) + \frac{\mu}{K_f}\frac{x_f Q}{2\omega_f h}$$

式中：ξ_w—井筒附近椭圆坐标；

ξ_i—为泄油区椭圆坐标；

K_e—为改造后页岩油储层的等效渗透率；

K_f—为主干缝渗透率；

ω_f—为主裂缝宽度；

x_f—为主裂缝半长；

B—为体积压缩因子；

μ—为黏度；

G—为启动压力梯度（$G=0.6324K^{-0.451}$）；

p_e—为供给压力；

p_w—为井底流压；

Q—为流量；

h—为地层厚度；

（二）水平井体积压裂产能模型

针对页岩油层纹理缝、天然裂缝发育的储层，采用水平井密切割压裂工业，促使改造区产生复杂裂缝网络，提高储层流体流动能力。储层改造区域裂缝复杂程度已不同于原生裂缝系统，需要分区域进行表征。储层未改造区域存在基质渗流以及原生裂缝系统向改造区域裂缝网络的渗流，储层改造区域存在基质向裂缝网络的渗流和裂缝网络向人工裂缝的供液。在该假设基础上，对 Ozkan 的三线流压裂水平模型进行了改进，建立耦合两区双重介质表征页岩油储层体积改造裂缝渗流特征的新压裂水平井流动物理模型（见图 6－2－2）。

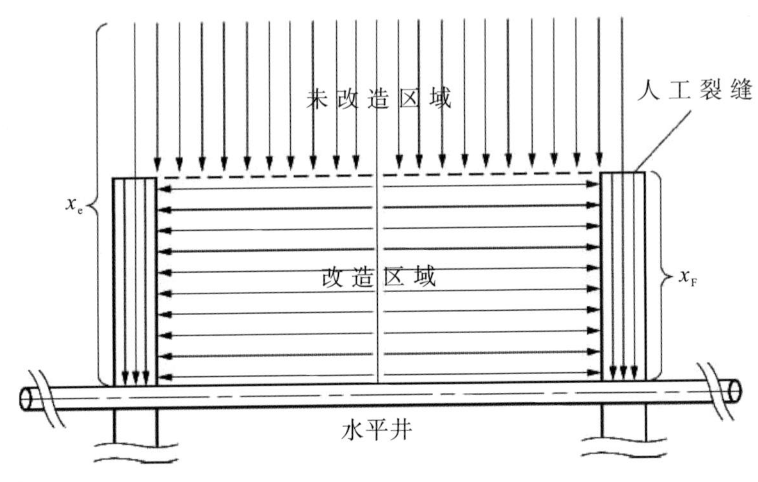

图 6－2－2　水平井密切割体积压裂流动模型示意

模型的基本假设包括：（1）页岩油藏外边界封闭，其中心存在着一口水平井。（2）密切割人工裂缝两翼对称，裂缝不可变形且末端无流体流入。（3）人工主裂缝可完全穿透储层，具有有限导流能力。（4）单相流体等温渗流，忽略重力影响。（5）流体首先由未改造区流向改造区，然后由改造区流向人工裂缝区，最后由人工裂缝区流向水平井筒。(6) 流体从基质向原生裂缝及裂缝网络的窜流采用 Warren－Root 拟稳态窜流模型表征。

针对页岩油在储层中流动性极差的实际情况，提出页岩油体积压裂水平井分区复合产能预测模型。

$$\overline{q_D}=\frac{C_{FD}h_{fD}\sqrt{\alpha_F}\tanh(\sqrt{\alpha_F})}{\pi s+S_cC_{FD}h_{fD}s\sqrt{\alpha_F}\tanh(\sqrt{\alpha_F})}$$

式中：$\overline{q_D}$—拉氏空间下的无因次产量；

S_c—无因次聚流表皮因子；

C_{FD}—无因次人工裂缝导流能力；

h_{fD}—无因次裂缝压开比；

s—拉氏时间变换；

α_F—人工裂缝区参数；

h—储层厚度。

（三）数值模拟法

页岩流体主要流动方式包括：干酪根内部扩散、干酪根与无机基质之间窜流、无机基质内部渗流、无机基质向裂缝窜流。根据页岩储层流体的渗流特点，建立表征油层流动机理的数学模型，并将渗流数学模型转化为全隐式数值格式的方程组，采用牛顿迭代法求解方程组可获得页岩油藏数值模拟器模型。

页岩油藏油气水三相渗流数学模型为：

$$\begin{cases}\nu=-\frac{KK_r}{\mu}\left(1-\frac{G}{|\nabla\psi|}\right)\nabla\psi,\ |\nabla\psi|>G;\ 0,\ |\nabla\psi|\leqslant G\\ K=K_oe^{-c(p-p_o)}\\ -\nabla\cdot(\rho_o\nu_o)+q_o=\frac{\partial(\varphi\rho_oS_o)}{\partial t}\\ -\nabla\cdot(\rho_{go}\nu_o+\rho_g\nu_g)+q_g=\frac{\partial[\varphi(\rho_{go}S_o+\rho_gS_g)]}{\partial t}\\ -\nabla\cdot(\rho_w\nu_w)+q_w=\frac{\partial(\varphi\rho_wS_w)}{\partial t}\\ S_o+S_g+S_w=1,\ p_w=p_o-p_{cow},\ p_g=p_o-p_{cog}\end{cases}$$

式中：ν—渗流速度，m/s；

K_r—为相对渗透率；

K—渗透率，D；

μ—黏度，pa・s；

G—启动压力梯度，pa/m；

$\nabla\psi$—为势梯度，pa/m；

K_o—原始状态下的渗透率，D；

p_o—原始油藏压力，p_a；

c—为应力敏感系数，p_a^{-1}；

ν_o，ν_g，ν_g—分别为油气水相渗流速度，m/s；

ρ_o，ρ_{go}—油相中油组分和溶解气密度，kg/m^3；

ρ_g，ρ_w—气相和水相密度，kg/m^3；

q_o，q_g，q_w—单位时间单位地层体积产出量，kg/(m^3 · s)；

φ—孔隙度；

S_o，S_g，S_w—油气水相饱和度；

p_o，p_g，p_w—分别为油气水相压力，pa；

p_{cow}，p_{cog}—分别是油水和油气的毛管力，pa。

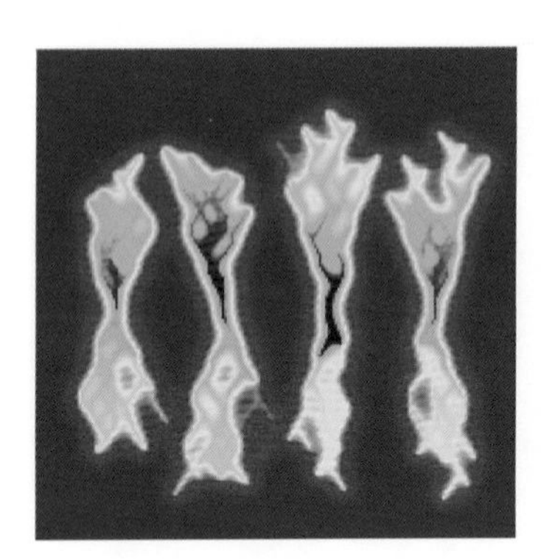

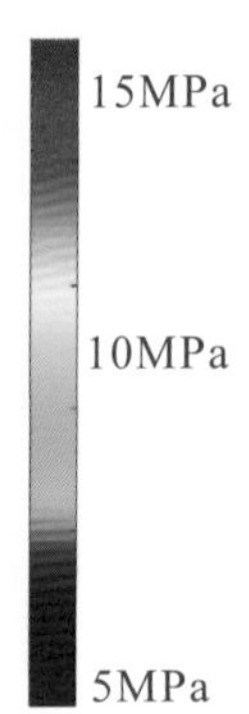

图6-2-3 单井压力分布模拟结果

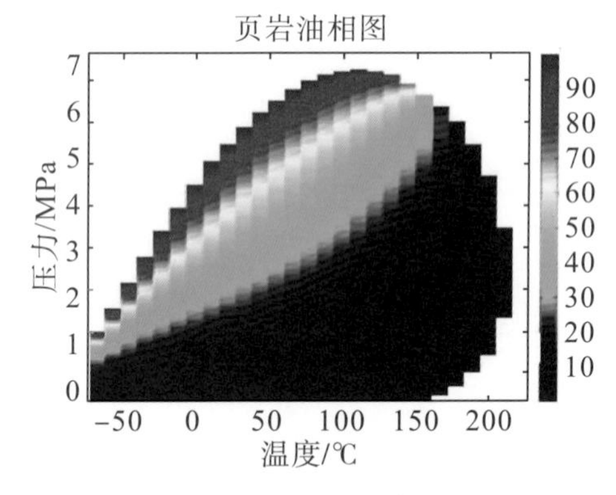

图6-2-4 页岩油相态模拟结果

二、产能特征

（1）油气井产能差异大，少数高产井产量占比高。

大安寨油气井以产油为主，单井初期日产油0.02～92.8t/d，产量超过5t/d的仅9口（见图6-2-5）；仅7口累计产油超过0.5×10^{4}t，累计产油占比达到88.7%，分别为柏垭油气田川石30井、川43井和石龙场气田的石龙2井、石龙13井、石龙16井、石龙11井、石龙15井。

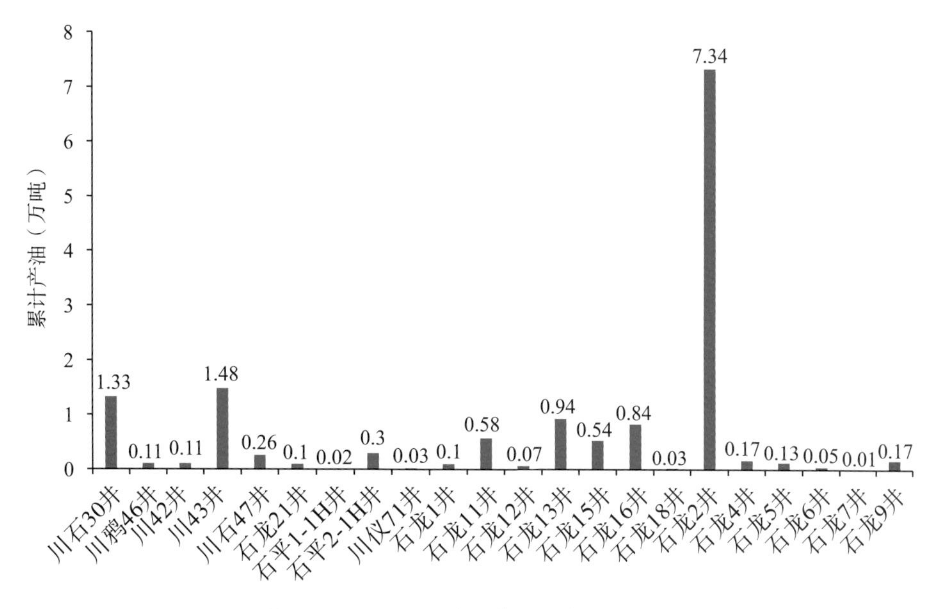

图 6-2-5　川北陆相单井累产油柱状图

（2）高产井表现为产量递减快的特点。

大安寨的高产井均表现为初期产量高、递减快的特点，如累产最高的石龙 2 井，投产后逐月递减，月递减率 1.2%～32.6%，平均月递减率 14%左右，多次调整产量短期有所恢复，但未改变递减趋势，各阶段仍以指数为主（见图 6-2-6）。

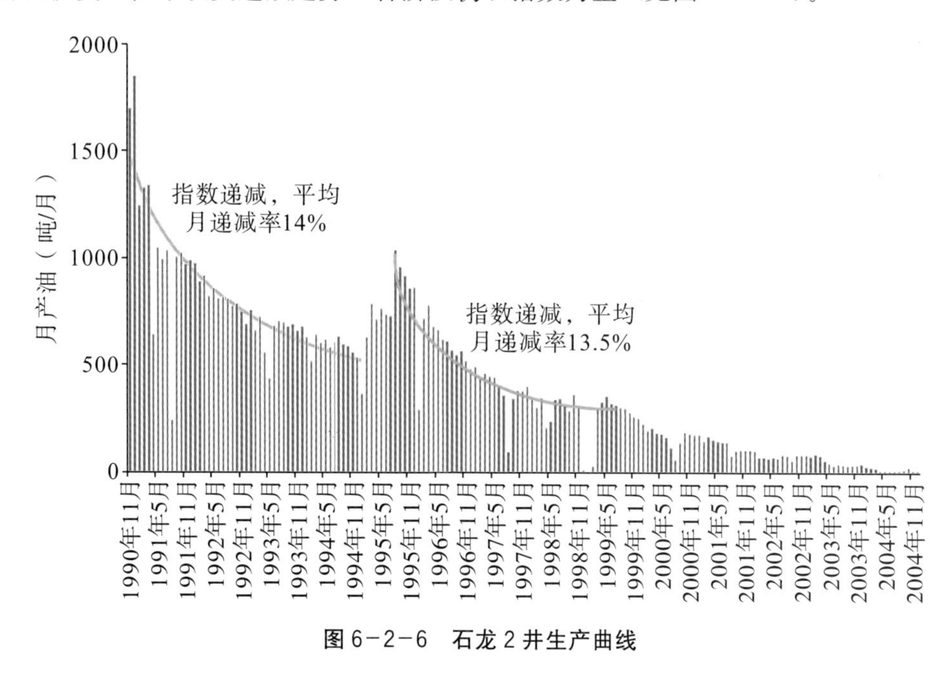

图 6-2-6　石龙 2 井生产曲线

（3）低产井基本为间歇、低速开采。

大安寨油气井多数为低产井，无法正常生产，基本为间歇开采，生产时率低，投产后生产井的月产基本低于 20t，部分井投产即停产，16 口油气井的累产油低于 2000t，如代表井石龙21井（见图6-2-7）。

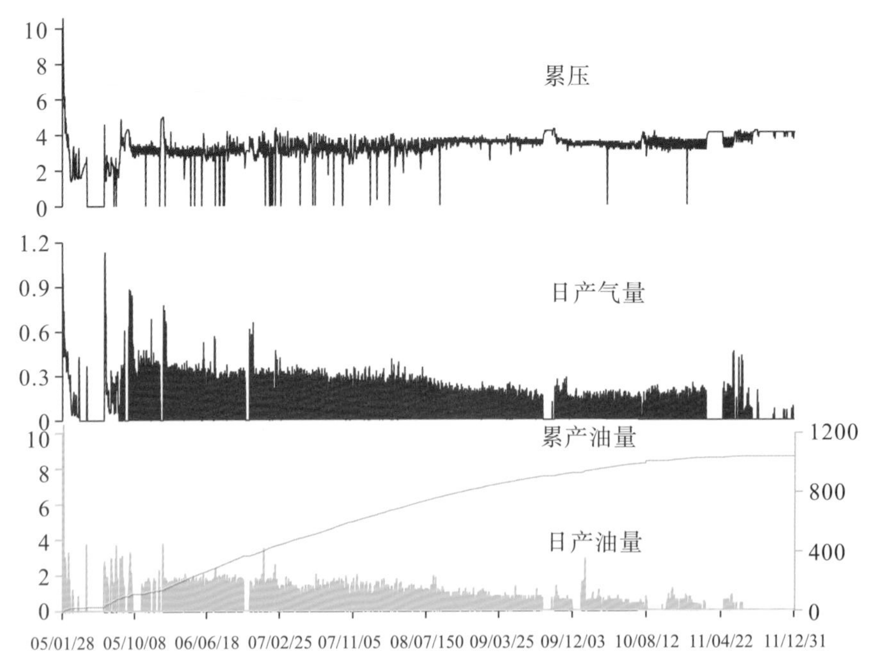

图6-2-7 石龙21井生产曲线

（4）大安寨油藏无稳产期，产量呈指数递减。

因高产井递减快，低产井间歇开采，故大安寨的产量无稳产阶段，依靠新井的投产，产量上升，一旦无新井投入，产量即呈指数递减，年平均递减率达到15.8%（见图6-2-8）。

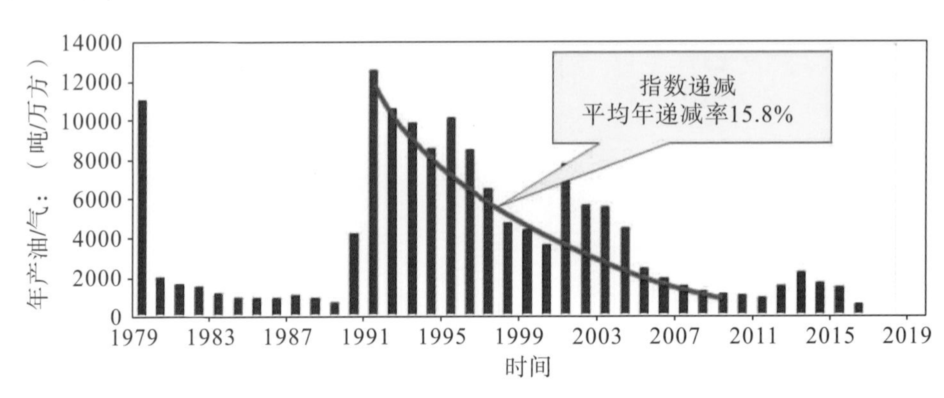

图6-2-8 大安寨油藏年产油图

第三节　产能主控因素

川北陆相页岩油区域构造相对平缓，其地面原油密度 0.8347g/cm³，黏度 6.64mPa·s，属于中等品质，故这两方面因素相对影响小，动静态结合分析，影响产能的主要因素为沉积相、裂缝一孔洞发育及投产时的压力水平。

一、沉积相影响产能

分析了阆中大安寨的 7 口高产井，构造上仅石龙 2 井处于最高部位，其他的油气井位置偏低，石龙 16 的位置最低，但从沉积相图上分析，这 7 口高产井均处于沉积环境中的滩核部位，故产量均比较高，而处于滩缘部位川鸦 46 井、石龙 3 井等均为低产井（见图 6—3—1、图 6—3—2）。

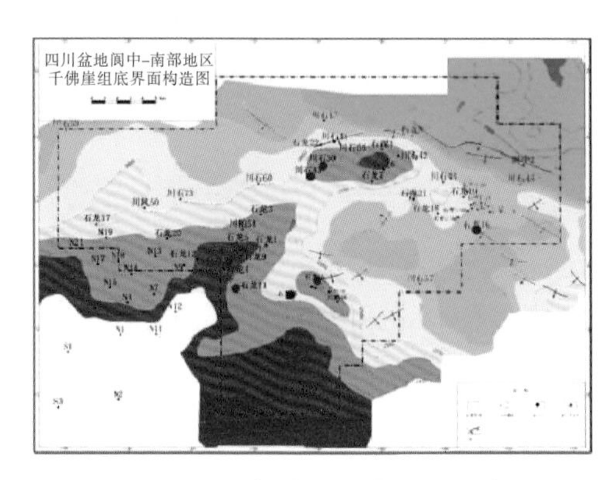

图 6-3-1　阆中千佛崖顶面构造图

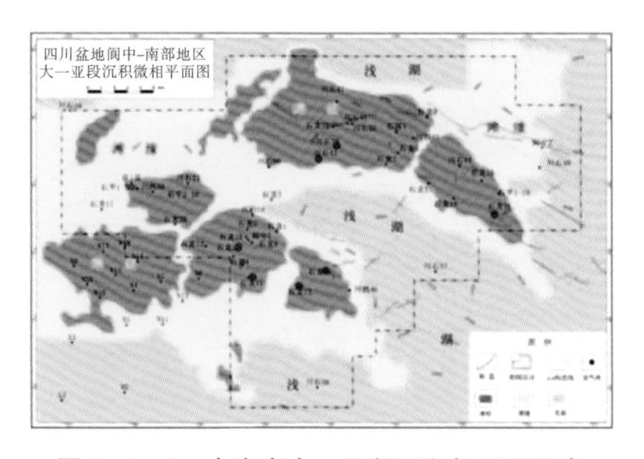

图 6-3-2　大安寨大一亚段沉积相平面展布

二、裂缝一孔洞发育及缝洞连通情况影响产能

据岩心观察和测井曲线分析，石龙场油气田存在裂缝一孔洞，缝洞发育，且大一亚

段裂缝比大二、大三更发育，故大一亚段产层初产较高，故5口取芯井的初期均有一定产能。但缝洞连通性好，才能保证原油的运移和供应，石龙2井和石龙11井在测试阶段井漏严重说明裂缝–孔洞发育，且缝洞沟通，从大一段岩心观察和统计，这两口井存在网状缝和高角度缝，孔洞数分别为28个和77个，且逢洞连通，故累产高，而石龙9井、石龙4井和石龙12井的缝洞未连通，故初产高，而累产偏低（见表6–3–1）。

表6–3–1　阆中大安寨缝洞与产能关系表

井号	生产层段	井漏情况（m^3）	缝洞段厚度（m）	裂缝率/（条/m）	孔洞数（个）	测试（t/d）	投产初期（t/d）	累产油（10^4 t）	裂缝描述
石龙2	大一	444.4	5.14	2.53	28（缝洞连通）	69.27	74.7	7.3	大多为斜缝，并互相交切
石龙11	大一	354.4	1.52	11.12	77（沿缝分布）	2.34	3.6	0.55	主要以低高度斜缝为主
石龙9	大一	69.5	25	3.36	25（缝洞未连）	2.62	10.79	0.17	裂缝分散孤立
石龙4	大一、二、三	无	13.77	1.89	少（缝洞未连）	0.94	39.42	0.17	缝面平整，具方解石充填
石龙12	大一、大三	无	1.41	46.7	未见	5.36	6.22	0.07	低角度水平缝

生产特征表明，裂缝发育程度高井初期产能高，递减快，中后期产量较为稳定，累产高；裂缝发育程度低井产能较低，累产低（见图6–3–3）。

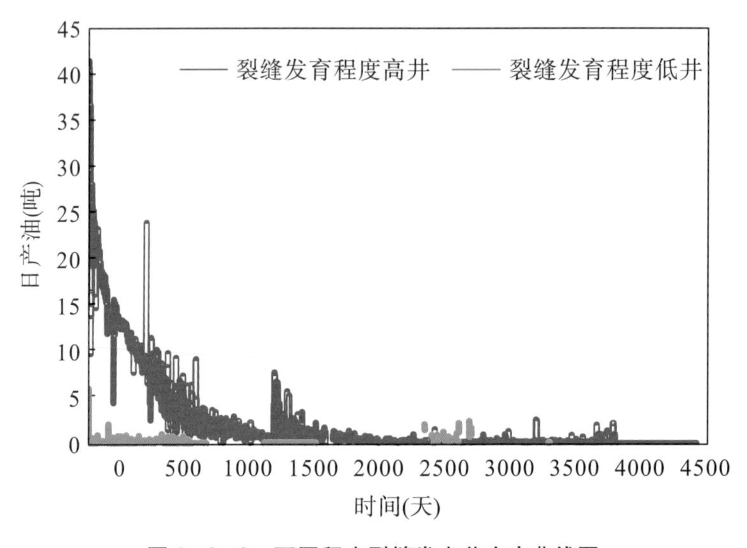

图6–3–3　不同程度裂缝发育井生产曲线图

三、投产时的压力水平影响产能

阆中大安寨无边底水，开采中主要依靠天然能量，驱动方式为原油弹性能量和溶解气膨胀能量，故投产越早，地层压力高，产能高，阆中大安寨原始地层压力40.8MPa，据单井统计，石龙场油气藏中处于滩核区域的石龙2井1990年投产，时间最早，投产时油压22.98MPa（地层压力应接近原始地层压力），而当邻近的石龙4井1993年投产时油压为7.64MPa，折算压力仅为25.44MPa，1996年投产的石龙9井油压为10.9MPa，折算地层压力仅为28.7MPa，基本接近阆中大安寨饱和压力27MPa，可见石龙4、石龙9井投产前，其储量已经被石龙2井动用，故最早投产的石龙2井为连续生产，而石龙4井和石龙9井投产时表现为能量不足，以间歇开采为主。

第七章
川北陆相页岩油资源评价及目标选区

第一节　川北陆相页岩油资源评价

页岩油资源潜力计算的方法较多，主要分为静态法和动态法两大方面。静态法是依据页岩储层的静态地质参数计算其资源量，具体又细分为成因法（物质平衡法、Tissot 法）、类比法（面积丰度类比法、体积丰度类比法、特尔菲法）、统计法（蒙特卡罗法、FORSPAN 模型法）；动态法是根据页岩油气在开发过程中的动态资料计算其资源量，主要包括：物质平衡法、递减法、数值模拟法。

目前，国外针对页岩油气资源及储量的计算方法主要包括类比法、体积法、物质平衡法、递减曲线分析法以及数值模拟法，而类比法或者体积法主要运用在勘探初期，适用于我国的页岩油气勘探开发现状。近几年国内多位学者、教授引入了分级法评价页岩油资源量，将页岩油资源分为无效、低效及富集资源。本书主要采用类比法、体积法和分级法三种评价方法。

一、类比法

类比法是以某些勘探程度较高的盆地或地区作为类比的标准，通过比较选出关键参数，或者通过对已知石油带的大量参数进行归类分析，或者通过其他的多元统计分析，对新盆地或地区进行评价的一种预测油气资源量的方法。这种方法直观，比较易于理解，应用较广；但经验性较强，在关键因子的考虑上容易出现偏差。

二、体积法

在页岩油资源评价中，体积法也是最常用的方法之一。应用体积法估算资源量，最关键的参数是页岩的体积、密度和含油丰度。

页岩油资源量计算中含油丰度常用含油饱和度、氯仿沥青“A”或热解“S_1”表示，据此页岩油资源量计算具有三种可行的方法，现将具体计算方法说明如下：

（1）氯仿沥青“A”法。

用氯仿沥青“A”计算页岩油资源量公式为：$Q_{油}=V\times\rho\times A\times K$

式中：V 为页岩的体积，m^3；

ρ 为页岩密度，g/cm^3；

A 为页岩氯仿沥青“A”含量，%；

K 为氯仿沥青“A”轻烃补偿系数。

氯仿沥青“A”法计算页岩油资源量优点为页岩中氯仿沥青“A”资料较丰富，轻烃补偿的可信度较高；局限性为氯仿沥青“A”包含了部分不可动烃量。

（2）热解 S_1 法。

用热解 S_1 计算页岩油资源量公式为 Q 油$=V\times\rho\times S_1\times K$

式中：V 为页岩的体积，m^3；

ρ 为页岩密度，g/cm^3；

K：S_1 校正系数（包括轻烃和重烃）；

S_1：热解 S_1 参数，mg/g。

热解 S_1 法计算页岩油资源量优点为页岩中热解 S_1 资料非常丰富；局限性为对常规油气中大部分数据存在轻烃和重烃损失，且准确校正较难，同时也有部分不可动烃的存在。

（3）含油饱和度法。

用含油饱和度与孔隙度计算页岩油资源量公式为 $Q_{油}=V\times\rho o\times\varphi\times So/Koi$

式中：V 为页岩的体积，m^3；

ρo：地面原油密度，g/cm^3；

φ：孔隙度，%；

So：含油饱和度，%。

Koi：体积系数。

用含油饱和度计算页岩油资源量为可直接计算出可动油的含量；局限性为含油饱和度和孔隙度分析测试资料极少，且测试难度很大。

三、分级法

分级资源评价方法为体积法的一种。页岩气资源勘探开发目前已在北美率先实现产业化、商业化、规模化，而页岩油资源开发能否取得成功主要取决于两个方面，一是页岩油的资源丰度，二是页岩油的可采性。首先，页岩油的渗流能力远低于页岩气，开采难度大，因此对于页岩油开发需要更加重视其资源丰度，重点寻找页岩油富集段。那么如何寻找评价页岩油富集段及富集资源，需要一种可行性较强的方法。中国的页岩油气资源潜力较大，应用现有的烃源岩定量评价方法，不难计算出页岩中残存的油气总量。但是受沉积环境、矿物组成及其中有机质的丰度、类型、成熟度及排烃效率的影响，不同页岩中含油气量有明显的差别。这就需要有一套方法和标准来指导页岩油气资源的分级评价工作。卢双舫等（2012）通过对南襄、松辽、海拉尔、济阳等5个地区烃源岩层的地球化学指标进行统计分析，利用泥页岩含油量与TOC关系的“三分性”，按富集程度将页岩油气分为无效资源、低效资源和富集资源三级；有机质大量生油气的成熟阶段对应富集页岩油气窗，页岩油气资源级别按TOC值划分。实际应用中，根据用TOC−测井响应相关性确定的井剖面上的TOC值变化，可以得到不同级别页岩的等厚图及分级页岩油气资源量；再结合分级标准，利用TOC等值线和Ro等值线的叠合，可识别有利的页岩油气区。

根据上述三种方法，结合川北中下侏罗统地层实际资料情况，选定体积法中的热解S_1法计算资源量。

$Q_{页岩}=A_1\times h\times \rho_1\times (S_1\times 10^{-1}\times Ks_{恢})$的计算公式，计算川北中下侏罗统页岩油总资源量1.05亿吨。其中：

A_1为生油岩面积（元坝千二724.2km²、阆中大二225.6km²）；

h为生油岩厚度（元坝千二23.2m、阆中大二27.9m）；

ρ_1为生油岩密度（元坝千二2.59、阆中大二2.51）；

S_1为热解含油量（元坝千二1.31、阆中大二0.59）；

$Ks_{恢}$为恢复系数（元坝千二1.6、阆中大二1.45）。

第二节　川北陆相页岩油富集影响因素

陆相页岩油富集影响因素与常规油气有着明显差别，陆相页岩油富集与岩相、有机质丰度及有机质赋存方式、热演化程度、储集物性、成岩作用、裂缝发育程度、地层压力密切相关。

一、岩相

陆相页岩不同岩相的生烃能力、储集能力、裂缝发育情况及可压性均有差异。生烃能力方面，川北中下侏罗统的富有机质黑色页岩有机质丰度最高，生烃能力好；其次是灰色页岩、杂色泥页岩；灰色粉砂质泥页岩及含灰质泥页岩有机质丰度相对较低，生烃能力较差。储集能力方面，富有机质的黑色页岩有机孔发育，浅灰的介屑灰岩溶孔溶缝发育，储集物性相对较好。裂缝发育方面，黑色页岩页理缝及平缝较发育，改善了页岩储层渗透性；灰岩及砂岩储层构造裂缝发育，渗透性相对较好。可压性方面，黑色页岩、灰质页岩可压性较好。大安寨段暗色泥页岩纵横向的分布特征明显受控于沉积环境的变迁以及沉积相带的分异。

川北中下侏罗统的千二段及大二亚段水动力相对较弱，水体相对安静且贫氧，有利于富含有机质的暗色泥页岩形成。而沉积相带的分异又控制了富含有机质的暗色泥页岩在平面上的展布。大安寨段富有机质暗色泥页岩主要分布于大二亚段，且主要分布于阆中的南部及东部、元坝的中部和南部的浅湖－半深湖相带，厚度一般在 20～40m，而在滨湖相带，厚度一般在仅 5～20m 左右。阆中地区的泥页岩单层厚度较薄（0.81～17.37m），纵向上与灰岩呈互层状，横向上分布较为稳定，自西向东，页岩厚度有逐渐增大的趋势，石龙 17 井仅 20.5m，而石龙 16 井达到 44.8m。其中多口井的大二亚段泥页岩段均钻遇良好显示，尤其是川凤 50 井井区，针对大二亚段泥页岩与灰岩互层段，开展水平井实验，获日产 33 吨产量。

二、有机质

有机质丰度及类型决定泥页岩生烃能力大小。评价有机质生烃能力主要包括有机质丰度、有机质类型、有机质结构及有机质赋存方式等四个方面。

（1）有机质丰度。

有机质丰度是页岩油生成和富集的物质基础，在有机质类型和成熟度相似的情况下，有机质丰度与含油丰度及含油饱和度呈正相关关系。为使页岩地层含有足量的液态烃，页岩有机碳含量必须达到一定的标准，川北侏罗系页岩的 TOC 绝大部分大于 1.0%。另外，随着有机质发育，有机孔隙随之增加，可以改善页岩储集物性及储集能力。

（2）有机质类型。

一般来说，在生油窗内，不同干酪根类型影响了泥页岩生烃能力，Ⅰ型（腐泥型）、Ⅱ1 型（腐殖腐泥型）母质类型相对较好，易于形成页岩油，也有利于页岩油富集，阆中大安寨段有机质正是属于Ⅰ型、Ⅱ1 型，元坝千佛崖组有机质属于Ⅱ1 型、Ⅱ2 型。

（3）有机质赋存方式。

有机质赋存方式影响页岩油赋存及运移能力。有机质在页岩中有顺层富集型、断续条带状、分散状等三种赋存方式。顺层富集型更利于油气聚集和运移，顺层富集有机质对周围母岩的溶蚀改造规模大，数量多，能形成较密集的溶蚀孔隙；顺层富集有机质中存在大量的生烃演化孔隙，易于相互形成连通网络；有机质富集成层处岩石结合力较弱，流体压力较高，极易产生沿层微裂缝。

（4）有机质结构。

有机质结构类型对有机质丰度有一定的影响。有机质能谱分析将有机质结构类型分为无定型有机质及结构有机质两大类。无定形有机质，是指无一定形态结构的沉积有机质，镜下多是不规则的微粒、渐变的模糊边缘，形成凝块或絮团，大多数是浮游生物成因，源于有机质腐解后产生的溶解有机质和胶体有机质，富集在细粒沉积岩中，常与黏土矿物吸附成有机黏土复合体，对有机质丰度贡献大，有利于页岩油富集。

三、热演化程度

（1）镜质体反射率。

镜质体反射率反映泥页岩热演化程度，而热演化程度决定生成烃类的相态类型。Ro 在 0.5%～1.1%之间为页岩油主生烃期，Ro 在 1.1%～1.3%之间为凝析油，Ro 大于 1.3%以生气为主。川北中下侏罗统的元坝千二段 Ro 一般在 1.2%～1.5%之间，阆中大二亚段 Ro 一般在 0.7%～2.2%之间，处在生油高峰期，有利于页岩油形成。热演化程度在决定生成烃类相态类型的同时，还影响着有机质孔的发育。在低热演化程度阶段，页岩储层中的孔隙主要以无机孔隙为主，页岩油主要赋存于无机孔隙中，而随着热演化程度的增加，生烃进程的加剧，有机质孔隙随之增加，页岩油气除赋存于无机孔隙外，还赋存于有机质孔隙内。因此，热演化程度影响着有机质孔隙的发育，从而影响页岩油的富集。

（2）含烃饱和度。

热演化程度与含烃饱和度呈正相关关系，含烃饱和度大小反映页岩油富集程度。页岩油是烃源岩生烃后滞留在源岩内未发生明显运移的液态烃。随着埋深增加，热演化程度提高，压实作用增强，压实作用进一步将孔隙中的水排出，岩石转向亲油性，孔隙中的水逐步减少，生成的烃量逐渐增多。元坝千佛崖组烃源岩主生烃区的埋深为 2900～3500m，地层中的页岩恢复后滞留烃含量平均 1.7mg/g，对应 Ro 为 1.2%～1.5%。平面上，页岩油主要发现于高丰度低熟－成熟烃源岩分布区。因此，源岩演化控制着页岩油的分布，处于低成熟－成熟阶段的源岩页岩油富集程度较高。

四、储集物性

孔隙度是影响页岩储油能力的关键因素，孔隙度越高，含油丰度越高。页岩储层随着孔隙度增大，储集物性越好，越有利于页岩油富集。通过对阆中－元坝地区 1205 个样品的分析统计，泥页岩的孔隙度平均为 2.6%，灰岩的孔隙度平均为 0.98%，从泥页岩－泥质灰岩－含泥质灰岩－灰岩孔隙度有逐渐降低的趋势。其主要原因是泥岩中原生有机孔孔隙相对发育；泥质含量高有利于原生孔隙的保存。滩缘微相的原生孔隙因泥质的存在将阻止成岩流体的流动，有利于原生孔隙保存；与泥岩层互层将阻隔成岩流体，破坏性交代与胶结作用较弱，有利于原生孔隙的保存。渗透率统计结果，灰岩的平均渗透率最高 0.852mD，页岩次之平均渗透率 0.832mD，泥质灰岩－含泥质灰岩平均渗透率最差。灰岩脆性矿物含量高，受应力作用，更易产生微裂缝；泥页岩页理及水平缝发育。故泥页岩及灰岩的渗透率最高，泥质灰岩－含泥质灰岩渗透率较差。

五、成岩作用

一般页岩成岩作用越强，页岩越致密，页岩粒间孔隙、晶间孔隙减小，不利于页岩油富集。但是成岩作用对页岩油气富集的影响也有有利的一面。页岩成岩阶段处于中成岩阶段，有机酸溶蚀作用、重结晶作用以及黏土矿物转化作用较强，对页岩储层有明显的改造作用，页岩溶蚀孔隙及裂缝发育程度较高，有利于页岩油富集。因此，页岩成岩作用对油气富集有较大的影响。

有机酸溶蚀作用、重结晶作用与层间缝形成有密切关系。在有机质成烃过程中，释放出的有机酸对泥晶方解石纹层进行溶蚀，由于泥岩中流体运移不畅，Ca^{2+}以及CO_3^{2-}溶解在流体中运移不出去，pH 值逐渐降低，Ca^{2+}以及CO_3^{2-}浓度逐渐升高；当成烃作用减弱，有机酸浓度降低，CO_3^{2-}与Ca^{2+}重新结合又会形成$CaCO_3$沉淀，原地析出方解石晶体，形成亮晶方解石纹层。这种纹层质纯，方解石含量高，脆性大，与相邻富黏土层力学性质差异大，易沿层形成层间缝。

黏土矿物转化作用对页岩矿物收缩缝及微裂缝的形成起着重要作用。黏土矿物在转化时伴随着脱水作用，黏土矿物的脱水和石油的生成同时进行，脱出的孔隙水和层间水向外排出，成为石油从生油母岩向储集空间初次运移的良好载体；脱水过程中，矿物颗粒体积收缩、孔隙增大，可以形成矿物收缩缝；另外，蒙脱石向伊利石的转化过程中，会生成SiO_2，使岩石脆性增大，易形成微裂缝。

六、裂缝

裂缝不仅是页岩储层的渗流通道，能起到沟通油气和改善物性的作用，而且有利于后期压裂改造的人工裂缝与天然裂缝交汇形成网状缝；因此裂缝形成时间、发育程度及后期成岩充填作用与页岩油富集均有关系。通过岩心和薄片观察可知，石平 HF－1 井区页岩裂缝及页理发育，原油沿裂缝及页理面呈圆珠状分布。石平 HF－1 井多级分段酸压后获高产工业油流，表明裂缝是影响页岩油富集高产的重要因素。页岩油储层一般具有较低的渗透性，裂缝发育可有效改善页岩的渗透性。

七、地层压力系数

一般来说，地层压力系数与页岩油气富集程度密切相关。北美地区页岩油气高产井往往具有较高地层压力系数，元坝千佛崖组陆相页岩油具有较高的地层压力系数，压力系数越大，产能越高。阆中大安寨段页岩油集中在大二亚段，由于曾经作为主力产层的大一亚段已生产 40 余年，大二亚段优选地层压力较高的区域，也是油气富集区评价的重要因素之一。

综上所述，岩相、有机质、热演化程度、储集物性、成岩作用、裂缝、地层压力控制了页岩油的富集，其中富含有机质是页岩油富集的基础，热演化程度决定有机孔隙发育程度，裂缝、地层压力系数是页岩油富集的重要条件。获产的主控因素为富烃页岩发育是页岩油成藏的前提；薄互层发育段是大二页岩油成藏的基础；与其匹配的高角度裂缝发育段是油气获产的关键。

第三节　川北陆相页岩油选区评价

陆相页岩油选区评价工作以开展的页岩油资源及选区评价工作为基础，充分利用构造、沉积、地球化学、地球物理、测录井资料及相关测试分析数据，通过盆地构造特征及页岩油地质条件分析，进行评价单元的划分，在此基础上，开展富有机质页岩生烃潜力及含油性评价、储集空间及储集性能评价、保存条件及可流动性评价、页岩可压裂性评价。通过相关评价图件的叠合分析，优选有利的勘探目标区。

一、陆相页岩选区评价思路及方法

页岩油赋存在极小的纳米及微米孔隙中，能够流动的页岩油才真正具备开发价值，因此，选区评价中应加强页岩油的可流动性评价。在烃源岩评价过程中，加强了游离烃 S_1 的评价；在储层品质方面，将页岩和夹层分别进行了评价，并在页岩储层评价中，增加了页岩岩相类型；在油藏品质评价中，考虑到地层能量和流体性质，从地层压力系数和原油密度进行了赋值。此外，从埋藏深度和脆性矿物含量两个角度，对页岩的可压裂性进行了评价。

页岩油选区评价共包括五个方面：（1）评价单元划分；（2）源岩品质方面，通过厚度、面积等 5 个参数对生烃潜力及含油性进行评价；（3）储层品质方面，从页岩和夹层两个部分对储集性能进行评价；（4）油藏品质方面，通过地层能量和流体性质两个方面，对页岩油保存条件及可流动性进行评价；（5）工程条件方面，利用埋藏深度和脆性矿物含量两个参数对页岩的可压裂性进行评价。在上述评价基础上，应用图形分析、信息叠加进行有利目标区的评价和优选（图 7-3-1）。

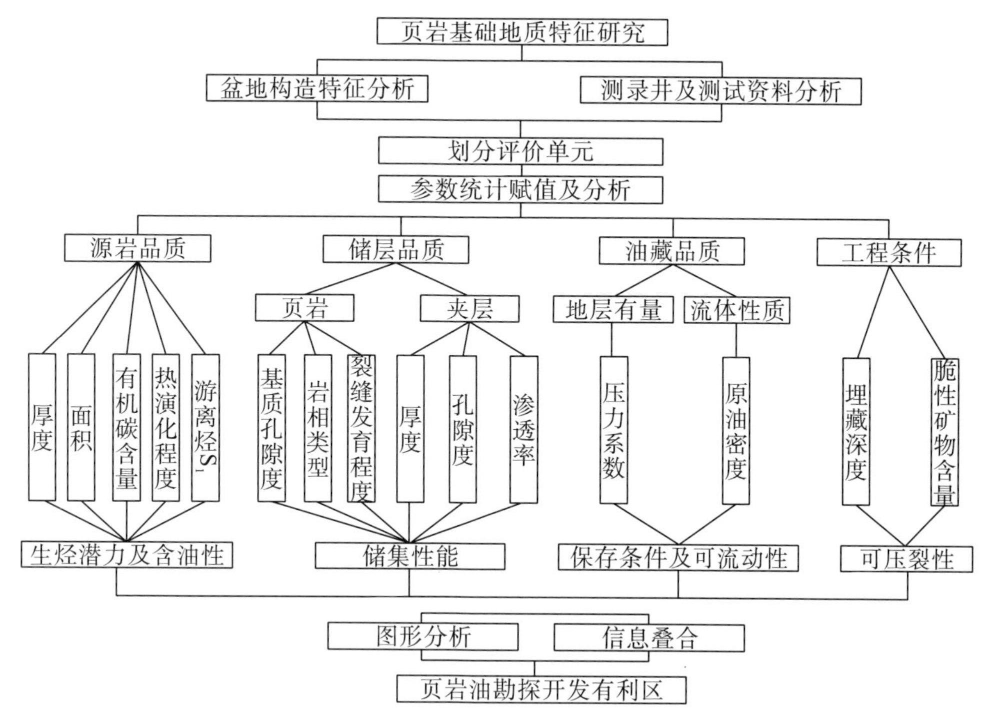

图7-3-1　陆相页岩油选区评价工作流程

平面上以凹陷为评价单元界限，在分隔性比较强的凹陷，应根据分隔性划分为若干个评价单元。打破矿权区块的界线。每一个评价单元应具有相同的构造与沉积特征、页岩油形成地质条件、流体性质、储层温度压力，以及可开发利用的工程技术条件。

二、川北陆相页岩油富集区评价及目标优选

（一）选区分级评价

国土资源部（2012）《页岩油资源潜力评价与有利区优选方法（暂行稿）》提出，纵向上，以含油页岩层段为评价单元，页岩有机质丰度应满足如下指标：TOC 含量大于1％，Ro 值大于0.7％，S_1含量大于1mg/g，氯仿沥青“A”大于0.2％。参考我国陆相致密油分级评价标准以及中国石化页岩油研究及勘探开发实践，按照《中国石化探区页岩油分级评价标准（2018）》，确定川北页岩层系评价时，TOC 含量大于1％页岩的连续厚度原则上应大于30m，TOC 小于0.5％的其他岩性夹层原则上厚度小于3m。评价结果元坝构造千二段页岩油藏（0.743）及阆中大二亚段页岩油藏（0.76）属于Ⅱ类区，具备一定的勘探开发评价价值。

表 7-3-1　川北页岩油选区分级评价结果（中国石化探区页岩油分级评价标准）

参数类型（权重）		参数名称（权重）	Ⅰ类（赋值区间）（0.8～1.0）	Ⅱ类（赋值区间）（0.6～0.8）	Ⅲ类（赋值区间）（0.5～0.6）	阆中大二亚段页岩油藏	元坝千二段页岩油藏
源岩品质（0.35）		TOC＞1.0％累计厚度（m）（0.03）	＞40	30～40	＜30	0.02	0.016
		TOC（％）（0.05）	＞4.0	2.0～4.0	1.0～2.0	0.028	0.025
		面积（km^2）（0.02）	＞100	50～100	＜50	0.012	0.015
		Ro（％）（0.1）	＞1.1	0.9～1.1	0.7～0.9	0.08	0.1
		游离烃 S_1（mg/g）（0.15）	＞3.0	2.0～3.0	1.0～2.0	0.09	0.08
储层品质（0.25）	页岩（0.15）	基质孔隙度（％）（0.05）	＞8	5～8	＜5	0.024	0.026
		岩相（0.05）	纹层状	层状	块状	0.04	0.035
		裂缝发育程度（0.05）	发育	较发育	不发育	0.042	0.036
	砂岩(灰岩)夹层（0.1）	累计厚度（m）（0.05）	＞10	5～10	0～5	0.04	0.045
		孔隙度（％）（0.05）	8～12	5～8	＜5	0.018	0.02
		渗透率（mD）（0.05）	0.1～1.0	0.04～0.1	＜0.04	0.026	0.03
油藏品质（0.2）	地层能量（0.1）	压力系数（0.1）	＞1.4	1.2～1.4	1.0～1.2	0.095	0.09
	流体性质（0.1）	原油密度（g/cm^3）（0.1）	＜0.82	0.82～0.87	0.87～0.92	0.09	0.09
工程条件（0.2）		埋深（m）（0.1）	＜3500	3500～4000	＞4000	0.1	0.075
		页岩脆性矿物含量（0.1）	＞60	60～50	40～50	0.055	0.06
合计						0.76	0.743

（二）川北页岩油富集区评价

根据陆相页岩油富集影响因素研究成果，岩相、有机质、热演化程度、储集物性、成岩作用、裂缝、地层压力控制了页岩油的富集，富含有机质是基础，热演化程度决定有机孔隙发育程度，裂缝、地层压力系数是页岩油富集的重要条件。川北侏罗系页岩油源控规律明显，通过油源对比，其均属自生自储型油藏，所以“近源”是首要条件；选择优质烃源岩有利于烃类高丰度生成，有机质含量、类型、厚度越有利，其储集性越好，越有利于页岩油富集；同时结合“富油”“可动”“可压性”等评价参数，综合考虑与源岩关系、源岩品质、相态、储集条件、工程改造等因素，建立川北中下侏罗统页岩油富集区评价标准，即“近源、优源、富油、可动、可压性”。

表 7-3-2　川北页岩油富集区综合评价标准

富集区	岩性	岩性组合	TOC	R_O	有机质类型	厚度(m)	相态	含油饱和度(%)	游离态	储集空间	裂缝	物性		粘土矿物(%)	可压性	
												孔隙度(%)	渗透率(mD)		埋深(m)	页岩脆性矿物
元坝千二	页理发育页岩	页岩与砂岩互层	>1	$1.4>R_O>0.9$	$Ⅱ_1-Ⅱ_2$	>15m	油区-油气区	>40	优势区	溶蚀孔粒间孔微裂缝	发育	>2	>0.001	<45	<3500	>45%
阆中大二	页理发育页岩	页岩夹薄层灰岩	>0.8	$1.1>R_O>0.9$	$Ⅰ-Ⅱ_2$	>20m	油区-油气区	>45	优势区	溶蚀孔粒间孔微裂缝	发育	>1.6	>0.001	<40	<3100	>50%
	近源		优源				富油		可动						可压性	

（三）川北陆相页岩油有利目标优选

依据“近源－优源－富油－可动－可压性”五个方面指标，开展川北页岩油有利目标区优选，两个区域两个层系共计优选出有利目标 5 个，其中阆中大二亚段 2 个，元坝千二段 3 个。

（1）阆中大二油藏富集较有利区集中在工区的西南部，富集有利区分别位于川凤 50 井区及石龙 2 井区，有利区面积分别为 25.6km²，较有利区面积 40.0km²。

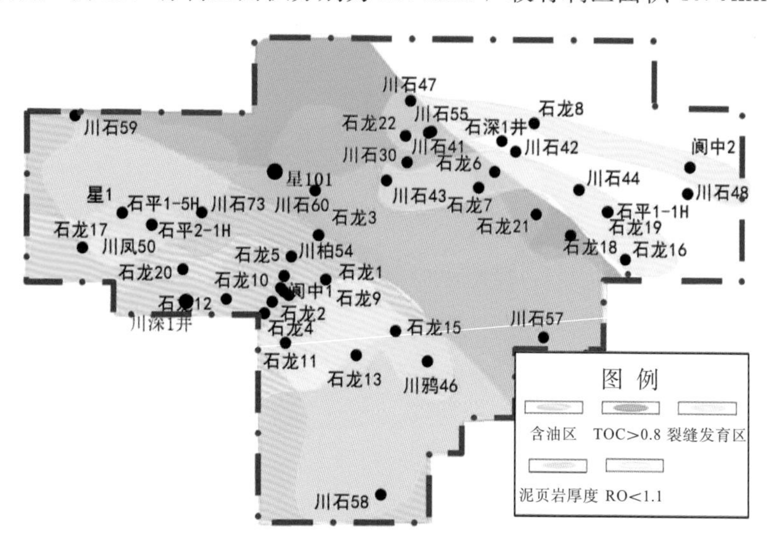

图 7-3-2　阆中大二亚段油气藏评价指标叠合图

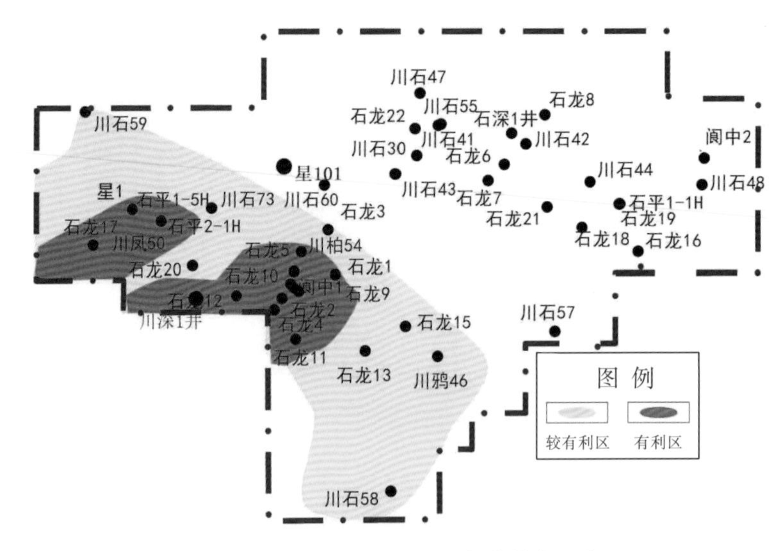

图 7-3-3　阆中大二亚段油气藏综合评价图

（2）元坝千二页岩油藏富集较有利区集中在工区的西南部，富集有利区分别位于元坝 2 井区、元坝 9 井区，次为元陆 4 井区。有利区面积分别为 257.8km^2，较有利区面积 724.2km^2。

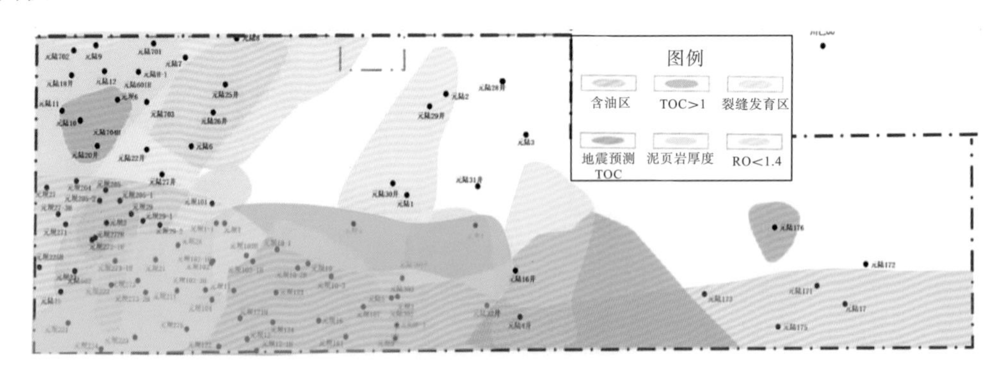

图 7-3-4　元坝千二段油气藏评价指标叠合图

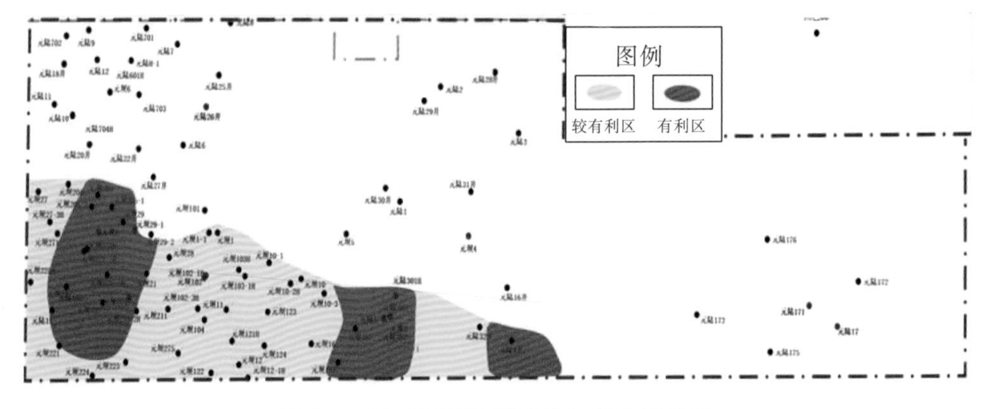

图 7-3-5　元坝千二段页岩油综合评价图

针对川北阆中—元坝两区优选的 5 个有利目标区，采用容积法（N=100×A×h×

$\Phi \times S_0 \times \rho_0 / B_{0i}$）评估，计算页岩油地质储量 0.55 亿吨。

其中：A 为含油面积（元坝千二 258.6km^2、阆中大二 65.6km^2）；

h 为有效厚度（元坝千二 23.2m、阆中大二 27.9m）；

Φ 为有效孔隙度（元坝千二 3.425%、阆中大二 2.82%）；

S_0为原始含油饱和度（元坝千二 43%、阆中大二 56%）；

ρ_0为原油密度（元坝千二 0.807 t/m^3、阆中大二 0.814 t/m^3）；

B_{0i}为原油体积系数（元坝千二 1.723、阆中大二 1.723）。

参考文献

[1] 方圆、张万益、马芬，等，全球页岩油资源分布与开发现状 [J]. 矿产保护与利用，2019 (5)：126−134.

[2] 李玉喜，张金川. 我国非常规油气资源类型和潜力 [J]. 国际石油经济，2011，19 (3)：61−67.

[3] 张抗. 从致密油气到页岩油气——中国非常规油气发展之路探析 [J]. 中国地质教育，2012，21 (2)：9−15.

[4] 周庆凡，杨国丰. 致密油与页岩油的概念与应用 [J]. 石油与天然气地质，2012 (4)：541−544.

[5] 景东升，丁锋，袁际华. 美国致密油勘探开发现状、经验及启示 [J]. 国土资源情报，2012 (1)：18−19.

[6] 姜在兴，张文昭，梁超，等. 页岩油储层基本特征及评价要素 [J]. 石油学报，2014，35 (1)：184−196.

[7] 童晓光. 非常规油的成因和分布 [J]. 石油学报，2012，33 (增刊一)：20−26.

[8] 贾承造，郑民，张永峰. 中国非常规油气资源与勘探开发前景 [J]. 石油勘探与开发，2012，39 (2)：129−136.

[9] 张君峰，毕海滨，许浩，等. 国外致密油勘探开发新进展及借 鉴意义 [J]. 石油学报，2015，36 (2)：127−137.

[10] 赵文智，胡素云，侯连华. 页岩油地下原位转化的内涵与战 略地位 [J]. 石油勘探与开发，2018 (4)：537−545.

[11] 贾承造，郑民，张永峰. 非常规油气地质学重要理论问题 [J]. 石油学报，2014，35 (1)：1−10.

[12] 王大锐. 致密油与页岩油开发面临的挑战 ——访国家能源致密油气研发中心副主

任朱如凯［J］. 石油知识，2016（6）：10－11.
［13］王茂林，程鹏，田辉，等. 页岩油储层评价指标体系［J］. 地球化学，2017（2）：178－190.
［14］邹才能. 常规与非常规油气聚集类型、特征、机理及展望——以中国致密油和致密气为例［J］. 石油学报，33（2）：173－187.
［15］杨智，邹才能，付金华，等. 大面积连续分布是页岩层系油气的标志特征——以鄂尔多斯盆地为例［J］. 地球科学与环境学报，2019，41（4）：459－474.
［16］Donald L Gautier，Gordon L Dolton，Kenneth I Takahashi，et al. 1995 national assessment of United States oil and gas resources：resulted，methodology，and supporting data［R］. Denver：U. S. Geological Survey，1996.
［17］Unconventional oil subgroup of the resource & supply task group. Unconventional oil［R］. Washington，D. C.：national petroleum council，2011.
［18］NEB. Tight oil developments in the western Canada sedimentary basin［R］. Calgary：national energy board，2011.
［19］Vatural Resoruces Canada. Geology of Shale and Tight Resources［EB/OL］.（2019－06－25）. https://www. nrcan. gc. ca/energy/sources/shale－light－resources/17675,2016－08－23.
［20］EIA. Oil and gas supply module of the national energy modeling system：model documentation 2018［R］. Washington，D. C.：energy information administration，2018.
［21］邹才能，朱如凯，白斌，等. 致密油与页岩油内涵、特征、潜力及挑战［J］. 矿物岩石地球化学通报，2015，34（1）：3－17.
［22］邹才能，杨智，王红岩，等. “进源找油”—论四川盆地非常规陆相大型页岩油气田［J］. 地质学报，2019，93（7）：1551－1562.
［23］支东明，宋永，何文军，等. 准噶尔盆地中—下二叠统页岩油地质特征、资源潜力及勘探方向［J］. 新疆石油地质，2019，40（4）：389－401.
［24］孙超，姚素平. 页岩油储层孔隙发育特征及表征方法［J］. 油气地质与采收率，2019，26（1）：153－164.
［25］崔景伟，邹才能，朱如凯，等. 页岩孔隙研究新进展［J］. 地球科学进展，2012，27（12）：1319－1325.
［26］朱炎铭，王阳，陈尚斌，等. 页岩储层孔隙结构多尺度定性—定 量综合表征：以上扬子海相龙马溪组为例［J］. 地学前缘，2016，23（1）：154－163.
［27］朱汉卿，贾爱林，位云生，等. 低温氩气吸附实验在页岩储层微 观孔隙结构表征中的应用［J］. 石油实验地质，2018，40（4）：559－565.
［28］高英，朱维耀，岳明，等. 体积压裂页岩油储层渗流规律及产能模型［J］. 东北石油大学学报，2015，39（1）：80－85.

[29] 杨春城. 页岩油水平井密切割体积压裂产能研究 [J]. 中外能源，2020，25 (5)：57−61.

[30] 刘礼军，姚军，孙海，等. 考虑启动压力梯度和应力敏感的页岩油井产能分析 [J]. 石油钻探技术，2017，45 (5)：84−90.

[31] 于学亮，胥云，翁定为，等. 页岩油藏“密切割”体积改造产能影响因素分析 [J]. 西南石油大学学报（自然科学版），2020 (6)：1−11.

[32] Chalmers G R，Bustin R M，Power I M. Characterization of gas shale pore systems by porosimetry，pycnometry，surface area，and field emission scanning electron microscopy/transmission electron microscopy image analyses：Examples from the Barnett，Woodford，Haynesville，Marcellus，and Doigunit [J]. AAPG Bulletin，2012，96 (6)：1099−1119.

[33] Kuila U，Mccarty D K，Derkowski A，et al. Nano−scale texture and porosity of organic matter and clay minerals inorganic−rich mudrocks [J]. Fuel，2014，135 (6)：359−373.

[34] 陈尚斌，朱炎铭，王红岩，等. 川南龙马溪组页岩气储层纳米孔隙结构特征及其成藏意义 [J]. 煤炭学报，2012，37 (3)：438−444.

[35] Cohaut N，Blanche C，Dumas D，et al. A small angle X−ray scattering study on the porosity of anthracites [J]. Carbon，2000，38 (9)：1391−1400.

[36] Radlinski A P，Ioannidis M A，Hinde A L，et al. Angstromto−millimeter characterization of sedimentary rock microstructure [J]. Journal of Colloid and Interface Science，2004，274 (2)：607−612.

[37] Radlinski A P，Mastalerz M，Hinde A L，et al. Application of SAXS and SANS in evaluation of porosity，pore size distribution and surface area of coal [J]. International Journal of Coal Geology，2004，59 (3/4)：245−271.

[38] 姚艳斌，刘大锰，蔡益栋，等. 基于 NMR 和 X−CT 的煤的孔裂隙 精细定量表征 [J]. 中国科学：地球科学，2010，40 (11)：1598−1607.

[39] Li A，Ding W L，Wang R Y，et al. Petrophysical characterization of shale reservoir based on nuclear magnetic resonance（NMR）experiment：A case study of Lower Cambrian Qiongzhusi Formation in eastern Yunnan Province，South China [J]. Journal of Natural Gas Science&Engineering，2017，37：29−38.

[40] Mitchell J，Webberj B W，Strange J H. Nuclear magnetic resonance cryoporometry [J]. Physics Reports，2008，461 (1)：136.

[41] Webber J B W，Corbett P，Semple K T，et al. An NMR study of porous rock and biochar containing organic material [J]. Microporous & Mesoporous Materials，2013，178 (18)：94−98.

[42] Liu C，Shi B，Zhou J，et al. Quantification and characterization of

microporosity by image processing, geometric measurement and statistical methods: Application on SEM images of clay materials [J]. Applied Clay Science, 2011, 54 (1): 97-106.

[43] Liu C, Tang C S, Shi B, et al. Automatic quantification of crack patterns by image processing [J]. Computers & Geosciences, 2013, 57 (4): 77-80.

[44] 焦堃，姚素平，吴浩，等. 页岩气储层孔隙系统表征方法研究进 展 [J]. 高校地质学报，2014，20 (1)：151-161.

[45] Cao G H, Lin M, Jiang W B, et al. A 3D coupled model of organic matter and inorganic matrix for calculating the permeability of shale [J]. Fuel, 2017, 204: 129-143.

[46] Zhou S W, Yan G, Xue H Q, et al. 2D and 3D nanopore characterization of gas shale in Longmaxi formation based on FIB - SEM [J]. Marine & PetroleumGeology, 2016, 73: 174-180.

[47] 邹才能，朱如凯，白斌，等. 中国油气储层中纳米孔首次发现及其科学价值 [J]. 岩石学报，2011，27 (6)：1857-1864.

[48] 朱如凯，白斌，崔景伟，等. 非常规油气致密储集层微观结构研 究进展 [J]. 古地理学报，2013，15 (5)：615-623.

[49] Lin M, Taylor K G, Lee P D, et al. Novel 3D centimetre-to nano-scale quantification of an organic-rich mudstone: The Carboniferous Bowland Shale, Northern England [J]. Marine & Petroleum Geology, 2016, 72: 193-205.

[50] 周德华，焦方正，郭旭升，等. 川东北元坝区块中下侏罗统页岩油气地质分析 [J]. 石油实验地质，2013，35 (6)：596-600.

[51] 胡文煊，姚素平，陆现彩，等. 典型陆相页岩油层系成岩过程中有机质演化对储集性的影响 [J]. 石油与天然气地质，2019，40 (5)：947-1047.